# Statistik ohne Angst vor Formeln

Andreas Quatember

# Statistik ohne Angst vor Formeln

## Das Studienbuch für Wirtschafts- und Sozialwissenschaftler

3., aktualisierte Auflage

PEARSON

Higher Education
München • Harlow • Amsterdam • Madrid • Boston
San Francisco • Don Mills • Mexico City • Sydney
a part of Pearson plc worldwide

Bibliografische Information der Deutschen Nationalbibliothek
Die Deutsche Nationalbibliothek verzeichnet diese Publikation in der Deutschen Nationalbibliografie; detaillierte bibliografische Daten sind im Internet über http://dnb.dnb.de abrufbar.



10 9 8 7 6 5 4 3

13 12

ISBN 978-3-86894-055-8


Martin-Kollar-Straße 10-12, D-81829 München

www.pearson.de
A part of Pearson plc worldwide

Lektorat: Martin Milbradt, mmilbradt@pearson.de
Alice Kachnij, akachnij@pearson.de
Korrektorat: Barbara Decker, München
Einbandgestaltung: Thomas Arlt, tarlt@adesso21.net
Herstellung: Elisabeth Prümm, epruemm@pearson.de
Satz: mediaService, Siegen (www.media-service.tv)
Druck und Verarbeitung: Drukarnia Dimograf, Bielsko-Biala

Printed in Poland

# Inhaltsverzeichnis

# Vorwort zur 3. Auflage

Wenn Sie, werte(r) Leser(in), einmal irgendein Wirtschafts- oder Nachrichtenmagazin oder eine beliebige Tageszeitung bewusst nach jenen Artikeln durchsehen, in denen Statistiken vorkommen, dann werden Sie einen Eindruck davon erhalten, welch bedeutende Rolle der Statistik bei der Informationsvermittlung in unserer Wissensgesellschaft zukommt. Ebenso schnell werden die meisten von Ihnen zustimmen, dass das Image des Faches Statistik in völligem Kontrast zu dieser offenkundigen Bedeutung ein denkbar schlechtes ist. Dies verwundert nicht allzu sehr! Findet man doch unter den bewussten Zeitungsartikeln zu oft völlig unsinnige oder falsch interpretierte oder sogar bewusst manipulierte Statistiken (siehe dazu: www.ifas.jku.at → Unsinn in den Medien). Dadurch erhält der aufmerksame Beobachter den Eindruck, dass man mit Statistik tatsächlich alles beweisen könne.

Das schlechte Image basiert demnach zu einem Gutteil auf dem fundamentalen Irrtum, die Qualität der *Anwendungen* der statistischen Methoden mit der Qualität der *Methoden* zu verwechseln. Die Korrektheit der Methoden ist jedoch im besten naturwissenschaftlichen Sinne beweisbar. Sofern nämlich die für die jeweiligen Fragestellungen geeigneten Verfahren ausgewählt, die Berechnungen korrekt durchgeführt und die Ergebnisse richtig interpretiert werden, ist die statistische Analyse von Daten ein wichtiges Instrument zur Gewinnung objektiver Informationen über einen interessierenden Sachverhalt. Dazu genügt es aber nicht, lediglich den richtigen Knopf eines Statistikprogrammpaketes drücken zu können. Vielmehr ergibt sich aus der leichten Durchführbarkeit der Berechnungen die geradezu zwingende Notwendigkeit, sich ein grundlegendes Methodenverständnis anzueignen. Im vorliegenden Buch soll das Verständnis vor allem durch die – durch anschauliche Beispiele unterstützte – Beschreibung der Ideen, die hinter den Methoden stehen, gefördert werden. Die Formeln verstehen sich hierbei nicht als Basis der Ideenbeschreibung, sondern als deren formaler Abguss.

Als „Statistik-Programmpaket“ begleitet dieses Buch das Statistik-Modul im Tabellenkalkulationsprogramm Excel. Der Grund dafür ist einfach, dass es auf beinahe jedem Rechner zur Verfügung steht. Hinweise darauf sind im erklärenden Text bewusst sparsam gesetzt. An jeden Abschnitt schließen sich Übungsaufgaben zum selbstständigen Lösen an. Ein Teil dieser Übungsaufgaben ist zur Förderung des Methodenverständnisses nicht in Excel, sondern mit Hilfe eines Taschenrechners zu lösen. Für jene Übungsaufgaben aber, die durch einen Stern (*) gekennzeichnet sind, steht eine Excel-Lerndatei zur Verfügung (für verschiedene Office-Versionen und für OpenOffice). In dieser wird dem Anwender beziehungsweise der Anwenderin das Lösen der betreffenden Übungsaufgaben mit Excel Schritt für Schritt erklärt. Diese Lerndatei findet sich genauso wie die Beschreibungen des Rechengangs der grundlegenden und der Lösungen aller Übungsbeispiele auf der Companion-Website von Pearson Studium (siehe Umschlag).

Für die vorliegende 3. Auflage wurden Daten aktualisiert, Übungsbeispiele neu verfasst und auch zwei komplett neue Abschnitte in den Text aufgenommen. Ferner wurden ungenaue Passagen weiter präzisiert. Das Buch lernt, passt sich an und verändert sich. Kurz: Es lebt!

Ich möchte mich bei allen beteiligten Mitarbeiterinnen und Mitarbeitern von Pearson Studium, insbesondere bei meinem direkten Ansprechpartner beim Verlag, Herrn Martin Milbradt, für die erfreuliche und gedeihliche Zusammenarbeit bedanken. Ebenso danke ich jenen Menschen in meinem beruflichen wie auch privaten Umfeld, die dafür sorgen, dass meine Begeisterung fürs Leben täglich anhält.

Viele interessante Stunden beim Lesen des Buches wünscht Ihnen

Andreas Quatember

Internet: *www.ifas.jku.at*

E-Mail: *andreas.quatember@jku.at*

# Beschreibende Statistik

1

ÜBERBLICK

## 1.1 Grundbegriffe

Was ist eigentlich Statistik? Im Begriff **Statistik** (*lat. status = Stand, Umstände*) werden alle Methoden der Analyse von Daten mit dem Ziel einer Informationsbündelung subsumiert. Anstelle der Betrachtung aller vorliegenden Daten (zum Beispiel der Punktezahlen aller Prüflinge bei der letzten Statistikklausur auf einer im Internet veröffentlichten Liste) werden diese Daten tabelliert, grafisch aufbereitet und durch Kennzahlen (wie etwa dem Mittelwert der Punktezahlen der Prüflinge) charakterisiert. In jedem dieser Schritte gehen dabei zwar Informationen verloren (zum Beispiel, wie viele Punkte ein ganz bestimmter Prüfling erhalten hat) und dennoch gewinnt man gerade mit jedem dieser Schritte weg vom Detail an Über- und Einblick. Und genau das ist der Zweck der Informationsbündelung und somit der Statistik.

Die Statistik wird nach ihren Aufgabenbereichen in **beschreibende** (oder **deskriptive**) und **schließende** (oder **inferenzielle**) **Statistik** gegliedert. Die Erstere beschränkt sich auf die Beschreibung einer Grundgesamtheit von Erhebungseinheiten (zum Beispiel der Prüflinge) durch die Analyse der in einer **Vollerhebung** gewonnenen Daten, während sich die Letztere mit den Rückschlüssen von lediglich in Stichproben aus solchen Grundgesamtheiten (etwa aus der wahlberechtigten Bevölkerung) gewonnenen Daten auf solche Grundgesamtheiten beschäftigt. Für diese Rückschlüsse wird die **Wahrscheinlichkeitstheorie** benötigt, weshalb deren Grundlagen ebenfalls ein unverzichtbarer Bestandteil der statistischen Grundausbildung sind.

Die Statistik beschäftigt sich also mit der Analyse von Daten und den dazu benötigten Methoden. In der **beschreibenden Statistik**, mit der wir uns in diesem ersten Kapitel beschäftigen werden, liegen uns also vollständige Daten über jene Gesamtheit vor, die wir mit Hilfe statistischer Methoden hinsichtlich bestimmter interessierender Eigenschaften beschreiben wollen.

Wie jedes Fach bedient sich auch die Statistik eigener Begriffe, deren Kenntnis die Kommunikation zwischen dem Anwender der statistischen Methoden und den Statistik-Experten wesentlich erleichtert: So nennt man etwa jene Objekte, über die wir Daten erhalten (zum Beispiel die einzelnen Prüflinge oder in einem anderen Fall einzelne Schrauben), die **Erhebungseinheiten** der Erhebung. Die Gesamtheit aller potenziellen Erhebungseinheiten bildet die **Grundgesamtheit** der Erhebung (also etwa alle Prüflinge eines Klausurtermins oder die Schrauben einer Packung).

Die interessierende Eigenschaft, die an den Erhebungseinheiten beobachtet werden soll, über die also Daten gewonnen werden sollen, ist das interessierende **Merkmal** der Erhebung (etwa die Punktezahl bei der Klausur oder die Schraubenlänge). Bei vielen Erhebungen interessiert man sich nicht nur für ein Merkmal, sondern für eine Vielzahl von Merkmalen der Erhebungseinheiten. Jedes dieser Merkmale besitzt verschiedene mögliche Werte (zum Beispiel eine Punktezahl von 0 oder 1 oder 2 und so weiter beziehungsweise eine Länge von 6,04 cm, von 5,99 cm und so weiter). Diese möglichen Werte sind die so genannten **Merkmalsausprägungen** der Merkmale. Alle Merkmalsausprägungen zusammen bilden den **Wertebereich** des Merkmals.

## Beispiel 1: Grundbegriffe einer statistischen Erhebung

Betrachten wir folgende Erhebungen:

A: Erhebung der Punkteverteilung bei der Statistikklausur am Ende des vergangenen Semesters.

B: Erhebung der Zufriedenheit der Kunden eines Sportartikelhändlers mit der Beratung.

C: Erhebung des besten Kinofilms des vergangenen Jahres aus einer Auswahl von zehn Filmen unter den teilnahmebereiten Lesern einer Kinozeitschrift.

**Tabelle 1.1**

| **Begriffe\Erhebung** | **A** | **B** | **C** |
|---|---|---|---|
| **Grundgesamtheit** | alle Prüflinge | alle Kunden | teilnahmebereite Leser |
| **Merkmal** | Punkte | Zufriedenheit mit der Beratung | bester Film |
| **Merkmalsausprägungen** | 0, 1, 2, ..., 7 Punkte | sehr zufrieden, eher zufrieden, teils-teils, eher unzufrieden, sehr unzufrieden | die 10 angegebenen Filme der Auswahl |

Diese interessierenden Merkmale werden nach der Art ihrer Ausprägungen unterschieden. Dies ist deshalb notwendig, weil sich für die verschiedenen Merkmalstypen – wie sich später zeigen wird – nicht die gleichen Methoden zur Datenanalyse eignen. So ist intuitiv einleuchtend, dass kein Mittelwert eines Merkmals wie Geschlecht berechnet werden kann, sondern nur von Merkmalen, deren Ausprägungen Zahlen sind (also etwa der Punktezahlen bei einer Statistikklausur).

Wir unterscheiden insofern nominale, ordinale und metrische Merkmale. Die Zuordnung erfolgt durch die Betrachtung der Merkmalsausprägungen eines Merkmals. Unter einem **nominalen** (oder auch qualitativen) Merkmal versteht man ein Merkmal, dessen Ausprägungen sich nicht zwingend ordnen lassen und sich nur durch ihren Namen (*lat. nomen = Name*) unterscheiden. Dazu gehören etwa die Merkmale Geschlecht (die beiden Merkmalsausprägungen weiblich und männlich lassen sich vielleicht von Männern höflichkeitshalber in der Reihenfolge weiblich/männlich oder alphabetisch, aber jedenfalls nicht zwingend ordnen), Parteipräferenz (die Reihenfolge der Parteien auf dem Stimmzettel ergibt sich in Österreich aus dem Stimmenanteil bei der letzten Wahl, ist aber nicht zwingend so vorzunehmen) oder auch Staatsbürgerschaft.

Ein Merkmal heißt hingegen **ordinal** (oder auch Rangmerkmal), wenn seine Ausprägungen in einer Ordnungsrelation zueinander stehen (*lat. ordinare = ordnen*). Das heißt, dass die Ausprägungen eine natürliche Reihenfolge besitzen. Dazu gehören etwa Schulnoten (1 ist besser als 2, 2 besser als 3), Platzierungen in irgendwelchen Wettbewerben

(1. vor 2., 2. vor 3.) oder Zustimmungsgrad zu einer Frage (1 = volle Zustimmung, ... 10 = volle Ablehnung).

Schließlich nennt man ein Merkmal **metrisch** (oder auch quantitativ), wenn seine Merkmalsausprägungen nicht nur, wie dies bei ordinalen Merkmalen der Fall ist, der Größe nach geordnet werden können, sondern auch noch Vielfaches einer Einheit sind (*gr. metron = Maß*). Das ist beispielsweise der Fall bei den Merkmalen Körpergröße (180 cm ist nicht nur größer als 170, sondern auch das Vielfache der Einheit Zentimeter, was dieses Merkmal eben von einem ordinalen Merkmal unterscheidet), Schraubenlänge (4,019 oder 4,222 cm) oder Punktezahl bei einer Statistikklausur (0, 1, ... 7) (siehe dazu: Beispiel 2).

Eine andere Frage betrifft die **Kodierung** (= Verschlüsselung) der Merkmalsausprägungen eines Merkmals zum Zwecke der Datenverarbeitung (etwa in Excel). Hierbei werden den auftretenden Merkmalsausprägungen der Einfachheit halber (ganzzahlige) Zahlenwerte zugewiesen, selbst wenn die Ausprägungen selbst nicht Zahlen sind. Wenn man einem nominalen Merkmal Zahlenwerte zuordnet (zum Beispiel: 1 = weiblich, 2 = männlich), so spricht man naheliegenderweise von einer künstlichen **Metrisierung** eines nominalen Merkmals. Dabei darf man jedoch niemals vergessen, dass man eigentlich ein Merkmal eines anderen Typs vor sich hat, als es die kodierten Ausprägungen anzuzeigen scheinen.

Dazu betrachten wir folgenden Ausschnitt eines Fragebogens über die Zufriedenheit von Studierenden mit einer Lehrveranstaltung:

*Geben Sie bitte Ihr Geschlecht an:*

O *weiblich (=1)* O *männlich (=2)*

*Wie alt sind Sie (in vollendeten Lebensjahren)?*

......... *Jahre*

*Wie beurteilen Sie das persönliche Engagement, mit dem der Kursleiter den Kurs bestreitet?*

O *sehr gut (=1)* O *gut (=2)*

O *mittelmäßig (=3)* O *mangelhaft (=4)*

O *schlecht (=5)*

*Wurden Sie vom Kursleiter zu Fragen ermuntert?*

O *oft (=1)* O *manchmal (=2)*

O *selten (=3)* O *nie (=4)*

In einer **Excel-Tabelle** etwa sind die Ergebnisse einer solchen Befragung für die statistische Auswertung so zu organisieren, dass in jede Zeile der Tabelle eine Erhebungseinheit und in jede Spalte dieser Zeile die Antwort dieser Erhebungseinheit auf eine bestimmte Frage eingegeben werden:

| | | | |
|---|---|---|---|
| 2 | 21 | 1 | 3 |
| 1 | 38 | 2 | 2 |
| ... | ... | ... | ... |

Die erste Befragungsperson hatte also auf ihrem Fragebogen angegeben, dass sie männlichen Geschlechts und 21 Jahre alt ist, das persönliche Engagement des Lehrenden mit sehr gut beurteilt und von diesem selten zu Fragen ermuntert wurde. Die zweite Befragungsperson war weiblich, 38 Jahre alt, beurteilte das Engagement mit gut und fühlte sich manchmal zu Fragen ermuntert. Nach Eingabe aller Fragebögen einer solchen Befragung liegt zur methodischen Bearbeitung der Daten eine Liste (= Datenmatrix) vor, deren Zeilenanzahl der Anzahl der befragten Erhebungspersonen und deren Spaltenanzahl der Anzahl der erhobenen Merkmale entspricht.

Ein zweites, im Hinblick auf die Anwendung geeigneter statistischer Methoden notwendiges Einteilungsprinzip von Merkmalen wird folgendermaßen eingeführt: Wenn ein Merkmal nur bestimmte mögliche Merkmalsausprägungen besitzt, dann handelt es sich bei einem solchen Merkmal um ein so genanntes **diskretes** Merkmal (zum Beispiel Schulnoten, Fehlerzahlen, Geschlecht), während Merkmale, deren Ausprägungen alle reellen Werte eines Intervalls annehmen können, als **stetig** bezeichnet werden. Beispiele dafür sind die Länge von Schrauben, die Körpergröße und ebenso das Alter, denn wir werden leider jeden Augenblick älter, auch wenn wir unser Alter meist in vollendeten (= ganzen) Lebensjahren angeben, wodurch man den Eindruck gewinnt, dass man erst am jeweiligen Geburtstag um ein ganzes Jahr älter wird (oder bei einem so genannten runden Geburtstag sogar um zehn Jahre auf einmal!). Bei einer solchen Vorgehensweise spricht man von einer (künstlichen) **Diskretisierung** eines stetigen Merkmals (andere Beispiele sind Körpergröße in ganzen cm oder Gewicht in ganzen kg). Das Merkmal selbst bleibt aber stetig.

## Beispiel 2: Merkmalstypen

Betrachten wir folgende Merkmale von statistischen Untersuchungen und ihre Einteilung nach den beiden genannten Einteilungsprinzipien:

**Tabelle 1.2**

| Merkmal | Merkmals-ausprägungen | nominal/ordinal/ metrisch | diskret/stetig |
|---|---|---|---|
| Familienstand von Befragten | ledig (=1), verheiratet (=2), geschieden (=3), verwitwet (=4), verpartnert (=5), ... | nominal | diskret |
| Zeiten der Teilnehmer an einem 100-m-Lauf | 11,21 sec., 11,24 sec., ... | metrisch | stetig |
| Preis eines Sportartikels | 29,90 €, 34,90 €, ... | metrisch | diskret |
| Platzierungen in einem 100-m-Lauf | 1., 2., 3., ... | ordinal | diskret |
| Marke verkaufter LCD-Fernsehgeräte | SONY, Philips, ... | nominal | diskret |
| Einwohnerzahlen verschiedener Bundesländer | 2,362.929, 4,746.014, ... | metrisch | diskret |
| Weitsprungleistung von Schülern (in ganzen cm) | 516 cm, 392 cm, ... | metrisch | stetig |
| Beurteilung der Qualität einer TV-Show durch ausgewählte Konsumenten | 1 = sehr gut, 2 = gut, 3 = teils-teils, 4 = schlecht, 5 = sehr schlecht | ordinal | diskret |
| Gewicht von TV-Geräten im Lager eines Unternehmens | 20,426 kg, 22,822 kg, ... | metrisch | stetig |

Um einen besseren Überblick über die erhobenen Daten als durch deren Einzelbetrachtung (zum Beispiel der Punktezahlen der einzelnen Prüflinge) zu gewinnen, bildet man **Häufigkeitsverteilungen**, das heißt, wir geben zu jeder Merkmalsausprägung an, wie häufig sie aufgetreten ist. Die Ergebnisse können, mit einem erklärenden Text versehen, in Tabellenform ausgewiesen oder grafisch dargestellt und durch verschiedene Kennzahlen charakterisiert werden.

## Übungsaufgaben

Die Lösungen zu den nachfolgenden Übungsbeispielen finden Sie unter www.pearson-studium.de.

**Ü1**

Welchen Merkmalstypen (nach den Einteilungskriterien „metrisch – ordinal – nominal" beziehungsweise „diskret – stetig") gehören die folgenden Merkmale an?

a) Länge von Videobändern einer Produktion in cm
b) Reiseziel von befragten Urlaubsbuchern
c) Güteklassen von Obst am Markt
d) Inflationsrate verschiedener Länder
e) Religion von Befragten
f) Heizungsart von Mietwohnungen in einer Stadt
g) Anzahl an Kinobesuchen von Schülern einer Schule in den Ferien
h) Einstellung von Befragten zur Einführung eines Berufsheeres (Antwortalternativen: sehr skeptisch, eher skeptisch, unentschieden, eher positiv, sehr positiv)

**Ü2**

Welchen Merkmalstypen gehören die folgenden Merkmale an und wie sind eventuelle Kodierungen der Merkmalsausprägungen vorzunehmen?

a) Fußballinteresse von Befragten (Merkmalsausprägungen: sehr groß, groß, mittel, schwach, gar keines)
b) Einkommen von Erwerbstätigen in ganzen EURO
c) Einstellung der Bevölkerung zu einem EU-Beitritt der Türkei (Merkmalsausprägungen: dafür, teils-teils, dagegen)
d) Temperatur um 12 Uhr
e) Anzahl an in einem Monat in einem Konzern produzierten Autos
f) Militärische Dienstgrade in der deutschen Bundeswehr
g) Lieblingsschauspieler/in aus einer Liste von 20 vorgeschlagenen Personen
h) Seehöhe

# 1.2 Tabellarische und grafische Darstellung von Häufigkeitsverteilungen

## 1.2.1 Häufigkeitsverteilungen einzelner Merkmale

### Tabellarische Darstellung

Sehr häufig werden einzelne Merkmale (oder eindimensionale Merkmale) betrachtet. Nehmen wir als Beispiel die von den Prüflingen erreichten Punktezahlen bei einer

Statistikklausur. Bei 142 angetretenen Prüflingen kann man sich durch Betrachten der Ergebnisse jedes einzelnen Prüflings in einer Liste nur einen sehr groben Überblick über die Klausurergebnisse beschaffen. Viel besser geeignet ist für diesen Zweck eine **Tabelle** der Häufigkeitsverteilung. Eine solche könnte beispielsweise folgendermaßen aussehen:

## Beispiel 3: Tabellarische Darstellung einer Häufigkeitsverteilung für ein diskretes Merkmal

Die Punktezahlen von 142 Studierenden bei einer Statistikklausur:

**Tabelle 1.3**

| Punkte-zahlen | Häufigkeit | Relative Häufigkeit | Prozent | Relative Summenh. |
|---|---|---|---|---|
| 0 | 1 | 0,007 | 0,7 | 0,007 |
| 1 | 3 | 0,021 | 2,1 | 0,028 |
| 2 | 10 | 0,070 | 7,0 | 0,098 |
| 3 | 16 | 0,113 | 11,3 | 0,211 |
| 4 | 32 | 0,225 | 22,5 | 0,436 |
| 5 | 44 | 0,310 | 31,0 | 0,746 |
| 6 | 20 | 0,141 | 14,1 | 0,887 |
| 7 | 16 | 0,113 | 11,3 | 1 |

Früher erhielt man die so genannten **Häufigkeiten** zu jeder Merkmalsausprägung nur durch deren Abzählen in Form einer „Strichliste". Dabei wurde in eine Liste mit den möglichen Merkmalsausprägungen ein Strich zu einer bestimmten Merkmalsausprägung hinzugefügt, wenn diese auftrat. Am Schluss zählte man die Striche zu jeder Merkmalsausprägung und erhielt so deren Häufigkeit. Heute erledigt diesen Vorgang der Computer per Knopfdruck nach Eingabe aller Punktezahlen in eine Datei. Zum Beispiel kann in Excel eine Spalte mit Häufigkeiten wie in Beispiel 3 durch die korrekte Handhabung der Funktion HÄUFIGKEIT erstellt werden. Doch auch das dabei im Hintergrund ablaufende Computerprogramm macht nichts „Wissenschaftlicheres" als zu zählen, wie oft die einzelnen Ausprägungen aufgetreten sind. Die Summe der Häufigkeiten der einzelnen Merkmalsausprägungen ergibt jedenfalls die Gesamtzahl der Erhebungseinheiten der Grundgesamtheit.

Wir haben durch die Häufigkeiten in der Tabelle schon einen ersten Überblick über die Klausurergebnisse gewonnen. In Worten lässt sich dieser Überblick folgendermaßen präsentieren: Von den 142 Prüflingen haben 16 die maximale Punktezahl von sieben Punkten bei der Klausur erhalten, 20 haben sechs Punkte erreicht und so weiter. Wie man sieht, muss für eine richtige Einschätzung dieser Häufigkeiten die Gesamtzahl der Prüflinge mit angegeben werden. „16 von 142“ bedeutet doch wohl etwas völlig anderes als etwa „16 von 20“.

Um sich diese gewünschte Relation der Häufigkeiten der einzelnen Merkmalsausprägungen zur Gesamtzahl der Erhebungseinheiten zu vergegenwärtigen, werden neben den Häufigkeiten (oder an deren Stelle) gerne die **relativen Häufigkeiten** (oder Anteile) der einzelnen Merkmalsausprägungen angegeben. Diese erhält man, indem man die Häufigkeit jeder Merkmalsausprägung durch die Anzahl aller Erhebungseinheiten dividiert. In Beispiel 3 also beträgt etwa die relative Häufigkeit der Punktezahl 7 (auf drei Stellen gerundet)

$$\frac{16}{142} = 0{,}113,$$

diejenige der Punktezahl 6

$$\frac{20}{142} = 0{,}141$$

und so fort.

Bezeichnet man die Häufigkeit der ersten Merkmalsausprägung mit $h_1$, der zweiten mit $h_2$ und so weiter, die relativen Häufigkeiten genauso mit $p$ (*lat. pro portione = im Verhältnis*) und die Gesamtzahl der Erhebungseinheiten mit $N$, so ergibt sich die relative Häufigkeit irgendeiner $i$-ten Merkmalsausprägung also durch

$$p_i = \frac{h_i}{N}. \tag{1}$$

Der Ausdruck, den wir mit der Formelnummer (1) kennzeichnen, ist die formale Übersetzung der vorher beschriebenen Überlegung und gibt an, wie man ganz allgemein aus den Häufigkeiten und der Gesamtzahl der Erhebungseinheiten die relativen Häufigkeiten für alle Merkmalsausprägungen berechnet.

Diese Zahlen sind also die in Relation zur Anzahl aller Erhebungseinheiten gesetzten Häufigkeiten (eben: *relative* Häufigkeiten). Multipliziert man die relativen Häufigkeiten noch mit 100, dann erhalten wir die **Prozentzahlen** zu jeder Merkmalsausprägung (*lat. pro centum = im Verhältnis zu hundert*). Die häufig verwendeten Prozentzahlen sind der Grund, warum es meist nützlich ist, die relative Häufigkeit mit drei Stellen nach dem Komma anzugeben. Die Prozentzahlen erhalten auf diese Weise nämlich auch noch eine Stelle nach dem Komma, was zumeist noch als Informationsgewinn im Vergleich zur Rundung auf ganze Prozent empfunden wird. Jede weitere Nachkommastelle bringt jedoch einen immer kleiner werdenden verwertbaren Informationsnutzen. Ein die Prozentzahlen in der Tabelle zu Beispiel 3 erklärender Text könnte also lauten: 11,3 Prozent der Prüflinge erreichten die Maximalzahl von 7 Punkten, 14,1 Prozent erreichten 6 Punkte und so fort.

Der Angabe von Prozentzahlen liegt die berechtigte Annahme zu Grunde, dass der Bezug auf eine fiktive Grundgesamtheit von 100 Erhebungseinheiten die Anschaulichkeit der Ergebnisse erhöht. Denn beispielweise kann man sich die wahre Größenordnung an Prüflingen, die die maximale Punktezahl erhalten haben, durch die Angabe, dass dies 16 von 142 Personen waren, weniger gut „vor Augen führen" als durch die Vorstellung, dass dies 11,3 von 100 Personen waren. 16 verhält sich zu 142 wie 11,3 zu 100. Absolut nicht notwendig ist es demnach, eine Relation in Prozent anzugeben, deren Größenordnung keinerlei Anschaulichkeitsproblem bietet. Wenn etwa sechs von zwölf Personen eine bestimmte Eigenschaft aufweisen, dann führt die Auskunft, dass dies 50 Prozent tun, wegen der Angabe in Prozent eher zur irrigen Auffassung, dass eine große Grundgesamtheit vorliegen müsse, als dass dadurch die Anschaulichkeit gefördert wird. Sechs von zwölf Personen sind allemal anschaulich genug.

Die Unterschiede von Prozentzahlen werden häufig in **Prozentpunkten** angegeben. Die Merkmalsausprägung 5 kommt in Beispiel 3 natürlich nicht um 8,5 Prozent häufiger vor als die Merkmalsausprägung 4, sondern um 44 : 32 = 37,5 Prozent. Behandelt man die Prozentzahlen jedoch wie Punktezahlen, dann ist die Merkmalsausprägung 5 um 8,5 Prozent*punkte* häufiger als die Merkmalsausprägung 4 vorgekommen. Vor allem beim Vergleich von aktuellen Wahlergebnissen mit denen der letzten Wahl wird dieser Terminus häufig gewählt.

Eine bei metrischen und ordinalen Merkmalen oftmals sehr brauchbare Zusatzinformation lässt sich gewinnen, wenn man die relativen Häufigkeiten verschiedener Merkmalsausprägungen addiert. Insbesondere kann es nützlich sein, wenn man für jede Merkmalsausprägung die relativen Häufigkeiten genau dieser Merkmalsausprägung und aller kleineren addiert – also für die Punktezahl 3 in Beispiel 3 etwa die Summe der relativen Häufigkeiten der Ausprägungen 0, 1, 2 und 3 Punkte. Diese Summe

$$0{,}007 + 0{,}021 + 0{,}070 + 0{,}113 = 0{,}211$$

ist die **relative Summenhäufigkeit** (oder empirische Verteilungsfunktion) der Merkmalsausprägung 3. Sie gibt an, wie groß der Anteil an Erhebungseinheiten ist, die eine Merkmalsausprägung von höchstens 3 aufweisen. Die relative Summenhäufigkeit der Merkmalsausprägung 5 ist demnach die Summe der relativen Häufigkeiten der Merkmalsausprägungen 5 und aller kleineren, also von 0, 1, 2, 3, 4 und 5. Das ist:

$$0{,}007 + 0{,}021 + 0{,}070 + 0{,}113 + 0{,}225 + 0{,}310 = 0{,}746.$$

Der Nutzen liegt auf der Hand: Wenn man zum Beispiel 4 Punkte benötigt, um positiv zu sein, dann gibt die relative Summenhäufigkeit der Punktezahl 3 den Anteil derer an, die 3 oder weniger Punkte erreicht haben. Das sind also diejenigen, welche die Klausur nicht geschafft haben. In Prozenten sind dies 21,1 Prozent. Und auch die umgekehrte Fragestellung lässt sich mittels relativer Summenhäufigkeiten natürlich sofort beantworten. Da die Summe aller relativen Häufigkeiten 1 ergeben muss, ist der Anteil derer, die mindestens 4 Punkte aufweisen, gleich

$$1 - 0{,}211 = 0{,}789.$$

Das wiederum sagt aus, dass 78,9 Prozent der Prüflinge die Prüfung erfolgreich absolviert haben.

Auch Anteile für Intervalle wie „2 bis 6 Punkte“ lassen sich natürlich als Differenz zweier Summenhäufigkeiten bestimmen. Dieser etwa ist konkret die Differenz der relativen Summenhäufigkeiten der Merkmalsausprägungen 6 und 1, also die Differenz aus dem Anteil dafür, höchstens 6 und dem Anteil dafür, höchstens 1 Punkt erhalten zu haben:

$$0{,}887 - 0{,}028 = 0{,}859.$$

Der Wert sagt aus, dass 85,9 Prozent der Prüflinge 2 bis 6 Punkte erreicht haben. Dieses Ergebnis erhalten wir natürlich auch, wenn wir die relativen Häufigkeiten der Ausprägungen 2, 3, 4, 5 und 6 addieren.

Wenn man – um einmal ein anderes Merkmal zu betrachten – das Alter von Personen misst, dann gibt die relative Summenhäufigkeit einer bestimmten Ausprägung an, wie groß der Anteil jener in der Erhebung ist, die höchstens dieses Alter aufweisen. Und die Differenz dieser relativen Summenhäufigkeit zu ihrem Maximum 1 gibt den Anteil derer an, die älter sind. Auch Anteile für Intervalle wie „30 bis 60 Jahre“ lassen sich natürlich als Differenz zweier Summenhäufigkeiten leicht bestimmen.

Bei stetigen Merkmalen wie dem genauen Alter oder diskreten bzw. diskretisierten Merkmalen mit sehr vielen unterschiedlichen Merkmalsausprägungen wie dem Alter in vollendeten Lebensjahren ist es im Übrigen zielführend, den Wertebereich zum Zweck des besseren Überblicks in **Intervalle** zu zerlegen und dann die Häufigkeitsverteilung dieses in Intervalle zerlegten Merkmals tabellarisch darzustellen. Würde man das Alter einer Gesamtheit wirklich möglichst genau erfassen (zum Beispiel durch Angabe des genauen Geburtstages und sogar der Geburtsstunde), so entstünden nämlich unzählige Merkmalsausprägungen, die jeweils geringe Häufigkeiten besäßen. Dadurch ließe sich auch durch die tabellarische beziehungsweise grafische Darstellung der Häufigkeitsverteilung kein besserer Überblick über die Daten gewinnen. Durch eine Einteilung des Wertebereichs des betrachteten Merkmals in eine geringe Zahl von Intervallen geht zwar eine Menge (unnötig genauer) Information verloren, aber man gewinnt stattdessen an Überblick über die erhobenen Daten.

Die relativen Häufigkeiten beziehen sich bei einem solchermaßen erfassten Merkmal jeweils auf die Intervalle, und die zu einem solchen Intervall gehörenden relativen Summenhäufigkeiten geben den Anteil der betrachteten Grundgesamtheit an, der in dieses Intervall oder in eines mit kleineren Merkmalsausprägungen fällt. Das heißt, dass die relative Summenhäufigkeit eines Intervalls den Anteil der Erhebungseinheiten angibt, die höchstens eine Merkmalsausprägung aufweisen, die der Obergrenze des betreffenden Intervalls entspricht.

## Beispiel 4: Tabellarische Darstellung einer Häufigkeitsverteilung eines in Intervalle zerlegten Merkmals

Im Jahr 2007 veröffentlichte die Statistik Austria über die österreichische Wohnbevölkerung des Jahres 2005 folgende Häufigkeitsverteilung des Merkmals Alter (*www.statistik.at/web_de/services/stat_jahrbuch/index.html*):

**Tabelle 1.4**

| Altersklasse | Häufigkeit | Relative Häufigkeit | Prozent | Relative Summenh. |
|---|---|---|---|---|
| 0 – unter 15 | 1,317.707 | 0,160 | 16,0 | 0,160 |
| 15 – unter 30 | 1,526.909 | 0,185 | 18,5 | 0,345 |
| 30 – unter 45 | 1,984.501 | 0,241 | 24,1 | 0,586 |
| 45 – unter 60 | 1,596.849 | 0,194 | 19,4 | 0,780 |
| 60 – unter 75 | 1,173.166 | 0,142 | 14,2 | 0,922 |
| 75 und mehr | 634.174 | 0,077 | 7,7 | 1 |

Die Gesamtheit, die hier hinsichtlich des Merkmals Alter charakterisiert werden soll, besteht aus $N = 8{,}233.306$ Personen. Wir sehen, dass etwa die zum Intervall „15 – unter 30" gehörende relative Häufigkeit den Wert 0,185 aufweist, was bedeutet, dass 18,5 Prozent der österreichischen Bevölkerung im Jahr 2005 zwischen 15 und (unter) 30 Jahre alt waren. Dabei darf darauf hingewiesen werden, dass wir es mit einem stetigen Merkmal zu tun haben, so dass man im Allgemeinen zu einem bestimmten Zeitpunkt genau angeben kann, ob man unter oder über 30 Jahre alt ist.

Die relative Summenhäufigkeit der Altersklasse „15 – unter 30" ist die Summe der relativen Häufigkeiten der betrachteten Altersklasse und aller jüngeren. Die Summe 0,345 bedeutet demnach, dass 34,5 Prozent der Bevölkerung zwischen 0 und (unter) 30 Jahre alt waren. Wollen wir berechnen, wie groß der Anteil derer war, die zwischen 15 und (unter) 60 Jahre alt waren, so können wir aus Tabelle 1.4 ablesen, dass dies die Differenz

$$0{,}780 - 0{,}160 = 0{,}620$$

sein muss. Das ist nämlich die Differenz der relativen Summenhäufigkeiten bei den Ausprägungen 60 und 15.

Nicht stören dürfte dabei, dass die Summe der relativen Häufigkeiten nicht 1, sondern 0,999 ergibt. Ein solcher **Rundungsfehler** kann durch die Rundung auf drei Nachkommastellen entstehen. Dennoch besitzt die relative Summenhäufigkeit an der letzten Obergrenze natürlich den Wert 1. Wie groß diese Obergrenze jedoch ist, geht aus der Tabelle nicht hervor.

## Grafische Darstellung

Neben der tabellarischen Darstellung von Häufigkeitsverteilungen eignet sich für eine Verdichtung der daraus zu gewinnenden Information besonders ihre grafische Darstellung, wie sie täglich mannigfach in den verschiedensten Medien zu finden ist. Die am häufigsten verwendeten Darstellungsformen sind das **Säulen-** (oder Stab- oder Balken-) und das **Kreis-**(oder Kuchen- oder Torten-)**Diagramm**. Eine grafische Darstellung einer Häufigkeitsverteilung hat die Aufgabe, den Konsumenten der Erhebungsergebnisse die wesentlichsten Informationen über eine Häufigkeitsverteilung im Idealfall sogar „auf einen Blick" zu vermitteln, um das ansonsten auch dazu nötige genauere Studium von Tabellen und Texten zu vermeiden. Diesem Ziel ist jede Kreativität bei der Gestaltung unterzuordnen.

Um dies an einem Beispiel zu verdeutlichen, weisen wir den Punktezahlen aus Beispiel 3 in Beispiel 5 folgendermaßen Noten zu:

| Punkte | Noten |
|---|---|
| 0 – 3 | 5 |
| 4 | 4 |
| 5 | 3 |
| 6 | 2 |
| 7 | 1 |

Daraus ergibt sich folgende neue Häufigkeitsverteilung:

## Beispiel 5: Tabellarische Darstellung der Häufigkeitsverteilung des Merkmals Note

Noten von 142 Studierenden bei einer Statistikklausur (Fortsetzung von Beispiel 3):

**Tabelle 1.5**

| Note | Häufigkeit | Relative Häufigkeit | Prozent | Relative Summenh. |
|---|---|---|---|---|
| 1 | 16 | 0,113 | 11,3 | 0,113 |
| 2 | 20 | 0,141 | 14,1 | 0,254 |
| 3 | 44 | 0,310 | 31,0 | 0,564 |
| 4 | 32 | 0,225 | 22,5 | 0,789 |
| 5 | 30 | 0,211 | 21,1 | 1 |

Diese Verteilung wird durch ein Säulendiagramm folgendermaßen in korrekter Weise veranschaulicht:

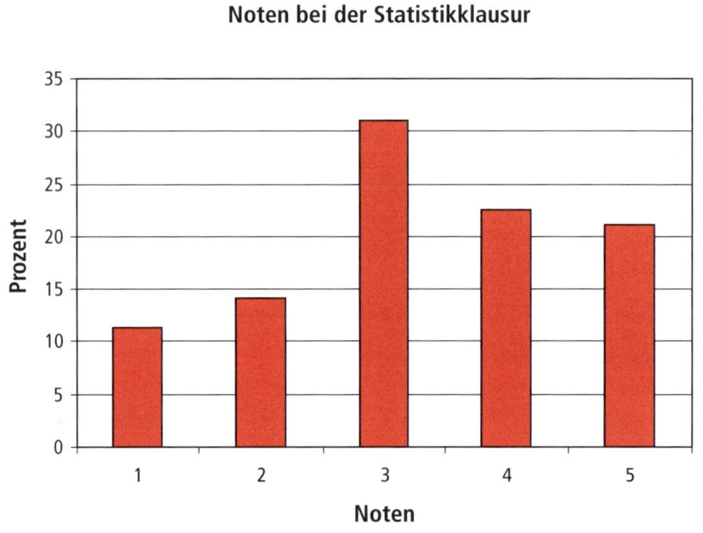


**Abbildung 1: Ein Säulendiagramm**
Das Säulendiagramm zu den Daten aus Beispiel 5 (unter Verwendung des Excel-Diagrammassistenten und des Diagrammtyps Säule).

Auf der y-Achse dürfte natürlich genauso gut die relative Häufigkeit beziehungsweise die absolute Häufigkeit verwendet werden. Doch ist hier zu beachten, dass die allermeisten Betrachter solcher Diagramme auf der y-Achse Prozentzahlen vermuten. Wenn man dieses Säulendiagramm betrachtet, dann erhält man sofort einen ungefähren Eindruck davon, wie die Prüfung ausgefallen ist. Dies kommt daher, dass wir aus dem Alltag, unserer Umwelt, gewohnt sind, Proportionen „wahrzunehmen“. Deshalb müssen diese Verhältnisse der Prozentzahlen der einzelnen Merkmalsausprägungen zueinander durch die Säulen richtig wiedergegeben werden, um einen korrekten Eindruck davon zu gewährleisten. Ein solcher Überblick reicht auch in den allermeisten Fällen bei der Präsentation von Erhebungsergebnissen vollkommen aus. Die Skalierung auf der y-Achse dient schon der zusätzlichen Information. Will man die exakten Prozentzahlen erfahren, muss man sich eben die Mühe machen, den Text zu lesen oder eine Tabelle zu Hilfe zu nehmen.

Vergleichen wir nun die Grafik in Abbildung 2 mit jener in Abbildung 1. Der flüchtige Betrachter der beiden Grafiken erhält den Eindruck, dass es sich in Abbildung 2 um eine andere, wesentlich schlechter ausgefallene Prüfung als jene in Abbildung 1 handelt.

Die Säulen zu den Noten 1 und 2 sind in Abbildung 2 wesentlich niedriger als in Abbildung 1. Die Note 3 scheint etwa fünfmal so oft vorgekommen zu sein wie die Note 2. Und dennoch basiert auch dieses Säulendiagramm auf den Prüfungsergebnissen von Beispiel 5. Nur: Die Proportionen der Säulenhöhen stimmen hier nicht! Der Betrachter muss erst auf der y-Achse nachlesen, um die korrekten Prozentzahlen abschätzen zu können und zu merken, dass diese in Abbildung 2 nicht bei 0, sondern erst bei 10 Prozent beginnen. Der (falsche) Eindruck der Proportionen lässt sich dadurch jedoch nicht mehr korrigieren. Es ist aber genau dieser erste visuelle Eindruck, der beim Betrachter „hängen" bleibt. Will man dies vermeiden, dann darf einfach an der y-Achse nicht in dieser Weise manipuliert werden.

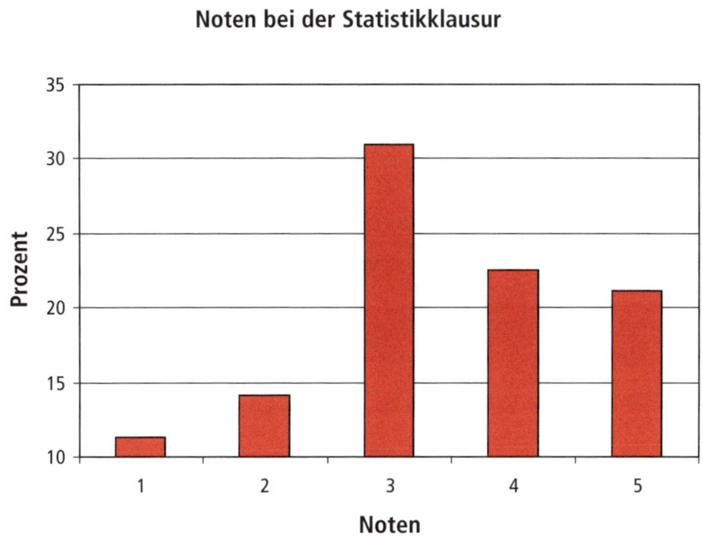


**Abbildung 2: Säulendiagramm mit verschobenem Nullpunkt auf der y-Achse**
Falsche Wahrnehmung der Proportionen des Säulendiagramms aus Abbildung 1.

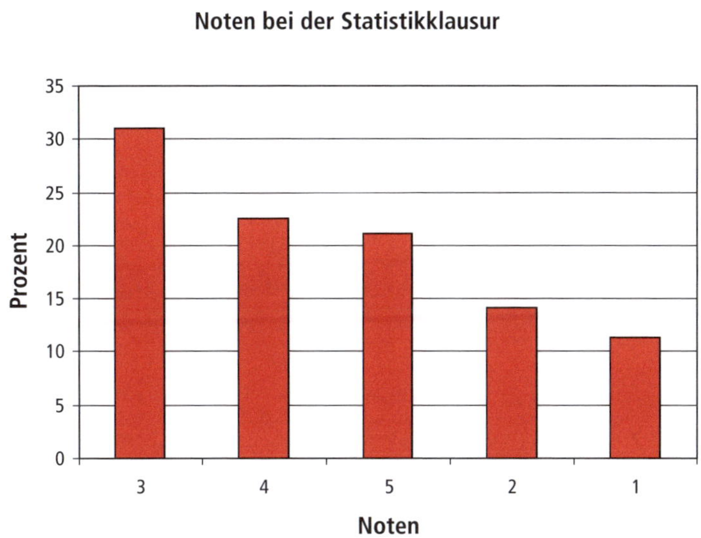


**Abbildung 3: Säulendiagramm mit umgeordneten Merkmalsausprägungen**
Falsche Wahrnehmung der Verteilung des Säulendiagramms aus Abbildung 1.

Die erste „Wahr-Nehmung“ der Abbildung 3 wiederum kann sehr leicht zu dem Schluss führen, dass die Häufigkeiten der Noten von links nach rechts (also normalerweise von 1 bis 5) stetig abnehmen. Die Prüfung wäre demnach noch viel besser als tatsächlich ausgefallen. Wenn überhaupt, würden die Betrachter dieser Abbildung erst beim zweiten oder dritten Betrachten der Abbildung merken, dass hier die natürliche Reihenfolge der Merkmalsausprägungen verändert wurde.

Eine besondere Warnung sei auch vor 3-D-Darstellungen ausgesprochen. Häufig geht dabei vor allem bei Säulendiagrammen die zusätzliche Informationsmöglichkeit auf der y-Achse mehr oder weniger verloren. Welcher Prozentsatz gehört etwa zu einem bestimmten Quader in Abbildung 4?

Auch wenn heutzutage nur ein Mausklick für eine solche Darstellung nötig ist (man darf davon ausgehen, dass niemand freiwillig auf die Idee käme, ein 3-D-Diagramm mit der Hand zu zeichnen), sollte deshalb eine solche „Mutation“ eines Säulendiagramms tunlichst vermieden werden. Die 3-D-Darstellung bringt keinerlei zusätzliche Information. Es geht dabei vielmehr vorhandene Information verloren. Selbst der Gewinn an Ästhetik durch das Ersetzen von Rechtecken durch Quader ist zweifelhaft. Kreisdiagramme sind in dieser Beziehung weniger problematisch.

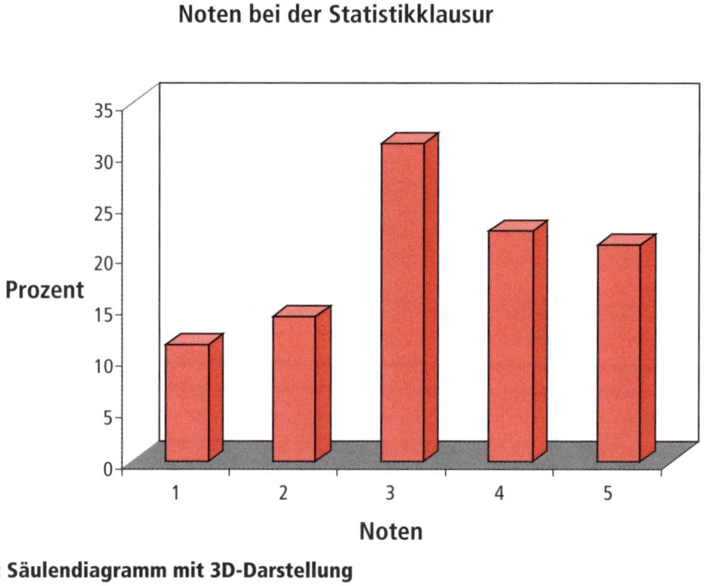


**Abbildung 4: Säulendiagramm mit 3D-Darstellung**
Verminderte Ablesbarkeit der Säulenhöhen aus Abbildung 1.

Auch eine sogenannte Legende behindert in einem Diagramm die korrekte „Wahr-Nehmung“ der darin enthaltenen Informationen:

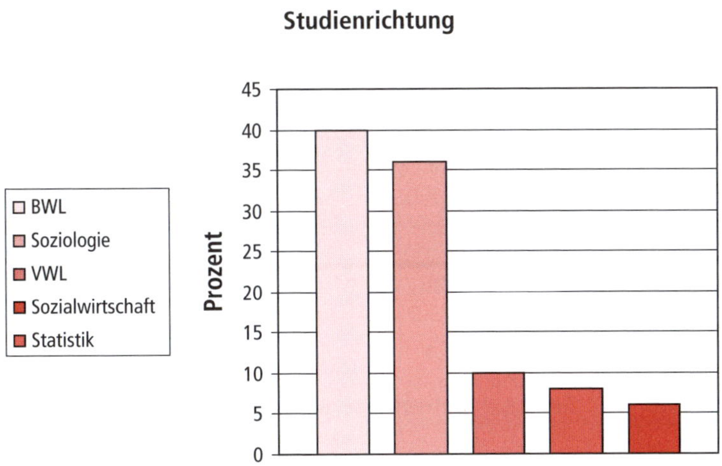


**Abbildung 5: Säulendiagramm mit Legende**
Die Verteilung der Studienwahl aus Beispiel 6 aus dem folgenden Abschnitt 1.2.2.

Die Augen müssen dabei laufend von einer Farbe (oder einem Muster) im Diagramm in die Legende wandern und zurück, um all diesen Farben (oder Mustern) die Ausprägungen, die sie darstellen, zuzuordnen. Und bis der Betrachter am Ende des Diagramms angelangt ist, hat er wahrscheinlich die Merkmalsausprägung, die zum ersten Muster gehört hat, längst vergessen. Eine direkte Bezeichnung der Merkmalsausprägungen auf der x-Achse des Säulendiagramms ist deshalb zumeist vorzuziehen.

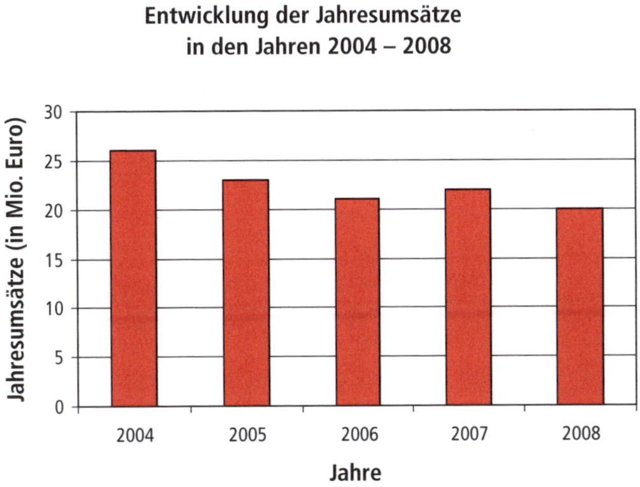


**Abbildung 6: Ein Säulendiagramm einer Zeitreihe**
Entwicklung der Jahresumsätze eines Unternehmens.

Ein anderes Beispiel der Verwendung von Säulendiagrammen ist ihr Einsatz bei der Darstellung zeitlicher Entwicklungen. In einer solchen so genannten **Zeitreihe** werden auf der x-Achse Zeitpunkte angegeben und nach oben die zu diesen Zeitpunkten erhobenen Fakten aufgetragen. Zum Beispiel ließe sich damit die zeitliche Entwicklung der Jahresumsätze eines Unternehmens in den fünf Jahren von 2004 bis 2008 wie in Abbildung 6 darstellen. Es ist dabei auch durchaus üblich, die Spitzen der Säulen zur besseren Veranschaulichung der zeitlichen Entwicklung miteinander zu verbinden.

Auch hier erhält man die wesentliche Information (über den in diesem Fall nach unten gehenden Trend) auf einen Blick, wie es sich für eine funktionstaugliche grafische Darstellung eben so gehört.

Für in Intervalle eingeteilte Ausprägungen eines Merkmals gilt dasselbe. Anstelle von einzelnen Merkmalsausprägungen (zum Beispiel Note 1, 2, ... 5) fungieren dabei eben Intervalle (etwa Alter 0 - unter 15, 15 - unter 30, ...; siehe Abbildung 7).

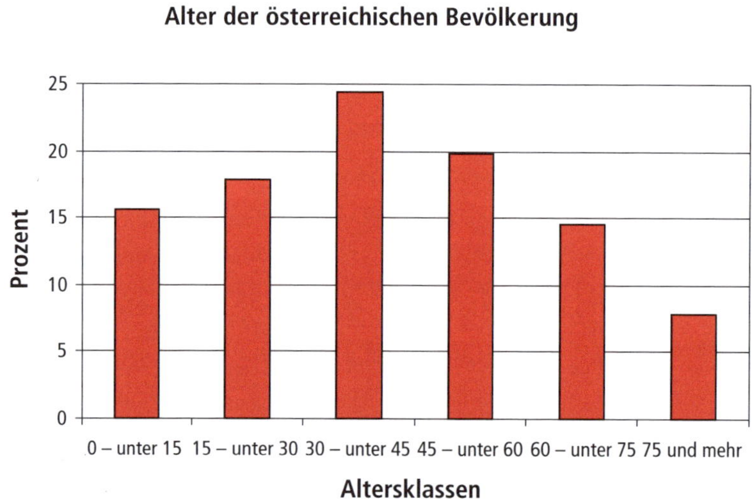


**Abbildung 7: Säulendiagramm für ein in Intervalle zerlegtes Merkmal**
Das Säulendiagramm zu den Daten aus Beispiel 4.

Wenn die Auswirkung verschiedener Intervallbreiten auf die Häufigkeiten der einzelnen Intervalle mit berücksichtigt werden soll, dann darf man in einer grafischen Darstellung der Häufigkeitsverteilung nach oben nicht die relativen Häufigkeiten (oder die Prozentzahlen) der Intervalle auftragen, sondern man muss ihre so genannte **Dichte** dazu verwenden, welche die verschiedenen Intervallbreiten ausgleicht. Die Dichte eines Intervalls errechnet sich nämlich durch die Division seiner relativen Häufigkeit durch seine Intervallbreite. Sie ist demgemäß seine relative Häufigkeit pro Maßeinheit (zum Beispiel pro einzelnem Jahr innerhalb der Altersklassen in Beispiel 4). Ähnlich wird etwa vorgegangen, wenn man die Bevölkerungszahlen von Bundesländern unterschiedlicher Größe miteinander vergleichen möchte. Die Bevölkerungsdichte eines Bundeslandes ergibt sich durch die Division seiner Bevölkerungszahl durch seine Fläche. Sie gibt also die Bevölkerungszahl pro Flächeneinheit (zum Beispiel $km^2$) an. Bei gleichen relativen Häufigkeiten besitzt ein kleineres Intervall im Vergleich zu einem größeren dann eine höhere Dichte an Erhebungseinheiten. Die Intervalldichte ist in der dazugehörenden grafischen Darstellung, dem so genannten **Histogramm**, als Höhe eines über jedem Intervall zu errichtenden Rechtecks aufzutragen, wobei dazu die Intervallbreiten auf der x-Achse in der korrekten Größenordnung wiedergegeben werden müssen. Die relative Häufigkeit selbst kann in einem Histogramm dann anhand der Fläche des über dem Intervall eingezeichneten Rechtecks rekonstruiert werden. Auf diese ungewöhnliche Darstellungsform wird hier allerdings nicht weiter eingegangen.

Betrachten wir nun die korrekte Darstellung der Notenverteilung von Beispiel 5 in einem Kreisdiagramm:

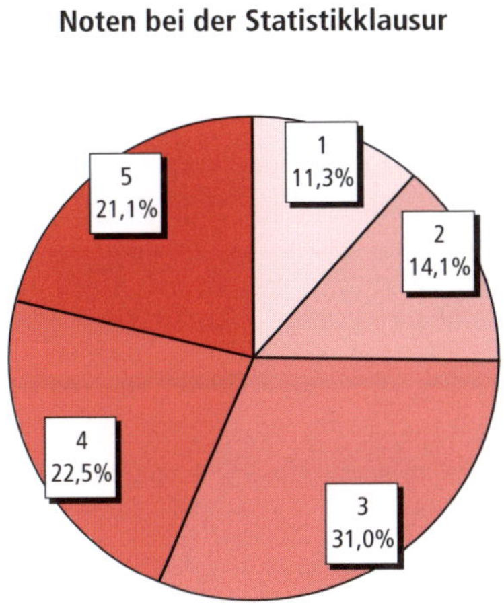


**Abbildung 8: Kreisdiagramm**
Das Kreisdiagramm zu den Daten aus Beispiel 5 (unter Verwendung des Excel-Diagrammassistenten und des Diagrammtyps Kreis).

Würde man im Kreisdiagramm von Abbildung 8 die vorhandene Reihenfolge in den Merkmalsausprägungen ändern (siehe Abbildung 9), so wäre auch dieses Diagramm genauer zu „studieren", um eine falsche „Wahr-Nehmung" zu vermeiden.

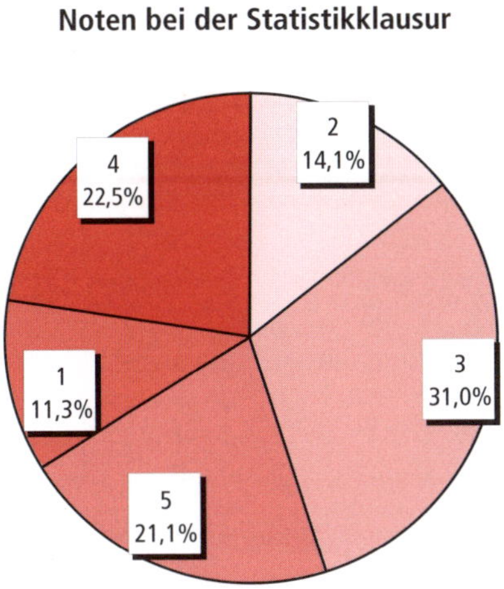


**Abbildung 9: Kreisdiagramm mit umgeordneten Merkmalsausprägungen**
Eine „Unordnung" im Kreisdiagramm.

Tabellen werden in der Regel genauer betrachtet, Grafiken nur kurz. Will man die Informationen grafisch korrekt vermitteln, müssen gewisse Regeln befolgt werden. Daran führt kein Weg vorbei.

Zusammengefasst gelten also folgende Regeln zur gewinnbringenden Nutzung von Säulendiagrammen:

- **Überschriften und Beschriftungen der x- und y-Achse sind unbedingt anzuführen.**
- **Der Nullpunkt der Prozentzahlen auf der y-Achse muss am Schnittpunkt zur x-Achse liegen.**

Für Säulen- und Kreisdiagramme gilt ferner gleichermaßen:

- **Eine Ordnung innerhalb der Merkmalsausprägungen (also bei ordinalen und bei metrischen Merkmalen) muss beibehalten werden.**
- **3-D-Darstellungen sollten tunlichst vermieden werden.**
- **Direkte Beschriftungen sind Legenden vorzuziehen.**

Schließlich darf für die grafische Darstellung von Häufigkeitsverteilungen folgender Leitsatz ausgegeben werden: *Die einfachste Grafik ist zumeist auch die beste!*

## Übungsaufgaben

Die Lösungen zu den nachfolgenden Übungsbeispielen finden Sie unter www.pearson-studium.de. Für die mit * markierten Aufgaben verwenden Sie die zu diesem Buch unter dieser Web-Adresse ebenfalls bereitgestellte Excel-Lerndatei.

**Ü3**

Am 30. Juni 2010 wählte die deutsche Bundesversammlung nach dem Rücktritt von Horst Köhler einen neuen Bundespräsidenten beziehungsweise eine neue Bundespräsidentin. Recherchieren Sie im Internet, wie viele Stimmen der Delegierten auf die einzelnen Kandidaten im 3. Wahlgang gefallen sind und wie viele ungültig gewählt beziehungsweise sich enthalten haben.

Berechnen Sie danach mit dem Taschenrechner die relativen Häufigkeiten und Prozentzahlen des Stimmverhaltens der Delegierten.

**Ü4***

An N = 100 Kindern derselben Schulstufe wird in einer Schule im Rahmen einer Studie ihre Fähigkeit im Verstehen eines einfachen Textes durch sechs sich auf den Text beziehende Fragen überprüft. Für jedes Kind liegt die Anzahl der falsch beantworteten Fragen vor:

| | | | | | | | | | | | | | | | | | | | |
|---|---|---|---|---|---|---|---|---|---|---|---|---|---|---|---|---|---|---|---|
| 0 | 2 | 0 | 2 | 0 | 0 | 1 | 2 | 0 | 0 | 2 | 1 | 2 | 1 | 2 | 1 | 1 | 1 | 1 | 6 |
| 1 | 2 | 0 | 2 | 0 | 0 | 1 | 0 | 0 | 1 | 0 | 0 | 1 | 0 | 0 | 1 | 1 | 0 | 2 | 0 |
| 1 | 1 | 1 | 1 | 2 | 3 | 2 | 3 | 2 | 0 | 0 | 2 | 1 | 2 | 5 | 1 | 1 | 2 | 4 | 5 |
| 0 | 1 | 1 | 1 | 2 | 3 | 2 | 3 | 0 | 3 | 5 | 1 | 3 | 3 | 2 | 2 | 1 | 1 | 2 | 1 |
| 0 | 4 | 1 | 0 | 2 | 3 | 0 | 3 | 1 | 0 | 0 | 0 | 3 | 1 | 0 | 0 | 1 | 2 | 1 | 0 |

Verwenden Sie die zu diesem Beispiel im Internet bereitstehende Excel-Lerndatei und stellen Sie darin der Anleitung folgend

a) die Häufigkeiten,

b) die relativen Häufigkeiten,

c) die Prozentzahlen,

d) die relativen Summenhäufigkeiten

tabellarisch dar.

**Ü5**

Die erste Nationalratswahl der 2. Republik in Österreich am 25.11.1945 ergab folgende Verteilung der gültigen Stimmen auf die damals zur Wahl stehenden Parteien:

| **Partei** | **Stimmen** |
|---|---|
| ÖVP | 1,602.227 |
| SPÖ | 1,434.898 |
| KPÖ | 174.257 |
| Sonstige | 5.972 |

Berechnen Sie mit dem Taschenrechner und zur Kontrolle Ihrer Ergebnisse auch in Excel die relativen Häufigkeiten und die Prozentzahlen der einzelnen Parteien.

**Ü6**

Auf der Internetseite *www.welt-in-zahlen.de/laenderinformation.phtml* finden sich folgende Angaben über die Häufigkeitsverteilung von Staaten und Territorien bezüglich des Merkmals Kontinent:

| **Kontinent** | **Anzahl der Staaten** |
|---|---|
| Afrika | 58 |
| Asien | 50 |
| Australien und Ozeanien | 24 |
| Europa | 51 |
| Nord-, Mittel- und Südamerika | 51 |

Berechnen Sie mit dem Taschenrechner die relativen Häufigkeiten und die Prozentzahlen der Aufteilung aller Staaten und Territorien auf die einzelnen Kontinente.

**Ü7***

Lösen Sie folgende Aufgaben unter Verwendung der dafür im Internet bereitstehenden Excel-Lerndatei:

Stellen Sie die Häufigkeitsverteilung aus Ü3 in Excel in einem Kreisdiagramm dar.

Verwenden Sie die Daten aus Ü4 und stellen Sie diese Häufigkeitsverteilung in Excel in einem Säulendiagramm dar.

**Ü8**

Verwenden Sie die Angaben aus Ü5 und stellen Sie diese Häufigkeitsverteilung in Excel in einem Säulendiagramm und einem Kreisdiagramm dar.

### Ü9

Das unten folgende Säulendiagramm beschreibt die Verteilung des Merkmals *Anzahl der Personen in einem Haushalt (= Haushaltsgröße)* in einer Gemeinde:

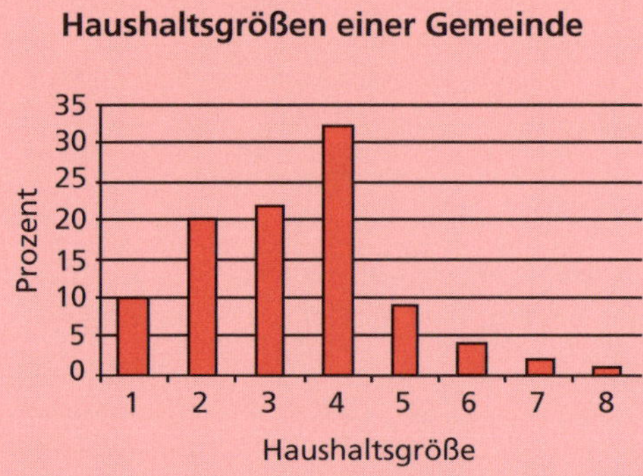


Lesen Sie die relativen Häufigkeiten der einzelnen Merkmalsausprägungen (ungefähr) ab und erstellen Sie damit in Excel eine Tabelle mit den Prozentzahlen und den relativen Summenhäufigkeiten. Zeichnen Sie ferner in Excel das dazu gehörende Kreisdiagramm und versuchen Sie darin die relativen Summenhäufigkeiten abzulesen.

### Ü10*

Lösen Sie folgende Aufgabe unter Verwendung der dafür im Internet bereit stehenden Excel-Lerndatei. In dieser Datei befinden sich die durch einen Arzt aufgezeichneten Ergebnisse von Messungen des Cholesterinwertes (in mg/dl) von Personen bei Gesundenuntersuchungen in einem bestimmten Monat.

Erstellen Sie eine Tabelle mit den Häufigkeiten, den relativen Häufigkeiten, den Prozentzahlen und den relativen Summenhäufigkeiten des Merkmals Cholesterin, wobei der Arzt die Merkmalsausprägungen in folgende Intervalle einteilen möchte: „unter 220" (normal), „220 bis unter 250" (unter Beobachtung) und „250 und höher" (erhöht).

Stellen Sie diese Häufigkeitsverteilung auch grafisch in einem Säulen- und in einem Kreisdiagramm dar (Anleitungen dafür entnehmen Sie den Tabellenblättern der EXCEL-Lerndatei zu Ü7).

## 1.2.2 Gemeinsame Häufigkeitsverteilungen zweier Merkmale

Oftmals erhebt man mehrere Merkmale auf einmal (oder ein mehrdimensionales Merkmal). In unserer Erhebung der Noten einer Statistikklausur etwa ist auch das Merkmal Geschlecht zu jedem Prüfling feststellbar. Somit besitzen wir von jeder Erhebungseinheit zwei Beobachtungen, nämlich ihr Geschlecht und ihre Note. In Beispiel 6 sind in einer Erhebung von jeder Erhebungseinheit die Merkmale Geschlecht und Studienrichtung erhoben worden.

Wiederum bekommen wir einen besseren Überblick, wenn wir die gemeinsame Verteilung der beiden Merkmale (oder des zweidimensionalen Merkmals) tabellarisch festhalten.

## Beispiel 6: Tabellarische Darstellung der gemeinsamen Häufigkeitsverteilung zweier Merkmale

Die Häufigkeitsverteilung von 500 Studienanfängern an der sozial- und wirtschaftswissenschaftlichen Fakultät einer Universität hinsichtlich der Merkmale Geschlecht und Studienrichtung (BWL: Betriebswirtschaftslehre, Soz: Soziologie, VWL: Volkswirtschaftslehre, Sowi: Sozialwirtschaft, Stat: Statistik):

**Tabelle 1.6**

| | Studienrichtung | | | | | |
|---|---|---|---|---|---|---|
| **Geschlecht** | **BWL** | **Soz** | **VWL** | **Sowi** | **Stat** | **Summe** |
| **weiblich** | 110 | 120 | 20 | 30 | 20 | 300 |
| **männlich** | 90 | 60 | 30 | 10 | 10 | 200 |
| **Summe** | 200 | 180 | 50 | 40 | 30 | 500 |

Zur Erstellung einer solchen Tabelle wie 1.6 in Excel ist die Funktion HÄUFIGKEIT mehrfach anzuwenden. Dabei wird eruiert, wie viele Befragte jede der in diesem Fall insgesamt zehn möglichen Kombinationen der Merkmalsausprägungen Geschlecht und Studienrichtung aufweisen. Diese Häufigkeiten befinden sich im Inneren der Tabelle. Um auch die gemeinsame Verteilung ordinaler beziehungsweise metrischer Merkmale in einer solchen Tabelle darstellen zu können, sollten deren Merkmalsausprägungen, wenn es sich um sehr viele handelt, in Intervalle eingeteilt werden, damit die Tabelle übersichtlich gestaltet werden kann.

Die Verteilung von Beispiel 6 lässt sich verbal folgendermaßen beschreiben: Von 110 Erhebungseinheiten wissen wir, dass sie weiblich sind und gleichzeitig BWL studieren, von 90, dass sie männlich sind und ebenfalls BWL gewählt haben, und so fort. Diese Häufigkeiten sind durch Division durch die Gesamtzahl der Erhebungseinheiten ($n$ = 500) wieder in relative Häufigkeiten und diese durch Multiplikation mit 100 in Prozentzahlen umzuwandeln. 110:500 = 0,22 → 22 Prozent der Erhebungseinheiten waren weiblich und studieren BWL. Am rechten und am unteren Rand der Tabelle werden die Zeilen beziehungsweise Spalten aufsummiert. 300 der 500 Befragten waren demnach weiblich. Das sind 60 Prozent. Der Rest war männlich. Am unteren Rand sieht man ebenfalls die Verteilung eines einzelnen Merkmals, nämlich des Merkmals Studienrichtung. 200 der 500 Befragten (= 40 Prozent) gaben BWL an, 180 der 500 (= 36 Prozent) Soziologie und so weiter. Diese eindimensionalen Verteilungen in einer Tabelle einer zweidimensionalen Häufigkeitsverteilung nennt man wegen ihres Standortes in der Tabelle die **Randverteilungen**.

Tabelle 1.7

| | Studienrichtung | | | | | |
|---|---|---|---|---|---|---|
| **Geschlecht** | **BWL** | **Soz** | **VWL** | **Sowi** | **Stat** | **Summe** |
| **weiblich** | 0,22 | 0,24 | 0,04 | 0,06 | 0,04 | 0,60 |
| **männlich** | 0,18 | 0,12 | 0,06 | 0,02 | 0,02 | 0,40 |
| **Summe** | 0,40 | 0,36 | 0,10 | 0,08 | 0,06 | 1 |

Solche gemeinsamen Verteilungen zweier Merkmale können grafisch nur sehr umständlich dargestellt werden. Die Randverteilungen betreffen jedoch nur ein Merkmal (oder „sie sind eindimensional") und können daher grafisch wie im Abschnitt „Grafische Darstellung" dargestellt werden (siehe beispielsweise Abbildung 5).

Im Allgemeinen sind diese relativen Häufigkeiten aber gar nicht von Interesse. Interessanter erscheinen vielmehr Vergleiche, etwa die Verteilung der Studienrichtung unter den weiblichen Studienanfängern mit jener unter den männlichen. Man darf dabei nicht auf den Irrtum verfallen, in der Tabelle 1.6 aus dem Verhältnis des Geschlechts bei BWL (110:90) sofort zu schließen, dass BWL von den Frauen bevorzugt als Studium gewählt wird. Denn es befinden sich ja – wie man an der rechten Randverteilung ablesen kann – mehr Frauen als Männer in der Erhebung.

Für den erwünschten Vergleich der Studienrichtungen innerhalb der Frauen und innerhalb der Männer ist deshalb anders vorzugehen. Wir betrachten zuallererst nur die Teilgesamtheit der 300 Frauen und berechnen darin die relativen Häufigkeiten der einzelnen Studienrichtungen. Und dann führen wir dies nochmals durch, nur dass wir diesmal ausschließlich die Teilgesamtheit der 200 Männer betrachten. Da wir also die Gesamtheit der 500 Befragten in mehrere Teile zerlegen, wir also Bedingungen für die Beobachtung der Verteilung eines Merkmals (nämlich des Merkmals Studienrichtung) setzen, nennt man solche Verteilungen **bedingte Häufigkeitsverteilungen**. Und da wir nun wiederum nur noch ein Merkmal betrachten, sind diese bedingten Verteilungen wieder eindimensional und können daher grafisch dargestellt werden.

## Beispiel 7: Tabellarische Darstellung einer bedingten Verteilung

Für die Verteilung der Studienrichtung unter den Frauen und unter den Männern gilt (siehe Tabelle 1.8): Unter den 300 Frauen ist die relative Häufigkeit für BWL durch

$$110:300 = 0{,}367 \ (= 36{,}7\ \%)$$

gegeben. Unter den 200 Männern beträgt diese relative Häufigkeit

$$90:200 = 0{,}45 \ (= 45\ \%).$$

Vergleichen wir diese beiden Zahlen, so steht fest, dass der Anteil der Studienrichtung BWL unter den Frauen tatsächlich niedriger war als unter den Männern. Die Häufigkeit selbst kann diesbezüglich also täuschen. Zum Beispiel gilt für Statistik als Studienrichtung: Die relative Häufigkeit bei den Frauen ist 20:300 = 0,067, während bei den Männern dieser Anteil 10:200 = 0,05 ist. Der Unterschied zwischen diesen beiden Anteilen innerhalb der Frauen und innerhalb der Männer ist wesentlich geringer, als dies der erste Blick auf die Tabelle 1.6 suggeriert hat.

**Tabelle 1.8**

| Geschlecht | Studienrichtung | | | | | Summe |
|---|---|---|---|---|---|---|
| | **BWL** | **Soz** | **VWL** | **Sowi** | **Stat** | |
| **weiblich** | 0,367 | 0,400 | 0,067 | 0,100 | 0,067 | 1 |
| **männlich** | 0,450 | 0,300 | 0,150 | 0,050 | 0,050 | 1 |

Bei der Zerlegung einer Grundgesamtheit in kleinere Teilgesamtheiten zum Zweck dieser Vergleiche ist bei der Interpretation der Ergebnisse jedoch zu beachten, dass der Umfang dieser Teilgesamtheiten nicht dem Umfang der ganzen Grundgesamtheit entspricht. Befragt man etwa 500 Personen, welcher Partei sie nahe stehen und ob sie für einen Ankauf von teuren Flugzeugen für die Landesverteidigung sind, so bedeutet die Angabe „20 Prozent der Grünwähler sind dafür!“ möglicherweise, dass von 40 Grünwählern, die sich unter den 500 Befragten befunden haben, acht für einen Ankauf waren. Wenn sich nur einer der grünen Ankaufsgegner zusätzlich dafür statt dagegen ausgesprochen hätte, wäre dieser Prozentsatz auf $9:40 \cdot 100 = 22{,}5$ Prozent angewachsen. Deshalb können bei so kleinen Teilgesamtheiten die Vergleiche der relativen Häufigkeiten der bedingten Verteilungen stark hinken.

Eine andere häufige Fehlerquelle bei Interpretationen bedingter Verteilungen ist die „Richtung“ der Bedingung, also die Frage: Welches Merkmal setzte die Bedingung (zum Beispiel das Geschlecht) und für welches Merkmal wurde die dadurch bedingte Verteilung untersucht (etwa die Studienrichtung)? Betrachten wir dazu Abbildung 10: Der erklärende Text zu der dargestellten bedingten Verteilung aus der österreichischen Tageszeitung „Der Standard“ lautete: „Die Mädchen – oft zahlenmäßig überlegen – stellen nur etwas mehr als ein Drittel der ‚Sitzenbleiber‘. Bei den Burschen dagegen erreichen 62 Prozent ihr Klassenziel nicht.“ Um Gottes willen, welche Tragödie – eine Generation von Sitzenbleibern. Doch halt! Richtig ist als Interpretation des Kreisdiagramms vielmehr: *Unter den Durchgefallenen* befinden sich mit 62:38 Prozent mehr Jungen als Mädchen. Und damit hat es sich! Klingt nicht sehr interessant und ist es auch nicht.

Fängt man den kommentierenden Satz hingegen mit der Nennung jener Teilgesamtheit an, über die man Auskunft gibt („Unter den ...“), dann kann eine solche sprachliche Missdeutung sehr einfach vermieden werden. Tatsächlich würde uns eher interessieren, wie groß der Anteil der Durchgefallenen unter den Mädchen und wie groß dieser Anteil im Vergleich dazu unter den Jungen ist. *Diese* Information ist aber in der Grafik nicht enthalten.

**Abbildung 10: Fehlinterpretation einer bedingten Verteilung (nach: „Der Standard", 8.5.1992)**
Eine Erhebung des schulischen Erfolgs österreichischer Schulkinder.

## Übungsaufgaben

Die Lösungen zu den nachfolgenden Übungsbeispielen finden Sie unter www.pearson-studium.de. Für die mit * markierten Aufgaben verwenden Sie die zu diesem Buch unter dieser Web-Adresse ebenfalls bereitgestellte Excel-Lerndatei.

**Ü11**

Bei einer Befragung von 794 zufällig ausgewählten Personen gaben 241 Befragte auf dem Fragebogen an, dass Sie männlich und mit der EURO-Währung zufrieden sind, 198, dass Sie weiblich und zufrieden sind, 122, dass Sie männlich und unzufrieden sind, 173, dass Sie weiblich und unzufrieden sind. Von den restlichen 60 Personen waren 40 männlich und in der Euro-Frage neutral und 20 weiblich und neutral.

a) Erstellen Sie je eine Tabelle mit den Häufigkeiten und mit den relativen Häufigkeiten der gemeinsamen Verteilung auf dem Merkmal Geschlecht und Euro-Einstellung.
b) Berechnen Sie die relativen Häufigkeiten der Verteilungen des Merkmals Euro-Einstellung unter den Männern und unter den Frauen.

**Ü12**

Vergleichen Sie nun die Ergebnisse der beiden Verteilungen aus Ü11b) und beantworten Sie damit die Frage: Sind die Frauen in dieser Erhebung zufriedener mit der Euro-Währung als die Männer oder verhält es sich umgekehrt?

**Ü13***

Seit Jahrzehnten verschiebt sich in den Industrieländern das Geburtenverhältnis von Mädchen und Jungen. Dass heute mehr Mädchen geboren werden als früher, soll auch auf den Einfluss von Giftstoffen aus der Umwelt auf das männliche Fortpflanzungssystem zurückzuführen sein.

In einer wissenschaftlichen Studie an 400 Kindern wurden das Geschlecht der Kinder (Kodierung: männlich = 1; weiblich = 2) und das Rauchverhalten der Eltern in den drei Monaten vor der Zeugung (beide Nichtraucher = 1; ein Elternteil Raucher, der andere Nichtraucher = 2; beide Raucher = 3) erhoben.

Verwenden Sie die im Internet bereitstehende Excel-Lerndatei und berechnen Sie darin den Anweisungen folgend die relativen Häufigkeiten

a) der gemeinsamen Verteilung der 400 Erhebungseinheiten auf den Merkmalen Geschlecht und Rauchverhalten der Eltern,

b) der Verteilungen des Geschlechts der Kinder innerhalb der drei verschiedenen Rauchergruppen!

**Ü14**

In einer Befragung unter 1.000 Personen wurden in diesem Jahr die Merkmale Geschlecht und Einstellung zum Ankauf neuer Abfangjäger für die Landesverteidigung erhoben.

**Ankauf von Abfangjägern**

| Geschlecht | dafür | unentschlossen | dagegen | Summe |
|---|---|---|---|---|
| weiblich | 10 | 40 | 250 | 300 |
| männlich | 190 | 160 | 350 | 700 |
| Summe | 200 | 200 | 600 | 1.000 |

Berechnen Sie mit dem Taschenrechner die relativen Häufigkeiten in dieser Tabelle.

**Ü15**

Berechnen Sie mit dem Taschenrechner die relativen Häufigkeiten des Merkmals Ankauf von Abfangjägern aus Ü14 unter den Frauen und auch jene unter den Männern.

## 1.3 Kennzahlen statistischer Verteilungen

Durch die tabellarische und die grafische Darstellung von Häufigkeitsverteilungen gewinnt man an Überblick über das vorliegende Datenmaterial. Zur weiteren Beschreibung von Häufigkeitsverteilungen werden häufig einzelne Kennzahlen angegeben, die Stellvertreter aller Merkmalsausprägungen darstellen. In diesen wird die gesamte Information auf einen einzigen Repräsentanten der Verteilung gebündelt. Als Erstes wollen wir uns für Kennzahlen interessieren, welche die **Lage** der Verteilung beschreiben.

### 1.3.1 Kennzahlen der Lage

Anstelle der (oder zusätzlich zur) Beschreibung einer vorliegenden Häufigkeitsverteilung durch die Häufigkeiten, relativen Häufigkeiten und relativen Summenhäufigkeiten der Merkmalsausprägungen soll eine Verteilung durch eine Kennzahl beschrieben werden, die deren Lage charakterisiert.

Die gängigste solche Kennzahl ist der **Mittelwert** (oder auch: das Mittel, der Durchschnitt oder das arithmetische Mittel) eines Merkmals. Die allermeisten Menschen haben schon selbst Mittelwerte berechnet (zum Beispiel der Zeugnisnoten, der Wochenarbeitszeit oder des Benzinverbrauchs ihres Autos). Die dem Mittelwert zu Grunde liegende Idee ist, dass wir als Stellvertreter aller aufgetretenen Daten jene Zahl wählen, die sich bei einer gleichmäßigen Aufteilung der Summe aller aufgetretenen Daten, man nennt das die Merkmalssumme, auf die Erhebungseinheiten ergeben würde. Das Durchschnittseinkommen ist also jenes Einkommen, das auf jeden Einzelnen fallen würde, wenn das gesamte Einkommen aller Personen gleichmäßig auf alle Personen aufgeteilt würde. Die durchschnittliche Wochenarbeitszeit eines Jahres ist jene, die sich bei gleichmäßiger Aufteilung der Gesamtarbeitszeit eines Jahres auf die Wochen ergeben würde. Auf diese Weise ist ein Mittelwert somit zu interpretieren.

Bei der Berechnung sind also die Merkmalsausprägungen des interessierenden Merkmals von allen Erhebungseinheiten zu addieren und durch die Gesamtzahl der Erhebungseinheiten zu dividieren. Das Durchschnittsmonatseinkommen von fünf Personen mit Einkommen in der Höhe von – sagen wir – 1.000, 3.000, 4.000, 1.000 und nochmals 1.000 Euro ist demnach die durch fünf geteilte Summe der Monatseinkommen der fünf Personen, also (1.000 + 3.000 + 4.000 + 1.000 + 1.000) : 5 = 10.000 : 5 = 2.000 Euro. Bei gleichmäßiger Aufteilung des Gesamteinkommens auf die Personen würde somit jede Person 2.000 Euro erhalten. Das ist die Interpretation des Mittelwerts.

Um die Summe der Einkommen aller fünf Personen zu berechnen, kann man offensichtlich auch so vorgehen, dass man die vorkommenden Merkmalsausprägungen gleich mit ihren Häufigkeiten multipliziert, denn es ist

$$(1.000 \cdot 3 + 3.000 \cdot 1 + 4.000 \cdot 1) = 10.000.$$

Wenn wir den Mittelwert einer Verteilung mit dem Zeichen $\bar{x}$ (sprich: „$x$ quer") versehen und mit $x_1$ (sprich: „$x$ eins") die Merkmalsausprägung des Merkmals $x$ bei der ersten Erhebungseinheit, $x_2$ jene bei der zweiten und so weiter bezeichnen, dann lässt sich die Rechenvorschrift für den Mittelwert eines Merkmals $x$ bei $N$ Erhebungseinheiten durch die mathematische Formelsprache folgendermaßen ausdrücken:

$$\bar{x} = \frac{\sum_{i=1}^{N} x_i}{N}. \qquad (2)$$

Es ist also die Summe (= Σ; großer griechischer Buchstabe „Sigma") der Ausprägungen des beobachteten Merkmals von der ersten bis zur letzten der $N$ Erhebungseinheiten zu bilden (der Ausdruck im Zähler der Formel (2) ist nur eine abgekürzte Schreibweise für: $x_1 + x_2 + \ldots + x_N$) und durch $N$ zu dividieren. In Excel wird (2) einfach durch die Funktion MITTELWERT berechnet.

Die Anweisung (2) lässt sich für den Fall, dass einzelne Merkmalsausprägungen – wie oben – häufiger als einmal vorkommen, vereinfachen. Wir erhalten nämlich die Summe im Zähler von (2) auch, wenn wir jede Merkmalsausprägung mit ihrer Häufigkeit multiplizieren ($k$ sei die Anzahl der verschiedenen vorkommenden Merkmalsausprägungen und $h_1$ die Häufigkeit der ersten vorkommenden Merkmalsausprägung, $h_2$ jene der zweiten und so fort):

$$\bar{x} = \frac{\sum_{i=1}^{k} x_i \cdot h_i}{N}. \qquad (2a)$$

Es ist also die Summe der Produkte aller $k$ verschiedenen Ausprägungen des beobachteten Merkmals $x$ und ihrer Häufigkeiten zu bilden (also $x_1 \cdot h_1 + x_2 \cdot h_2 + ... + x_k \cdot h_k$). Diese Summe entspricht natürlich exakt der Summe in (2) und ist für den Mittelwert nur noch durch $N$ zu dividieren. Diese Darstellung der Vorgehensweise ist sehr hilfreich, wenn die Daten bereits übersichtlich in Tabellenform vorliegen (siehe Beispiel 8).

Da schließlich der Quotient $h_i/N$ nach (1) die relative Häufigkeit $p_i$ der $i$-ten Merkmalsausprägung ist, lässt sich der Mittelwert auch mit Hilfe der relativen Häufigkeiten berechnen:

$$\bar{x} = \frac{\sum_{i=1}^{k} x_i \cdot h_i}{N} = \sum_{i=1}^{k} x_i \cdot \frac{h_i}{N} = \sum_{i=1}^{k} x_i \cdot p_i. \tag{2b}$$

## Beispiel 8: Berechnung des Mittelwerts (Fortsetzung von Beispiel 3)

Um den Mittelwert der Punktezahlen zu berechnen, könnte man die 142 Prüfungsergebnisse einfach addieren und durch 142 dividieren, also (2) anwenden. Nun liegt die Verteilung der Punktezahlen in Beispiel 3 jedoch bereits in Tabellenform vor. Die Summe der Punktezahlen erhält man auch dadurch, dass man jede der vorkommenden Merkmalsausprägungen mit der Häufigkeit ihres Vorkommens bei dieser Prüfung multipliziert und man dann die Summe dieser Produkte bildet, also durch jene Überlegung, die hinter der Darstellung (2a) steckt:

$$\bar{x} = \frac{\sum_{i=1}^{k} x_i \cdot h_i}{N} = \frac{(0 \cdot 1 + 1 \cdot 3 + ... + 7 \cdot 16)}{142} = \frac{651}{142} = 4{,}58.$$

Der Mittelwert der Punktezahlen ist also 4,58. Seine Interpretation lautet: Wenn man die 651 insgesamt von allen 142 Prüflingen erreichten Punkte gleichmäßig auf alle Prüflinge aufteilen würde, würde jeder Studierende 4,58 Punkte erzielen.

Schließlich erhält man dasselbe Ergebnis auch, wenn gleich in jedem Produkt durch 142 dividiert wird, also in (2b) die relativen Häufigkeiten aus der Tabelle zu Beispiel 3 eingesetzt werden:

$$\bar{x} = \sum_{i=1}^{k} x_i \cdot p_i = 0 \cdot 0{,}007 + 1 \cdot 0{,}021 + ... + 7 \cdot 0{,}113 = 4{,}58.$$

Welche Form der genannten äquivalenten Berechnungsarten des Mittelwerts gewählt wird, hängt einfach davon ab, ob nur eine ungeordnete Datenmenge oder bereits eine tabellarische Darstellung einer Häufigkeitsverteilung vorliegt und ob im letzteren Fall die Häufigkeiten oder die relativen Häufigkeiten angegeben sind.

Ein Anwendungsgebiet für Mittelwerte findet sich auch in der Analyse von Zeitreihen (siehe Abbildung 6). Betrachten wir dazu in Abbildung 11 den Verlauf eines Kurses einer Aktie an den letzten 350 Börsentagen.

Die Schwankung des Aktienkurses ist in Abbildung 11 natürlich übertrieben dargestellt, da die y-Achse nicht beim Nullpunkt beginnt. Das ist in der so genannten Chartanalyse von Aktienkursen üblich, weil dabei nicht die Kurse selbst, sondern ihre Entwicklung über die Zeit betrachtet werden. Neben den auf und ab schwankenden Aktienkursen ist ein zweiter Verlauf eingetragen. Das ist jener der 100-Tage-Mittelwerte. Diese Kurve beginnt erst am 100. Börsentag seit Einführung der Aktie. An diesem Tag ist der Mittelwert der Kurse der letzten 100 Börsentage, das ist die Definition des 100-Tage-Mittelwerts, erstmals berechnet worden, da die Aktie vorher noch keine 100 Tage notiert war. Der 100-Tage-Mittelwert am 101. Börsentag ist der Mittelwert der Aktienkurse der letzten 100 Tage vom 101. Tag aus gerechnet. Dies ist somit der Mittelwert der Kurse vom 2. bis zum 101. Börsentag. Im Vergleich zum 100-Tage-Mittelwert des 100. Tages wird bei der Berechnung des neuen Mittelwerts also der älteste Aktienkurs (der des 1. Tages) durch den aktuellsten Aktienkurs (zu diesem Zeitpunkt also durch den des 101. Tages) ersetzt. Am 102. Tag entspricht der 100-Tage-Mittelwert dem Mittelwert der Kurse vom 3. bis zum 102. Börsentag und so weiter. Diese Mittelwerte „gleiten" auf diese Weise über die Zeitreihe. Man nennt sie daher auch **gleitende Mittelwerte**. Dadurch, dass die Kurve der gleitenden Mittelwerte nicht wie die Kurve der Aktienkurse selbst jeden Kurssprung mitmacht, sondern erst deutlich reagiert, wenn sich die Aktienkurse dauerhaft verändern, sind diese Mittelwerte dazu geeignet, in Zeitreihen den **langfristigen Trend** zu veranschaulichen, während die Aktienkurse selbst allen möglichen wie saisonal bedingten oder irregulären Einflüssen „ausgeliefert" sind. Die Art der Berechnung gleitender Mittelwerte wird im Rahmen der **Zeitreihenanalyse** dann und wann auch leicht abgewandelt, aber das Grundprinzip bleibt gleich: Es werden nacheinander Stellvertreter für eine zeitlich definierte Gruppe von Werten berechnet, um damit dem langfristigen Trend einer Zeitreihe auf die Spur zu kommen.

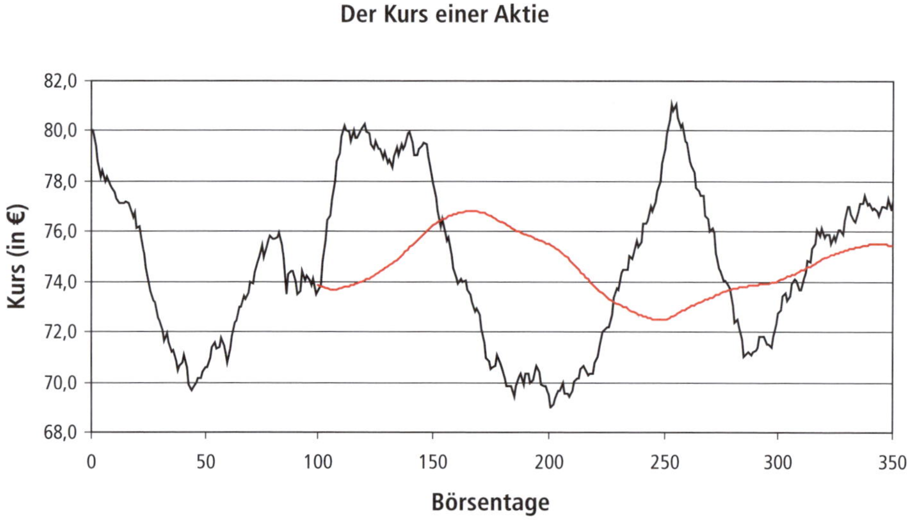


**Abbildung 11: Gleitende Mittelwerte in Zeitreihen**

In der Analyse von Aktienkursen werden solche gleitenden Mittelwerte zu Kauf- beziehungsweise Verkaufsempfehlungen genutzt. Durchstoßen die Aktienkurse die Kurve der gleitenden Mittelwerte von unten nach oben, dann wird dies als Zeichen für eine Trendumkehr ins Positive interpretiert und als Kaufsignal gewertet. In der Zeitreihe von Abbildung 11 ist dies am 101., am 228. und am 313. Börsentag der Fall. Wird die Kurve der gleitenden Mittelwerte von der Kurve der Aktienkurse von oben nach unten durchstoßen, dann wird dies als Verkaufsempfehlung interpretiert. Dies passiert in Abbildung 11 am 153. und am 280. Tag. Sie können selbst nachprüfen, ob das Einhalten dieser Empfehlungen bei unserer Zeitreihe Gewinne gezeitigt hätte.

Bei der Chartanalyse von Aktienkursen finden auch 200-Tage- und 38-Tage-Mittelwerte Anwendung. Die Gefahr von Fehlinterpretationen des langfristigen Verlaufs einer Zeitreihe durch gleitende Mittelwerte ist selbstverständlich umso größer, je geringer die Zahl der Werte ist, die in die gleitenden Mittelwerte eingehen. (Eine Vertiefung im Bereich der statistischen Zeitreihenanalyse bieten zum Beispiel Hartung (2005), Kapitel XII, oder Schira (2003), Kapitel 5 und 18.)

Liegt ein Merkmal nur in Intervalleinteilung vor, so müssen für eine näherungsweise Berechnung des Mittelwerts als Merkmalsausprägungen geeignete Stellvertreter für die Intervalle gefunden werden. In begründeten Fällen können dies die jeweiligen Intervallmitten sein, die dann zur Mittelwertberechnung des Merkmals als seine Merkmalsausprägungen herangezogen werden.

Für die Charakterisierung der Häufigkeitsverteilung welcher Merkmalstypen eignet sich nun aber ein Mittelwert? Offenbar müssen die Merkmalsausprägungen Zahlen sein, um deren Summe bilden zu können. Aber wenn die Merkmalsausprägungen eines nominalen Merkmals kodiert sind (zum Beispiel beim Merkmal Studienrichtung: BWL = 1, Soziologie = 2, VWL = 3, Sozialwirtschaft = 4, Statistik = 5), so dass auch diese Zahlen sind, ist ein Mittelwert dennoch völlig sinnlos (was soll zum Beispiel bedeuten, dass der Mittelwert des Merkmals Studienrichtung 2,04 ist?). Bei ordinalen Merkmalen ist zu beachten, dass die Merkmalsausprägungen keine Vielfachen einer Einheit darstellen, wie dies bei metrischen Merkmalen der Fall ist. Die Schulnote 2 ist nicht doppelt so viel (oder doppelt so schlecht) wie die Note 1. Damit ergibt sich das Problem, dass die durchschnittliche Leistung eines Schülers, der die Noten 1 und 3 erhielt, nicht mit 2 bezeichnet werden kann. Die zahlenmäßigen Beurteilungen, also die Kodierungen, sind völlig willkürlich! Genauso könnten die schulischen Leistungen sehr gut, gut, befriedigend, genügend und nicht genügend des österreichischen Schulsystems auch durch die Zahlen 1, 10, 100, 1.000 und 10.000 kodiert werden. Der Mittelwert der Noten 1 und 100 wäre dann aber 50,5, also zwischen gut und befriedigend. Wenn die Merkmalsausprägungen nicht Vielfache einer Einheit sind, dann ist eine Summenbildung – wie sie beim Durchschnitt durchzuführen ist – belanglos und damit auch der Mittelwert selbst. Die Berechnung von Mittelwerten aus sechs Schularbeitsnoten zur Festlegung der Zeugnisnoten sollten also durch die Lehrer unterlassen werden, weil dieser errechnete Mittelwert gar nicht die mittlere Leistung der jeweiligen Schüler widerspiegeln kann! Somit ist der Mittelwert eigentlich eine nur für metrische Merkmale geeignete Kennzahl zur Charakterisierung ihrer Häufigkeitsverteilung.

Aber auch bei metrischen Merkmalen ist der Mittelwert nach (2) nicht immer die geeignete Kennzahl der Lage im Sinne der Idee der gleichmäßigen Aufteilung der Merkmalsausprägungen auf die Erhebungseinheiten. Betrachten wir dazu folgendes Beispiel:

## Beispiel 9: Der Mittelwert von Wachstumsfaktoren

Ein Unternehmen hatte vor genau drei Jahren einen Umsatz von 20 Millionen Euro. In den drei Jahren seither betrugen die jährlichen Umsatzzuwächse 10, 90 und 50 Prozent. Um wie viel Prozent ist der Umsatz pro Jahr durchschnittlich gestiegen?

Da diese Steigerung in Prozent ein metrisches Merkmal ist, könnte man (ohne tiefer gehendes Nachdenken) zum Schluss kommen, dass dieser Durchschnitt der Mittelwert der Prozentzahlen sein müsste: Also (10 + 90 + 50) : 3 = 50. Der Mittelwert der jährlichen prozentualen Steigerung wäre demnach 50 Prozent. Aber kann das wirklich stimmen?

Wenn der Umsatz im ersten Jahr von 20 Millionen Euro um 10 Prozent gestiegen ist, dann beträgt er danach $20 \cdot 1{,}1 = 22$ Millionen Euro. Den Wert 1,1 nennt man den **Wachstumsfaktor**. Er entspricht jener Zahl, mit welcher der ursprüngliche Umsatz multipliziert werden muss, damit sich sein Wert insgesamt um 10 Prozent erhöht. (Ein solcher Wachstumsfaktor kann auch kleiner als 1 sein, denn er besitzt zum Beispiel bei einem Rückgang des Umsatzes um 20 Prozent den Wert 0,8.) Steigt der Umsatz im nächsten Jahr um 90 Prozent, dann liegt er nach zwei Jahren bei insgesamt $22 \cdot 1{,}9 = 41{,}8$ Millionen Euro. Und schließlich beträgt der Umsatz nach drei Jahren $41{,}8 \cdot 1{,}5 = 62{,}7$ Millionen Euro.

Wenn der Mittelwert der prozentuellen Umsatzzuwächse stellvertretend für die vorkommenden Prozentsätze stehen soll, muss sich natürlich der Gesamtumsatz nach drei Jahren auch bei dreimaliger Anwendung des Mittelwerts ergeben. Also: $20 \cdot 1{,}5 = 30$, $30 \cdot 1{,}5 = 45$ und $45 \cdot 1{,}5 = 67{,}5$ beziehungsweise $20 \cdot 1{,}5^3 = 67{,}5$. Man sieht, dass sich bei einer jährlichen Umsatzsteigerung um 50 Prozent nach drei Jahren ein Umsatz von 67,5 Millionen Euro ergeben würde. Tatsächlich ist der Umsatz bei den jährlichen Wachstumsraten von 10, 90 und 50 Prozent jedoch lediglich auf 62,7 Millionen gewachsen. Wie ist das zu erklären? Für den Mittelwert werden die drei Prozentzahlen zu einer Summe addiert (10 + 90 + 50 = 150). Dies ergibt jedoch nicht den tatsächlichen prozentuellen Gesamtzuwachs, weil sich die 10 Prozent Wachstum auf einen Basisumsatz in der Höhe von 20 Millionen Euro, die 90 Prozent Wachstum jedoch auf einen solchen von 22 Millionen und die 50 Prozent auf einen von gar 41,8 Millionen beziehen. Die Prozentzahlen beziehen sich also auf unterschiedliche Ausgangsbasen. Dieses „Phänomen" ist aus der Zinseszinsrechnung bekannt.

Wenn aber $20 \cdot 1{,}5^3$ gar nicht 62,7 ergibt, welcher Wert, den man statt 1,5 einsetzt, ergibt dann 62,7? Also anders ausgedrückt: Für welchen Wert – nennen wir ihn $g$ – gilt: $20 \cdot g^3 = 62{,}7$ ?s

Aus

$$g^3 = \frac{62{,}7}{20} = 3{,}135$$

folgt

$$g = \sqrt[3]{3{,}135} = 1{,}4636.$$

Somit ist das tatsächliche durchschnittliche jährliche prozentuelle Wachstum, um das die Umsätze des Unternehmens gestiegen sind, 46,36 Prozent. $g$ lässt sich aus dem Umsatz am Beginn und jenem am Ende der betrachteten Zeitperiode und der Anzahl der betrachteten gleichen Zeitabschnitte berechnen. Da aber auch $1{,}1 \cdot 1{,}9 \cdot 1{,}5 = 3{,}135$ ist, kann $g$ auch aus den Wachstumsfaktoren bestimmt werden:

$$g = \sqrt[3]{1{,}1 \cdot 1{,}9 \cdot 1{,}5} = 1{,}4636.$$

$g$ nennt man den **geometrischen Mittelwert** der Wachstumsfaktoren. Seine Interpretation lautet: Würden die jährlichen Wachstumsfaktoren Jahr für Jahr jeweils dem geometrischen Mittelwert 1,4636 (oder in Prozent: 46,36) entsprechen, dann ergäbe sich am Ende der betrachteten Zeitperiode genau derselbe Gesamtumsatz wie bei der tatsächlich aufgetretenen jährlichen, prozentuellen Entwicklung, weil $20 \cdot 1{,}4636^3 = 62{,}7$ Millionen Euro ist.

In Excel erhält man den geometrischen Mittelwert von Wachstumsfaktoren durch die Funktion GEOMITTEL. Wir verzichten völlig auf eine formale Darstellung seiner Berechnung. Das Verständnis der Vorgehensweise bei Beispiel 9 sollte ausreichen, um den geometrischen Mittelwert berechnen und richtig interpretieren zu können. Der Grund dafür, dass der „normale" Mittelwert hier nicht „funktioniert", ist ganz einfach der, dass sich die Wachstumsfaktoren multiplikativ (und nicht additiv) verhalten.

Häufig ist das prozentuelle Wachstum von **Indizes** von Interesse. Die Inflationsrate bezieht sich beispielsweise auf den „Preisindex für die Lebenshaltung aller privaten Haushalte" (in Österreich: der Verbraucherpreisindex), Wachstumsraten für die Kursentwicklung an verschiedenen Börsenplätzen auf diesbezügliche Aktienindizes. Beispiele dafür sind der New Yorker Dow Jones Index, der Nikkei Index für die Tokyoter Börse, der Frankfurter DAX und der Wiener ATX. All diese Indizes sind **Preisindizes nach Laspeyres**. Sie stellen die preisliche Entwicklung eines so genannten Warenkorbs dar. In diesen **Warenkorb** gelangen Waren und Mengen, die zum Ausgangszeitpunkt für die jeweilige Fragestellung typisch waren. So setzt sich der Warenkorb des Preisindexes für die Lebenshaltung aus Waren zusammen, für die private Haushalte typischerweise Geld ausgeben. Zu diesen „Waren" gehören neben unterschiedlichen Mengen verschiedener Lebensmittel zum Beispiel auch Luxusgüter oder „das Wohnen".

Ist der Warenkorb einmal festgelegt, wird in konstanten Zeitabständen (etwa: monatlich) erhoben, wie viel dieser Warenmix aktuell kostet. Setzt man die Kosten des Warenkorbs zum Ausgangszeitpunkt auf 100, dann erhält man einen Index. Erhöhen sich zum Beispiel in der Folge die Kosten des Warenkorbs bis zu einem gewissen Zeitpunkt um 5 Prozent, so hat der Index zu diesem Zeitpunkt den Wert 105. Somit lässt sich aus dem jeweils aktuellen Wert eines Preisindexes sofort ablesen, wie stark sich die Kosten des betreffenden Warenkorbs seit dem Ausgangszeitpunkt verändert haben. Ein Index von 109 zeigt an, dass der Warenkorb nun um 9 Prozent teurer ist als zu Beginn, einer von 98, dass er sich um 2 Prozent verbilligt hat.

Dividiert man den aktuellen Wert des Preisindexes für die Lebenshaltung durch den Wert dieses Indexes vor genau einem Jahr, dann erhält man den Wachstumsfaktor, der die Veränderung des Indexes innerhalb des letzten Jahres beschreibt. Dieses Wachstum in Prozent drückt die Inflationsrate aus. Hatte der Preisindex für die Lebenshaltung beispielsweise vor einem Jahr den Wert 105 gehabt und hat er jetzt den Wert 109, dann gilt: 109 : 105 = 1,038. Die aktuelle Inflationsrate beträgt somit 3,8 Prozent. Auch Aktienindizes bedienen sich eines „Warenkorbs" von für den jeweiligen Börsenplatz typischen Aktien in typischen Mengen.

Da sich die Waren, die als typisch bezeichnet werden, mit der Zeit ändern, „veraltet" ein einmal festgelegter Warenkorb praktisch vom Ausgangszeitpunkt an. Damit man nicht nach einiger Zeit die Preisentwicklung eines Warenkorbs betrachtet, der völlig fern von den wirklichen Bedürfnissen ist, muss dann und wann die Zusammensetzung des Warenkorbs erneuert werden. Beim Preisindex für die Lebenshaltung wird diese Anpassung an die aktuellen Konsumbedürfnisse standardmäßig alle zehn Jahre durchgeführt. Eine Methode der Berechnung eines Indexes, die auf dieses Alterungsproblem des Warenkorbs eingeht, ist es, laufend einen neuen Warenkorb zu bestimmen und jeweils zu eruieren, wie viel dieser früher gekostet hätte. Dies ist die Idee des **Preisindexes nach Paasche**. Aufgrund der offenkundigen Schwierigkeit, nachträglich feststellen zu können, wie viel dieser neue Warenkorb früher gekostet hätte, ist diese Methode von eher geringer praktischer Bedeutung.

Ein weiteres Problem von Preisindizes ist, dass sie die Preisentwicklung eines Warenkorbs beschreiben, der etwa für die einzelnen Haushalte oder Aktienbesitzer nur mehr oder weniger relevant ist. Dies ist zum Beispiel die Ursache dafür, dass nach Einführung der europäischen Währung zu Beginn des Jahres 2002 allgemein über die nachhaltigen Preissteigerungen geklagt wurde, obwohl sich diese nicht in höheren Inflationsraten niederschlugen. Da die Preise für Luxusgüter wie PCs, die im Warenkorb enthalten sind, zu diesem Zeitpunkt stark nachgaben, konnten sich die gleichzeitigen „Preisanpassungen" bei Lebensmitteln nicht in vollem Ausmaß im Preisindex manifestieren. Haushalte, die jedoch diese Luxusgüter nicht einkauften, spürten in ihrem „ganz persönlichen Einkaufswagen" eine Preissteigerung, die nicht mit der abgefederten des Preisindexes übereinstimmte.

Neben Preisindizes gibt es aber auch **Mengenindizes**, die nicht die preisliche Entwicklung, sondern die mengenmäßige Entwicklung eines Warenkorbs zum Gegenstand haben. Durch das Konstanthalten der Preise anstelle der Mengen wird die mengenmäßige nicht durch die preisliche Entwicklung verfälscht. Damit werden Veränderungen etwa der Produktionsmengen verschiedener industrieller Zweige einer Volkswirtschaft wie zum Beispiel der eisenerzeugenden Industrie oder der Papierindustrie veranschaulicht. Schließlich gibt es auch noch **Wertindizes**, in denen jeweils die aktuellen Kosten eines nach dem jetzigen Konsumverhalten zusammengestellten Warenkorbs mit den früheren Kosten eines nach dem damaligen Konsumverhalten zusammengestellten Warenkorbs verglichen werden. Ein solcher Index vergleicht also die heutigen Ausgaben für die heutigen Bedürfnisse mit den früheren für die damaligen Bedürfnisse. Diese Indizes sind für den Vergleich der Kosten geeignet, die zu verschiedenen

Zeiten für einen bestimmten Aufwandsposten (zum Beispiel für den Posten der EDV-Ausstattung in einem Unternehmen) anfallen. Für die richtige Interpretation eines Indexes ist es – wie man sieht – unerlässlich, dass man die ihm zu Grunde liegende Berechnungsmethode kennt (Weiterführende Literatur: Schira (2003), Kapitel 6, oder von der Lippe (2002), Kapitel 10).

Eine Eigenschaft des Mittelwertes (und auch des geometrischen Mittelwerts) ist seine Empfindlichkeit gegenüber „untypischen" Merkmalsausprägungen, so genannten **Ausreißern**. Wird in Beispiel 3 etwa bei nur einem Prüfling anstelle der Punktezahl 5 die Zahl 55 bei der Berechnung am PC eingetippt, so steigt der Mittelwert von 4,58 auf 4,94, wovon man sich schnell selbst überzeugen kann.

Es sind jedoch nicht nur Tippfehler, die Ausreißer produzieren. Wenn beispielsweise neun von zehn Personen jeweils ungefähr 2.000 Euro netto pro Monat verdienen und die zehnte 82.000 Euro, dann ist das Einkommen dieser Person im Vergleich zu den anderen Einkommen ebenfalls ein Ausreißer. Der Mittelwert der zehn Monatseinkommen beträgt 100.000 : 10 = 10.000 Euro. Dies ist rechnerisch völlig korrekt. Erfüllt dieser Mittelwert jedoch seine Aufgabe als Repräsentant der gesamten Häufigkeitsverteilung? Der Ausreißer zieht den Mittelwert in seine Richtung, so dass schließlich neun Personen unter dem Durchschnitt der Einkommen liegen und nur eine darüber. Wir erhalten ganz einfach wiederum jenes Einkommen, das bei gleichmäßiger Aufteilung des Gesamteinkommens auf jede einzelne Person fallen würde. Dieses darf jedoch nicht als das Einkommen interpretiert werden, das „die meisten Personen" erhalten. Deshalb ist es manchmal erlaubt und für eine geeignete Anwendung des Mittelwerts vielfach sogar notwendig, wenn man ihn ohne die Ausreißer der Verteilung berechnet. Darauf ist jedoch dann bei der verbalen Interpretation des Mittelwertes auch hinzuweisen.

Die genauere Betrachtung der Grundgesamtheit, auf die sich der Mittelwert eines Merkmals x bezieht, empfiehlt sich vor allem bei Vergleichen von Mittelwerten. Unter dem Titel „Geliftete Frauen werden viel älter: Lebensverlängernde Schönheitschirurgie?" berichtete beispielsweise die österreichische Kronen-Zeitung am 28.3.2004 von einer „Studie der berühmten Mayo-Klinik in Rochester, Bundesstaat New York", die zum Ergebnis kam, dass „geliftete Frauen zehn Jahre länger als der Durchschnitt (leben)". Zu diesem Schluss kamen die „Forscher", weil im Jahr 2004 „148 von 250 Frauen, die sich (in den Jahren 1970 bis 1975) einem hautstraffenden Lifting unterzogen hatten, noch lebten und im Durchschnitt 84 Jahre alt waren. Dieser Durchschnitt lag um zehn Jahre über der „statistischen Lebenserwartung für US-Frauen". Der Chef der Schönheitschirurgen-Vereinigung Dr. Mark Jewell wird folgendermaßen zitiert: „Das ist ganz logisch. Das Selbstbewusstsein unserer Patientinnen steigt, das motiviert zu einem gesünderen Lebensstil."

Leben geliftete amerikanische Frauen also im Durchschnitt länger als die Grundgesamtheit aller US-Frauen? „Die statistische Lebenserwartung" einer Bevölkerung oder eines Teils davon (zum Beispiel „von US-Frauen") ist zu interpretieren als der Mittelwert jener Lebensdauer, die zum Berichtszeitpunkt Neugeborene bei unveränderten Lebensbedingungen erreichen werden. Es gibt leider Menschen, die schon als Säuglinge sterben, solche, die im Kindesalter sterben oder andere, die eher lang leben.

Betrachtet man für einen Jahrgang von Neugeborenen ihre modellmäßig errechneten Lebensdauern und berechnet deren Mittelwert, so erhält man die Lebenserwartung der Bevölkerung. (Auf die praktische Durchführung dieser Berechnung auf Basis so genannter Sterbetafeln sei hier nicht näher eingegangen.) Berechnet man diesen Mittelwert nur unter den Frauen, so erhält man eben deren Lebenserwartung. Die Grundgesamtheit, die in der zitierten Untersuchung betrachtet wurde, enthält jedoch nur Frauen, die beim schönheitschirurgischen Eingriff durchschnittlich schon über 50 Jahre alt wurden (und zum Berichtszeitpunkt sogar noch lebten). Sie starben also nicht als Babys, nicht als Kinder und auch nicht bei einem Verkehrsunfall im Alter von 25 Jahren. Somit kommen diese geringen Lebensdauern, die in der Grundgesamtheit aller Frauen auch vorkommen, in der Grundgesamtheit der „Studie" eben nicht vor. Der Mittelwert der Lebensdauern dieser Frauen muss somit größer sein als der aller Frauen in der Bevölkerung. Auch Universitätsprofessoren, Studierende, Politiker, Bewohner von Altenheimen oder die werten Leser haben eine höhere Lebenserwartung als die Gesamtbevölkerung. Aber nicht, weil sie Universitätsprofessoren, Studierende, Politiker, Bewohner von Altenheimen (Vorschlag für eine Überschrift: „Lebensverlängernde Altenheime!") und auch leider nicht, weil sie Leser dieses Buches sind, sondern weil sie alle nicht als Kinder, Jugendliche oder in jüngeren Erwachsenenjahren gestorben sind. Das muss den Mittelwert der Lebensdauern im Vergleich zum Gesamtmittelwert, in dem auch die geringen Lebensdauern berücksichtigt sind, einfach heben! Es kommt noch hinzu, dass die 102 inzwischen verstorbenen Patientinnen der Studie für diesen Vergleich mit der Lebenserwartung aller US-Frauen gar nicht berücksichtigt wurden. Ob die Schönheitsoperation einen Einfluss auf die Lebenserwartung durch Hebung des Selbstbewusstseins der Patientinnen hat, lässt sich aus der erhobenen Kennzahl jedenfalls nicht ablesen. Deutlich ist jedoch, dass sich einmal mehr ein Anwender statistischer Methoden „führerscheinlos" auf den „Statistik-Highway" begeben hat.

Eine andere Kennzahl der Lage einer Häufigkeitsverteilung ist der **Median** (oder der „Zentralwert" oder das „50-Prozent-Perzentil") dieser Verteilung. Zur Beschreibung der Vorgehensweise zu seiner Bestimmung stellen wir uns eine Schulklasse vor, von der uns die Körpergrößen der Schülerinnen und Schüler interessieren. Die Idee des Medians (*lat. medium = Mitte*) ist es, jene Merkmalsausprägung als Stellvertreter für alle auftretenden Merkmalsausprägungen der N Erhebungseinheiten zu wählen, die dann, wenn man die N auftretenden Merkmalsausprägungen aller Erhebungseinheiten der Größe nach sortiert, in der Mitte dieser Liste steht. Zur Bestimmung des Medians der Körpergrößen können die Schüler in „Stirnreihe" (also der Größe nach) Aufstellung nehmen. Der Median der Körpergrößen ist dann die Körpergröße jenes Schülers, der in der Mitte der Stirnreihe steht. Diese Mitte ist offensichtlich nur bei ungerader Anzahl an Erhebungseinheiten eindeutig definiert. Zum Beispiel ist der Median der Körpergrößen von fünf Schülern mit Größen von 148 cm (Schüler A), 158 cm (B), 148 cm (C), 160 cm (D) und 155 cm (E), nachdem wir die Schüler der Größe nach aufgestellt haben, die Körpergröße von Schüler E. Denn wenn wir die Schüler nach ihrer Körpergröße sortieren, so ergibt sich die Reihenfolge A, C, (die Reihenfolge dieser beiden ist egal), E, B, D:

148 148 155 158 160

Hier steht Schüler E in der Mitte der Erhebungseinheiten, links und rechts von ihm befinden sich je zwei Schüler. Kommt jedoch ein sechster Schüler (F) mit – sagen wir – Körpergröße 157 cm Körpergröße hinzu, so definieren wir zwei Schüler als solche, die „in der Mitte stehen". Es sind dies die Schüler E und F, denn die geordnete Reihenfolge lautet nun: A, C, E, F, B, D:

148 148 155 157 158 160

Schüler E steht nicht mehr in der Mitte, da bei sechs Schülern der dritte nicht mehr in der Mitte steht (links von ihm stehen zwei, rechts jedoch jetzt drei Schüler!). Aber auch *F* steht nicht allein in der Mitte. Für einen solchen Fall wurde folgende Konvention vereinbart: Die Körpergrößen der beiden Schüler, die nun in der Mitte stehen, werden für die Berechnung des Medians addiert und durch zwei dividiert. Der Median eines Merkmals ist also bei gerader Anzahl von Erhebungseinheiten der Mittelwert der beiden in der Mitte der geordneten Merkmalsausprägungen befindlichen Ausprägungen. In unserem Fall bedeutet dies, dass der Median der Mittelwert der Körpergrößen 155 und 157 cm ist. Er beträgt also 156 cm. Diese Vorgehensweise zur Bestimmung des Medians ist verbal einfacher zu beschreiben als formal. Deswegen verzichten wir hier wieder völlig auf eine formale Darstellung.

Der Median eines Merkmals hat die Eigenschaft, dass (mindestens) 50 Prozent der Erhebungseinheiten höchstens den Median als Merkmalsausprägung besitzen und (mindestens) 50 Prozent eine Ausprägung, die mindestens so groß ist wie der Median. Als Zeichen für den Median wird zumeist ein $x$, das „überwellt" wird, verwendet: $\tilde{x}$ (sprich: „$x$-Welle"). In Excel wird der Median einer Datenreihe durch die Funktion MEDIAN berechnet.

## Beispiel 10: Berechnung des Medians (Fortsetzung von Beispiel 5)

Da sich in Beispiel 5 unter den 142 Prüflingen 16 mit Note 1, dann 20 mit Note 2, dann 44 mit Note 3, 32 mit 4 und schließlich 30 mit der Note 5 befinden, besitzen in der nach der Größe der Noten sortierten Reihe der 142 Prüflinge die Prüflinge an der 71. und 72. Stelle jeweils die Note 3 und der Median der Noten ist deshalb $\tilde{x} = (3 + 3) : 2 = 3$.

Dies heißt, dass die eine Hälfte der Schüler höchstens die Note 3 erhalten hat (also 3 oder eine bessere Note) und die andere Hälfte mindestens die Note 3 (also 3 oder eine schlechtere Note).

Da für die Bestimmung des Medians die Ausprägungen des betreffenden Merkmals geordnet werden müssen, ist der Median für ordinale und für metrische Merkmale geeignet, jedoch nicht für nominale Merkmale, weil sich deren Ausprägungen dem Namen nach, aber nicht nach deren Größe unterscheiden.

Ist eine Merkmalsausprägung wesentlich größer (oder kleiner) als alle anderen, so bleibt der Median im Allgemeinen unbeeindruckt davon. Er ist also ausreißerunempfindlich oder **„robust"**. In Beispiel 3 ist der Median – wie sich leicht nachvollziehen lässt – die

Punktezahl 5. Wird in diesem Beispiel bei einem Prüfling anstelle von 5 Punkten die Zahl 55 verwendet, so bleibt der Median bei 5, weil der 71. und 72. Schüler nach wie vor 5 Punkte aufweisen und nur einer der 5-Punkte-Schüler mit 55 Punkten an die 142. Stelle gerückt ist. Der Mittelwert hat sich gleichzeitig – wie oben bereits beschrieben – von 4,58 auf 4,94 Punkte verschoben.

Sehr leicht lässt sich der Median aus den relativen Summenhäufigkeiten bestimmen. Offenbar ist er jedenfalls genau jene Merkmalsausprägung, bei der die relative Summenhäufigkeit von 0,5 erstmals überschritten wird. Beträgt die relative Summenhäufigkeit einer Merkmalsausprägung genau 0,5 – ein Fall, der nur bei gerader Anzahl an Erhebungseinheiten auftreten kann –, dann tritt die oben erwähnte Konvention in Kraft und der Median dieses Merkmals ist der Mittelwert dieser Merkmalsausprägung und der nächst Größeren. Aus Tabelle 1.5 lässt sich damit sofort ablesen, dass die Note 3 jene Note ist, bei der die relative Summenhäufigkeit von 0,5 erstmals überschritten wird, und damit ist diese Note der Median des Merkmals. Eine Hälfte der Studierenden hat höchstens, die andere mindestens die Note 3.

Eine weitere Umkehrung der Fragestellung nach den relativen Summenhäufigkeiten einzelner Merkmalsausprägungen (zum Beispiel Noten) wäre etwa, wenn man jene Note bestimmen möchte, die von – sagen wir – mindestens 25 Prozent der Prüflinge höchstens erreicht wird. Es ist dies genau jene Note, bei der die relative Summenhäufigkeit von 0,25 überschritten wird. Wird diese relative Summenhäufigkeit genau erreicht, so ist das die Mitte dieser und der nächst größeren Note. Dies kann man ebenfalls aus der Tabelle 1.5 zum Beispiel 5 ablesen. Es ist die Note 2: Sie wird von mindestens einem Viertel der Prüflinge erreicht oder unterschritten. Diese Merkmalsausprägung nennt man das 25-Prozent-**Perzentil** (oder 0,25-Fraktil) der Häufigkeitsverteilung. Es hat die Eigenschaft, dass mindestens 25 Prozent der Erhebungseinheiten höchstens diesen Wert und mindestens 75 Prozent mindestens diesen Wert aufweisen. Man geht also für das Perzentil von einer vorgegebenen relativen Summenhäufigkeit aus und sucht die dazugehörige Merkmalsausprägung.

Man nennt das 25-Prozent-Perzentil auch das **untere Quartil** und konsequenterweise das 75-Prozent-Perzentil dann das **obere Quartil**. Letzteres ist in unserem Beispiel die Note 4. Mindestens ein Viertel der Prüflinge hat demnach die Noten 4 oder 5.

Von Interesse sind Perzentile vor allem dann bei der Beschreibung von Häufigkeitsverteilungen von Merkmalen, wenn eine große Anzahl an Erhebungseinheiten (wie eine Bevölkerung) vorliegt. So bedeutet etwa die Auskunft, dass das obere Quartil des Merkmals Alter (in ganzen Lebensjahren) in der Bevölkerung 59 Jahre ist, dass mindestens drei Viertel der Bevölkerung 59 Jahre und jünger sind und mindestens eines 59 Jahre und älter ist. Dieses obere Quartil wird in den nächsten Jahren in Ländern wie Deutschland, Österreich und der Schweiz weiter nach oben wandern, da der Anteil älterer Menschen gegenüber jüngeren steigen wird.

Perzentile einer Häufigkeitsverteilung lassen sich auch aus einem einfachen Kreisdiagramm ablesen. Das 25-Prozent-Perzentil ist in einem Kreisdiagramm, dessen erstes Kreissegment von 12 Uhr aus im Uhrzeigersinn eingezeichnet wird, jene Merkmalsausprägung, deren Kreissegment bei 90 Grad liegt, also 3 Uhr überdeckt (siehe Abbildung 12). Der Median ist die Merkmalsausprägung um 6 Uhr und das obere Quartil jene um 9 Uhr. Würde man das 20 %-Perzentil suchen, so wäre es die Ausprägung bei 72 Grad von 12 Uhr ausgehend.

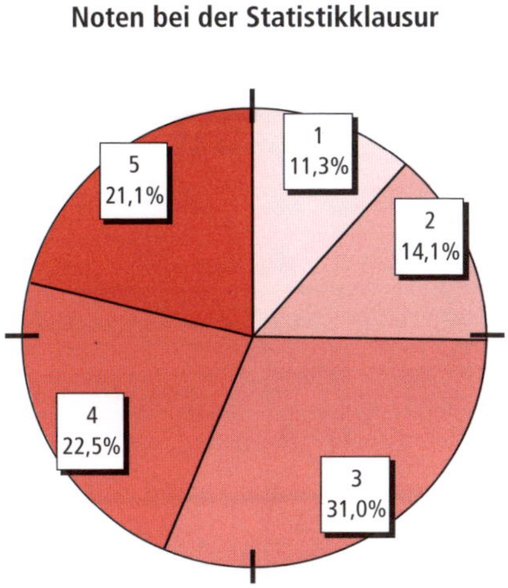


**Abbildung 12: Bestimmung von Perzentilen in einem Kreisdiagramm**
Unteres Quartil, Median und oberes Quartil zu den Daten aus Beispiel 5.

Liegen diese Uhrzeiten (beziehungsweise Winkel) exakt an den Rändern zweier Kreissegmente, so ist das gesuchte Perzentil der Mittelwert der zu diesen Kreissegmenten gehörenden Merkmalsausprägungen.

Liegt ein Merkmal in Intervallen vor, dann kann der Median unter bestimmten Bedingungen näherungsweise durch lineare Interpolierung aus den relativen Summenhäufigkeiten geschätzt werden. Dies ist jedoch von eher geringer praktischer Bedeutung.

Nun benötigen wir noch eine Lagekennzahl, die auch bei nominalen Merkmalen angewendet werden kann. Und auch diese wenden wir häufig im Alltag an. Es ist ganz einfach jene Merkmalsausprägung, die die größte (relative) Häufigkeit besitzt, also am häufigsten vorkommt. Diesen Kennwert einer Verteilung nennt man den **Modus** (*lat. modus = Regel*) des Merkmals. Zu seiner Bestimmung sind offensichtlich keine Zahlen als Merkmalsausprägungen erforderlich. Der Modus der Punktezahlen in Beispiel 3 ist die Punktezahl 5, jener des Merkmals Studienrichtung in Beispiel 6 die BWL. Der Modus der Altersverteilung aus Beispiel 4 ist das gesamte Intervall „30 – unter 45", denn bei einer Intervalleinteilung ist das am häufigsten vorkommende Intervall der Modus des Merkmals. In Excel wird dazu die Funktion MODALWERT benötigt.

Ein Anwendungsbeispiel ist der Usus, dass das Staatsoberhaupt nach einer Parlamentswahl den Parteichef der Partei mit dem größten Stimmenanteil mit der Regierungsbildung beauftragt. Ein weiteres entstammt der internationalen TV-Welt: In vielen Staaten der Erde begann im Jahr 2000 eine sehr erfolgreiche Quizshow, die in Deutschland unter dem Titel „Wer wird Millionär?" läuft. In diesem Quiz können sich die Kandidaten unter anderem durch das Publikum helfen lassen („Publikumsjoker"), wenn sie eine Frage nicht selbst beantworten können. Dabei geben sie die Frage an das Publikum weiter, das über die richtige Antwort aus vier vorgegebenen Antwortalternativen A bis D abstimmt. Das Ergebnis dieser Abstimmung wird dem Kandidaten in Form eines Säulendiagramms mitgeteilt.

Zumeist macht der Kandidat daraufhin die häufigste Antwort des Publikums, also den Modus der Antworten, zu seiner eigenen. Dahinter steckt offenbar die Hoffnung, dass der Modus der Antworten auch die richtige Antwort ist.

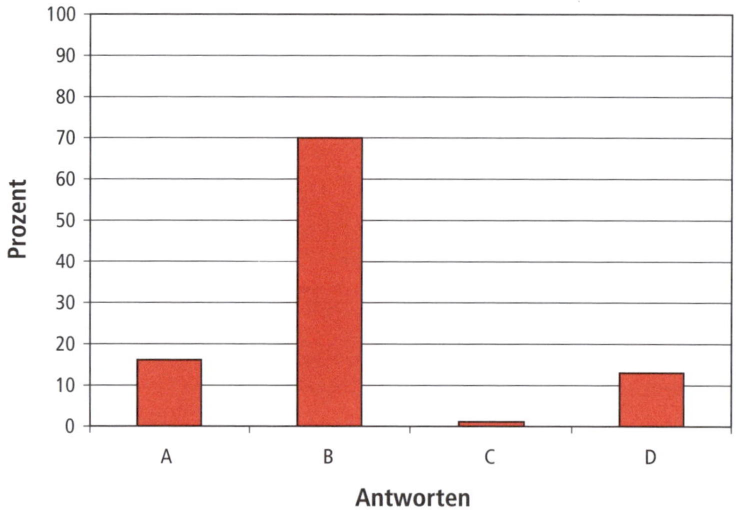


**Abbildung 13: Der Modus einer Häufigkeitsverteilung**
Säulendiagramm zur Antwortverteilung beim „Publikumsjoker" im TV-Quiz „Wer wird Millionär?".

## Übungsaufgaben

Die Lösungen zu den nachfolgenden Übungsbeispielen finden Sie unter www.pearson-studium.de. Für die mit * markierten Aufgaben verwenden Sie die zu diesem Buch unter dieser Web-Adresse ebenfalls bereitgestellte Excel-Lerndatei.

**Ü16***

Berechnen Sie mit dem Taschenrechner mit Hilfe der in Ü4 erzeugten Tabelle und den dort eingetragenen Häufigkeiten und in Excel unter Verwendung der Anweisungen in der dafür im Internet bereitstehenden Excel-Lerndatei Modus, Median, unteres und oberes Quartil sowie den Mittelwert für die Häufigkeitsverteilung von Ü4. Lesen Sie ferner Median, unteres und oberes Quartil auch in Excel aus einem Kreisdiagramm ab.

**Ü17**

Die 27 alphabetisch geordneten EU-Länder des Jahres 2010 besaßen im Jahr 2007 folgende Ausprägungen beim Merkmal Einwohnerzahl in Millionen (Quelle: Eurostat):

| Staat | Einwohner (in Mio.) | Staat | Einwohner (in Mio.) |
|---|---|---|---|
| Belgien | 10,6 | Malta | 0,4 |
| Bulgarien | 7,7 | Niederlande | 16,3 |
| Dänemark | 5,4 | Österreich | 8,3 |
| Deutschland | 82,3 | Polen | 38,2 |
| Estland | 1,3 | Portugal | 10,6 |
| Finnland | 5,3 | Rumänien | 21,6 |
| Frankreich | 63,4 | Schweden | 9,0 |
| Griechenland | 11,2 | Slowakei | 5,4 |
| Großbritannien | 60,9 | Slowenien | 2,0 |
| Irland | 4,3 | Spanien | 44,5 |
| Italien | 59,1 | Tschechien | 10,3 |
| Lettland | 2,3 | Ungarn | 10,1 |
| Litauen | 3,4 | Zypern | 0,8 |
| Luxemburg | 0,5 | | |

Berechnen Sie in Excel Median und Mittelwert dieses Merkmals. Tippen Sie nun in den Daten Ihrer Excel-Datei statt des korrekten Wertes

a) für Deutschland die Zahl 823 (Mio.) ein,

b) für Luxemburg die Zahl 50 (Mio.) ein,

und verfolgen Sie, wie sich diese „Tippfehler" auf Ihre Ergebnisse für Median und Mittelwert auswirken.

**Ü18**

Bei einem 14-tägigen Radfahrurlaub notierte einer der Teilnehmer die täglich am Tachometer angezeigte Kilometerleistung:

| | | | | | | |
|---|---|---|---|---|---|---|
| 66 | 85 | 55 | 32 | 73 | 55 | 42 |
| 30 | 102 | 48 | 53 | 75 | 60 | 64 |

Berechnen Sie mit dem Taschenrechner Median und Mittelwert dieses Merkmals.

**Ü19**

Das nachfolgende Säulendiagramm beschreibt die Häufigkeitsverteilung des Merkmals *Speicherkapazität von verkauften USB-Sticks* (weltweit im Jahr 2009; aus: *CHIP Test & Kauf;* Juni 2010, S.8):

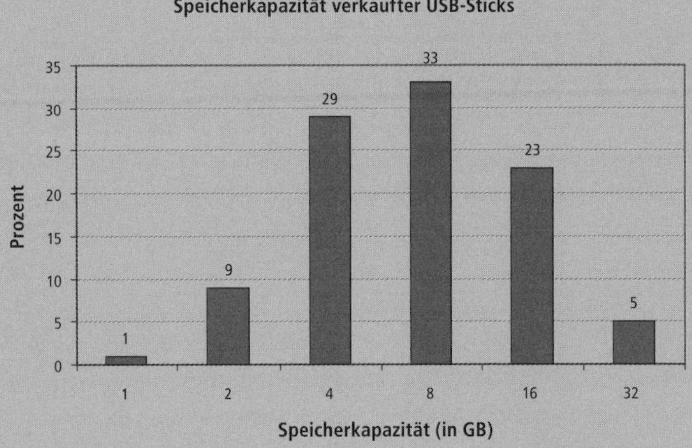


Berechnen Sie Median, 20%-Perzentil, Mittelwert und Modus für dieses Merkmal.

**Ü20***

Die Aktie eines Unternehmens wuchs innerhalb von fünf Jahren im 1. Jahr um 1,5 Prozent, im 2. um 28,2 Prozent, im 3. um 80,7 Prozent, im 4. um 14,5 Prozent und fiel im 5. Jahr um 0,7 Prozent. Berechnen Sie

a) die fünf Wachstumsfaktoren und damit ausgehend von einem Basiskurs von 100 Euro vor Beginn dieser Zeitspanne den Aktienkurs am Ende der fünf Jahre unter Berücksichtigung des jährlichen Wachstums,

b) mit den fünf Wachstumsfaktoren das durchschnittliche jährliche prozentuelle Kurswachstum mit dem Taschenrechner und überprüfen Sie Ihr Ergebnis in Excel mit Hilfe der im Internet bereitstehenden Excel-Lerndatei.

c) Wie hoch hätte demnach der Prozentsatz eines festverzinslichen Wertpapiers sein müssen, um einen höheren Gewinn als die Aktie zu erzielen?

**Ü21**

Der Preisindex für die Lebenshaltung lag vor genau drei Jahren bei einem Wert von 204. Nach diesen drei Jahren beträgt er 262. Wie groß war

a) der gesamte prozentuelle Zuwachs in diesen drei Jahren?

b) die durchschnittliche jährliche Inflationsrate?

## 1.3.2 Kennzahlen der Streuung

Die Kennzahlen des letzten Abschnitts geben uns also einen Eindruck von der Lage einer Häufigkeitsverteilung, indem sie für die gesamte Verteilung eine stellvertretende Merkmalsausprägung angeben. Diese beschreiben jedoch nur einen Teil der Charakteristika einer Häufigkeitsverteilung. Zwei Einkommensverteilungen mit gleichen Mittelwerten sind aus sozialen Gesichtspunkten aber völlig unterschiedlich zu beurteilen, wenn die Einkommen in einem Fall alle nahe beieinander liegen und in einem anderen Fall sehr unterschiedlich sind. Dieses völlig andere Charakteristikum einer Verteilung, das damit angesprochen wird, wird naheliegenderweise die **Streuung** der Verteilung genannt. Man denke zur Veranschaulichung an einen Salzstreuer. Ein solcher streut gering, wenn die Salzkristalle, die aus ihm herausrieseln, auf dem Butterbrot nahe beieinander liegen bleiben. Andererseits streut er (zu) stark, wenn sich die Kristalle über den gesamten Frühstückstisch verteilen. Erfährt man als Autofahrer den heutigen Mittelwert des Preises für einen Liter Benzin an den Tankstellen der Wohnregion, so besitzt man eine gewisse Orientierung über den derzeitigen Preis. Erhält man aber auch Auskunft darüber, ob die Preise an diesen Tankstellen stark, wenig oder gar nicht streuen, so lässt sich daraus schließen, ob es sich aus finanziellen Gründen lohnen könnte, nach billigen Tankstellen Ausschau zu halten, oder ob man zu jeder beliebigen fahren kann.

Wie aber soll man diese Streuung von Häufigkeitsverteilungen messen? Sie hat doch offenbar etwas mit den Abständen der Merkmalsausprägungen der einzelnen Erhebungseinheiten zueinander oder aber von einer fixen Größe (wie einer Mitte) zu tun.

Tatsächlich wird die Streuung einer Häufigkeitsverteilung zumeist durch die Abstände der Merkmalsausprägungen aller Erhebungseinheiten vom Mittelwert der Verteilung gemessen. Sind diese Abstände allesamt gering, liegen die Ausprägungen also alle in der Nähe des Mittelwerts und somit auch nahe beieinander, so liegt eben eine geringe Streuung vor. Liegen sie weit voneinander und also auch vom Mittelwert entfernt, so ist die Streuung des Merkmals stark.

Schon diese Konzeptbeschreibung macht deutlich, dass diese Vorgehensweise nur auf metrische Merkmale anwendbar ist. Tatsächlich ist die Streuung eines nominalen Merkmals, auch wenn die Merkmalsausprägungen in kodierter Form (in Zahlen) vorliegen, da diese Kodierungen ja völlig willkürlich vorgenommen werden, bestenfalls durch die Auskunft anzugeben, auf wie viele verschiedene Merkmalsausprägungen sich die Erhebungseinheiten aufgeteilt haben. Und auch für ordinale Merkmale ist eine Kennzahl der Streuung, die sich auf die Abstände der Merkmalsausprägungen von ihrem Mittelwert stützt, wegen der schon in Abschnitt 1.3.1 erwähnten willkürlichen Kodierung der Merkmalsausprägungen (zum Beispiel bei den Noten) unbrauchbar. Hier könnte man eventuell den Median als Bezugspunkt zur Abstandsmessung heranziehen. Doch dies wird nur selten gemacht.

Tatsächlich wird die Streuung fast nur bei metrischen Merkmalen gemessen. Die wichtigste diesbezügliche Kennzahl ist die **Varianz** (*lat. variare = schwanken*). Wir kürzen sie mit $s^2$ (sprich: „$s$-Quadrat") ab. Mit dieser Kennzahl wird nach der Berechnung des Mittelwerts $\overline{x}$ die Streuung des Merkmals dadurch angegeben, dass man für jede Erhebungseinheit die Abweichung ihrer Merkmalsausprägung vom Mittelwert misst und diese Abweichung zusätzlich noch quadriert. Die quadrierten Abweichungen werden in der Folge addiert und die Summe schließlich noch durch die Anzahl der Erhebungseinheiten dividiert.

Das erinnert natürlich an die Berechnung des Mittelwerts, für den man die Ausprägungen selbst über alle Erhebungseinheiten aufsummiert und dann durch die Gesamtzahl der Erhebungseinheiten dividiert hat. Wenn man nun anstelle der Merkmalsausprägungen die quadrierten Abstände der Merkmalsausprägungen vom Mittelwert aufsummiert und durch $N$ dividiert, dann berechnen wir auf diese Weise eben den Mittelwert dieser quadrierten Abstände und nennen diesen Mittelwert die Varianz des Merkmals $x$.

Betrachten wir dazu abermals die Einkommen der fünf Erhebungseinheiten aus Abschnitt 1.3.1. Der Mittelwert der Einkommen beträgt 2.000 Euro. Für die Varianz errechnen wir zuerst die quadrierten Abweichungen der Einkommen jeder Erhebungseinheit vom Mittelwert der Einkommen: $(1.000 - 2.000)^2$, $(3.000 - 2.000)^2$, $(4.000 - 2.000)^2$, $(1.000 - 2.000)^2$ und nochmals $(1.000 - 2.000)^2$. Und dann berechnen wir davon den Mittelwert: Die Summe der 5 quadrierten Abweichungen ist 8 Millionen und die Division durch 5 ergibt 1,6 Millionen. Dies ist die Varianz der fünf Einkommen. Sie wäre noch größer, wenn die fünf Einkommen stärker streuen würden und kleiner, wenn sie näher beisammen liegen würden. Diese Analogie kommt auch in der folgenden formalen Darstellung der oben beschriebenen Vorgehensweise zum Ausdruck, wenn man sie mit Formel (2) zur Berechnung des Mittelwerts vergleicht:

$$s^2 = \frac{\sum_{i=1}^{N}(x_i - \overline{x})^2}{N}. \tag{3}$$

Die Varianz gibt also an, welcher quadrierte Abstand vom Mittelwert auf jede Erhebungseinheit fallen würde, wenn wir die Summe dieser quadrierten Abstände gleichmäßig auf alle Erhebungseinheiten aufteilen würden. Die Quadrierung der einzelnen Abstände hat den Effekt, dass alle Abstände positiv werden, auch solche von Merkmalsausprägungen, die kleiner als der Mittelwert sind. Dies könnte man aber auch bewerkstelligen, wenn man einfach die Beträge der Abstände verwendet. Der Hauptgrund für die bevorzugte Verwendung der Varianz als Streuungskennzahl liegt darin, dass diese Kennzahl einer der beiden Parameter ist, welche die wichtigste (und in der Praxis am häufigsten vorkommende) Verteilung der Statistik, die Normalverteilung, charakterisieren (siehe Abschnitt 2.2.2). Normalverteilte Daten kommen oft „von Natur aus“ vor (zum Beispiel sind die Gewichte beim Abfüllen von Zuckerpaketen normalverteilt) und sie ergeben sich unter bestimmen Umständen näherungsweise, wenn Summen beziehungsweise Mittelwerte gebildet werden (etwa die Summe aller Wähler einer bestimmten Partei in einer Stichprobe aus der wahlberechtigten Bevölkerung). Doch davon später mehr. Die Excel-Funktion VARIANZEN berechnet die Varianz einer Datenreihe nach Formel (3).

Liegen die Daten bereits in Tabellenform vor, dann kann man die Varianz natürlich – da sie ja auch ein Mittelwert ist – mit den entsprechenden Formeln des Mittelwerts berechnen:

$$s^2 = \frac{\sum_{i=1}^{k}(x_i - \overline{x})^2 \cdot h_i}{N} \tag{3a}$$

mit $h_i$ wie in (2a). Damit ergibt sich über dem Bruchstrich wieder dieselbe Summe wie im Zähler von (3). Mit den relativen Häufigkeiten $p_i$ jeder einzelnen Merkmalsausprägung ist die Varianz auch darstellbar als

$$s^2 = \sum_{i=1}^{k}(x_i - \overline{x})^2 \cdot p_i. \tag{3b}$$

## Beispiel 11: Berechnung der Varianz

Die Varianz der Punktezahlen aus Beispiel 3 berechnet man folgendermaßen: Aus Beispiel 8 wissen wir, dass der Mittelwert $\overline{x} = 4{,}58$ beträgt. Daraus ergeben sich die folgenden quadratischen Abweichungen der einzelnen Merkmalsausprägungen (0,1, 2, ...7) vom Mittelwert:

**Tabelle 1.9**

| Punkte $x_i$ | $(x_i - \bar{x})^2$ | Häufigkeit $h_i$ |
|---|---|---|
| 0 | $(0-4,58)^2 = 20,98$ | 1 |
| 1 | $(1-4,58)^2 = 12,82$ | 3 |
| 2 | $(2-4,58)^2 = 6,66$ | 10 |
| 3 | $(3-4,58)^2 = 2,50$ | 16 |
| 4 | $(4-4,58)^2 = 0,34$ | 32 |
| 5 | $(5-4,58)^2 = 0,18$ | 44 |
| 6 | $(6-4,58)^2 = 2,02$ | 20 |
| 7 | $(7-4,58)^2 = 5,86$ | 16 |

Nun summieren wir die „Abweichungsquadrate" über alle Erhebungseinheiten auf. Das Abweichungsquadrat 20,98 kommt nur einmal vor, das Abweichungsquadrat 12,82 dreimal und so fort. Schließlich dividieren wir die gesamte Summe der quadrierten Abweichungen durch 142. Für die Varianz ergibt sich dann mit (3a):

$$s^2 = \frac{20,98 \cdot 1 + 12,82 \cdot 3 + 6,66 \cdot 10 + \ldots + 5,86 \cdot 16}{142} = 2,24.$$

Das heißt, dass sich bei gleichmäßiger Aufteilung der Summe der quadrierten Abweichungen der Merkmalsausprägungen vom Mittelwert auf alle Erhebungseinheiten eine solche von 2,24 pro Erhebungseinheit ergeben würde.

Die Interpretation der Varianz als jene quadrierte Abweichung der Merkmalsausprägung vom Mittelwert, die sich bei gleichmäßiger Aufteilung der Summe dieser quadrierten Abweichungen auf alle Erhebungseinheiten ergeben würde, ist weder so anschaulich wie die Interpretation eines Mittelwerts von Merkmalausprägungen selbst noch wird sie in der Praxis der Anwendung häufig gegeben. Die Varianz stellt zumeist ein Zwischenresultat entweder beim Streuungsvergleich in verschiedenen Verteilungen (siehe unten) oder bei der Genauigkeitsabschätzung von Stichprobenergebnissen dar (siehe Kapitel 3).

Durch das Ziehen der positiven Wurzel aus der Varianz erhält man eine Streuungskennzahl, die wieder dieselben Maßeinheiten (und nicht die quadrierten) wie die Merkmalsausprägungen selbst besitzt. In unserem Beispiel ist dies die Wurzel aus 2,243, das ist 1,498. Diese Kennzahl der Streuung heißt die **Standardabweichung** der Häufigkeitsverteilung des Merkmals x und sie lässt sich formal ganz einfach folgendermaßen darstellen:

$$s = \sqrt[+]{s^2}. \qquad (4)$$

In Excel wird die Standardabweichung eines Merkmals in der Grundgesamtheit durch die Funktion STABWN berechnet.

Die Varianz und auch die Standardabweichung messen zwar die Streuung eines Merkmals, sind aber zum Vergleich der Streuungen verschiedener Merkmale nicht geeignet, wenn sich deren Mittelwerte stark unterscheiden. Damit ein solcher Vergleich überhaupt sinnvoll ist, müssen die Varianzen der Merkmale natürlich größer als null und die Merkmalsausprägungen der zu vergleichenden Merkmale Vielfache einer Einheit sein. Sind etwa die Varianzen der Gewichte von 0,5-kg-Salzpaketen und von 50-kg-Zementsäcken gleich groß, dann ist diese Streuung beim Abfüllen von Zementsäcken möglicherweise gering, während sie für die viel leichteren Salzpakete möglicherweise inakzeptabel groß ist. Bei solchen Vergleichen ist es somit unerlässlich, die Streuung der Merkmale in Relation zu ihren Mittelwerten zu setzen. Dies leistet der **Variationskoeffizient** $v$, der sich durch die Division der Standardabweichung $s$ durch den Mittelwert $\overline{x}$ ergibt:

$$v = \frac{s}{\overline{x}}. \qquad (5)$$

Bei den Salzpaketen und Zementsäcken mit gleicher Varianz der Gewichte ergibt sich somit bei Mittelwerten von 0,5 beziehungsweise 50 kg für die Gewichte der Salzpakete ein 100-mal größerer Variationskoeffizient als für jene der Zementsäcke. Gemessen am jeweiligen Mittelwert entspricht die Streuung der Gewichte der Zementsäcke also nur einem Hundertstel der Streuung der Gewichte der Salzpakete.

Bei stetigen Merkmalen, deren Merkmalsausprägungen ausschließlich in Intervallen vorliegen, gilt wie für die Berechnung des Mittelwerts, dass für die Berechnung der Varianz (und also auch für jene von Standardabweichung und Variationskoeffizient) in begründbaren Fällen die Intervallmitten als Merkmalsausprägungen herangezogen werden können und man auf diese Weise eine Schätzung der tatsächlichen Varianz erhält.

Lage und Streuung sind nicht die einzigen Charakteristika von Häufigkeitsverteilungen. Man kann sich auch mit Kennzahlen auseinander setzen, welche die Form der Verteilung, das sind deren **Schiefe** und **Wölbung**, zum Gegenstand haben (siehe etwa: Schira (2003), S.289ff). Doch diese beiden Charakteristika sind von untergeordneter Bedeutung bei der Informationsbündelung durch Kennzahlen. Wir wollen es deshalb bei diesem Hinweis darauf belassen.

WWW.PEARSON-STUDIUM.DE CWS COMPANION WEBSITE

## Übungsaufgaben

Die Lösungen zu den nachfolgenden Übungsbeispielen finden Sie unter www.pearson-studium.de. Für die mit * markierten Aufgaben verwenden Sie die zu diesem Buch unter dieser Web-Adresse ebenfalls bereitgestellte Excel-Lerndatei.

**Ü22**

Berechnen Sie mit dem Taschenrechner Varianz, Standardabweichung und Variationskoeffizient des Merkmals in Ü18.

**Ü23***

Berechnen Sie für das Merkmal aus Ü4 unter Verwendung der im Internet bereitstehenden Excel-Lerndatei und der darin befindlichen Anweisungen Varianz, Standardabweichung und Variationskoeffizient.

**Ü24**

Berechnen Sie für das Merkmal Einwohner aus Ü17 in Excel Varianz, Standardabweichung und Variationskoeffizient. Halbieren Sie nun die Einwohnerzahl jedes Landes aus Ü17 und berechnen Sie in Excel neuerlich Varianz, Standardabweichung und Variationskoeffizient. Wie wirkt sich diese „Transformation" auf die Kennzahlen aus?

### 1.3.3 Eine Kennzahl der Konzentration

Zu Beginn von Abschnitt 1.3.1 betrachteten wir zur Veranschaulichung der Idee des Mittelwerts die Einkommen von fünf Personen: 1.000 (Person A), 3.000 (B), 4.000 (C), 1.000 (D) und nochmals 1.000 Euro (E). Die Varianz dieser Einkommen ist nach (3a): $s^2 = 1{,}600.000$.

Wenn wir nun zu jedem der fünf Einkommen eine Prämie von – sagen wir – 10.000 Euro dazugeben, dann verdienen drei Personen je 11.000, eine 13.000 und die bestverdienende 14.000 Euro. Der Mittelwert erhöht sich um 10.000 Euro auf 12.000 Euro. Die Varianz aber bleibt gleich. Mit dem Variationskoeffizienten nach (5) gelangen wir zur Aussage, dass die Streuung der Einkommen gemessen am Mittelwert durch die Prämienauszahlung abgenommen hat. Die Merkmalssumme der um Prämien erhöhten Einkommen teilt sich gleichmäßiger auf die Erhebungseinheiten auf als die Merkmalssumme der Einkommen ohne Prämien. Doch wie gleichmäßig ist die Aufteilung ohne und wie gleichmäßig ist sie mit Prämien?

#### Beispiel 12: Messung der Konzentration einer Merkmalssumme auf die Erhebungseinheiten

Um diese Frage beantworten zu können, sind die Erhebungseinheiten zuerst einmal wie bei der Berechnung des Medians nach der Größe ihrer Merkmalsausprägungen zu sortieren. Betrachten wir die fünf Einkommen ohne Prämien: Es ergibt sich die Reihung: A, D, E, B, C (die Reihung von Erhebungseinheiten mit gleich großen Merkmalsausprägungen ist beliebig). Jede dieser fünf Personen repräsentiert ein Fünftel der Grundgesamtheit aller betrachteten Personen. Ihre Anteile an der Summe aller Einkommen sind jedoch sehr unterschiedlich. Auf A, D und E entfallen jeweils nur ein Zehntel dieser Merkmalssumme, auf B drei Zehntel und auf C gar vier Zehntel. Kumuliert man noch jeweils die Anteile an der Grundgesamtheit aller Erhebungseinheiten und die Anteile an der Merkmalssumme der Reihe nach wie bei den relativen Summenhäufigkeiten und trägt man alles zusammen in eine Tabelle ein, so ergibt sich folgendes Bild:

**Tabelle 1.10**

| Person | Anteile an der Grundgesamtheit | Kumulierte Anteile an der Grundgesamtheit | Einkommen | Anteile am Gesamteinkommen | Kumulierte Anteile am Gesamteinkommen |
|---|---|---|---|---|---|
| A | 0,2 | 0,2 | 1.000 | 0,1 | 0,1 |
| D | 0,2 | 0,4 | 1.000 | 0,1 | 0,2 |
| E | 0,2 | 0,6 | 1.000 | 0,1 | 0,3 |
| B | 0,2 | 0,8 | 3.000 | 0,3 | 0,6 |
| C | 0,2 | 1 | 4.000 | 0,4 | 1 |

Aus den Spalten mit den kumulierten Anteilen ist zeilenweise abzulesen, dass auf diejenigen 20 Prozent an Personen mit den geringsten Einkommen nur 10 Prozent der Einkommenssumme, auf diejenigen 40 Prozent an Personen mit den geringsten Einkommen zusammen 20 Prozent des Gesamteinkommens und so fort entfallen. Diese Aussagen über die **Konzentration** einer Merkmalssumme auf die Erhebungseinheiten lassen sich grafisch veranschaulichen, indem man sie als Punkte in ein Koordinatensystem einträgt. In Abbildung 14 sind auf der x-Achse die Anteile von Gruppen von Erhebungseinheiten mit den geringsten Einkommen abzulesen. Auf der y-Achse finden sich die dazugehörigen Anteile an der Einkommenssumme. Die Verbindung dieser Punkte vom Nullpunkt aus durch eine Gerade ergibt die **Lorenzkurve** der Konzentration. In Excel lässt sich eine Lorenzkurve mit Hilfe des Diagrammassistenten und des Diagrammtyps Punkt $(X, Y)$ erstellen.

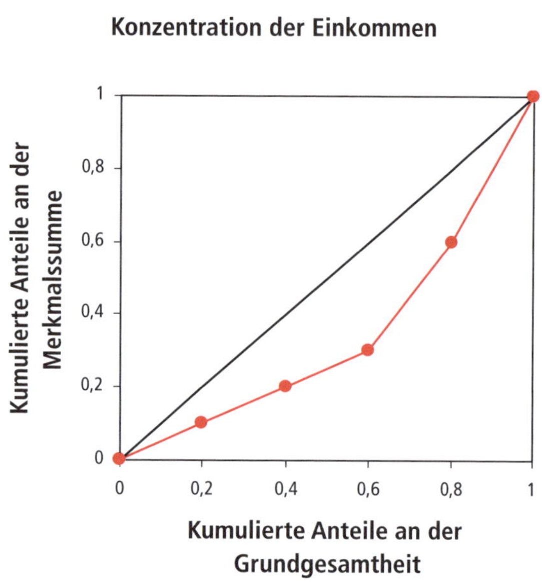


**Abbildung 14: Die Lorenzkurve der Konzentration**

Teilt sich eine Merkmalssumme völlig gleichmäßig auf alle Erhebungseinheiten auf, erhält also jede Erhebungseinheit exakt den Mittelwert des Merkmals, dann fällt die Lorenzkurve mit der ebenfalls in Abbildung 14 eingezeichneten Diagonale zusammen. In solchen Fällen spricht man von einer **Nullkonzentration**. Umso ungleichmäßiger die Aufteilung der Merkmalssumme ist, umso weiter ist die Lorenzkurve auch von dieser Diagonalen entfernt. Im Extremfall, der darin besteht, dass sich die gesamte Merkmalssumme auf nur eine einzige von $N$ Erhebungseinheiten konzentriert, bleibt die Lorenzkurve bis zum Wert

$$\frac{N-1}{N}$$

auf der x-Achse. Dieser Bruch gibt in einem solchen Fall den Anteil derer an, die nichts von der Merkmalssumme erhalten. Von dort aus steigt die Lorenzkurve dann mit einem Satz zum Endpunkt jeder Lorenkurve mit den Koordinaten (1/1) an. Dies wäre in unserem Beispiel der Fall, wenn vier Personen nichts und nur eine das gesamte Einkommen erhalten würde. Dies würde bedeuten, dass auf die 80 Prozent derjenigen, die am wenigsten verdienen, 0 Prozent des Gesamteinkommens entfällt und dass die restlichen 20 Prozent (eine von fünf Personen) alles erhalten. In einem solchen Fall spricht man von einer **Maximalkonzentration** (siehe Abbildung 15).

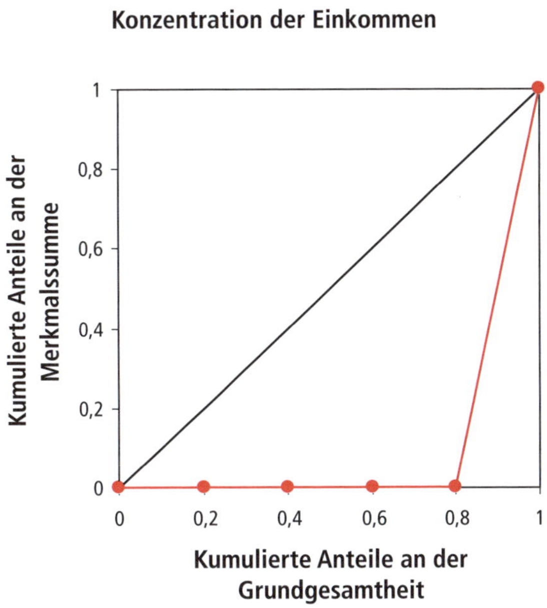


**Abbildung 15: Maximalkonzentration**

Offenbar ist die Fläche zwischen der Lorenzkurve und der Diagonalen ein Maß für die Konzentration. Bei Nullkonzentration besitzt die Fläche den Wert 0. Bei Maximalkonzentration entspricht sie der Fläche des Dreiecks mit den Eckpunkten (0/0), (1/0) und (1/1), diese Fläche ist 0,5, *minus* der Fläche des sich bei einer solchen Konzentration ergebenden schmalen Dreiecks rechts der Lorenzkurve mit den Eckpunkten

$$(\frac{N-1}{N}/0),$$

(1/0) und (1/1). Die Seitenlänge dieses Dreiecks auf der x-Achse ist

$$\frac{1}{N}.$$

Das ist der Anteil der Erhebungseinheit, auf die sich die gesamte Merkmalssumme konzentriert, an der Grundgesamtheit. In unserem Beispiel ist das 0,2. Die Höhe dieses Dreiecks ist 1. Seine Fläche ist somit

$$\frac{1}{2 \cdot N}$$

und als Fläche zwischen der Lorenzkurve und der Diagonalen ergibt sich bei Maximalkonzentration folglich:

$$\frac{1}{2} - \frac{1}{2 \cdot N} = \frac{1}{2} \cdot \left(1 - \frac{1}{N}\right).$$

Setzt man schließlich die tatsächliche Fläche zwischen Lorenzkurve und Diagonale in Relation zu dieser Fläche bei Maximalkonzentration, so erhält man eine Kennzahl für das Ausmaß der Konzentration. Diese Kennzahl ist der normierte **Ginikoeffizient**. Seine konkrete Berechnung ist etwas umständlich. Er besitzt aber den Wert null bei Nullkonzentration und den Wert eins bei Maximalkonzentration. Wir verzichten auf eine formale Darstellung der Vorgehensweise und zeigen sie an unserem Beispiel. Dazu berechnen wir zuerst die in Abbildung 16 eingezeichneten Flächen unterhalb der Lorenzkurve (Dreiecke und Rechtecke) und ziehen ihre Summe von der Fläche 0,5 des Dreiecks mit den Eckpunkten (0/0), (1/0) und (1/1) ab.

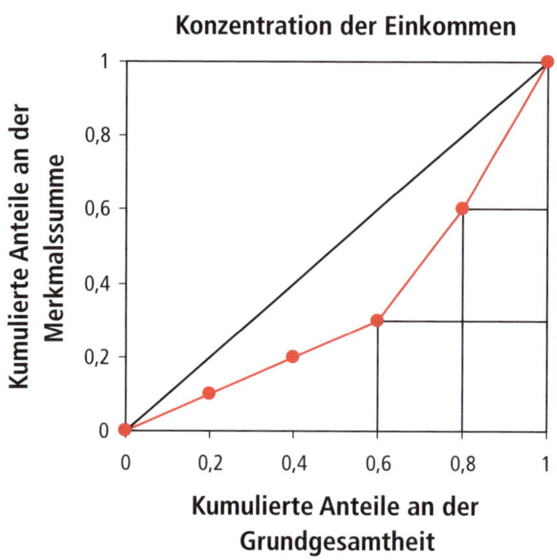


**Abbildung 16: Die Berechnung des Ginikoeffizienten**

Die Summe der Flächen ist 0,34, wie sich leicht nachrechnen lässt. Die Fläche zwischen der Lorenzkurve und der Diagonalen ist somit 0,5 – 0,34 = 0,16. Bei Maximalkonzentration hätte diese Fläche in unserem Beispiel

$$\frac{1}{2}\cdot\left(1-\frac{1}{5}\right)=0,4$$

betragen (siehe Abbildung 15). Der normierte Ginikoeffizient ist somit:

$$\frac{0,16}{0,4}=0,4.$$

Dies bedeutet, dass die Fläche zwischen Lorenzkurve und Diagonale in unserem Beispiel (siehe Abbildung 14) 40 Prozent der Fläche beträgt, die bei Maximalkonzentration aufgetreten wäre (siehe Abbildung 15).

Die Konzentration des Gesamteinkommens bei Berücksichtigung der Prämien ist viel geringer. Wie nahe die Konzentration der Null- oder Maximalkonzentration ist, darüber gibt der Ginikoeffizient Auskunft (siehe Ü25).

Bei der Messung der Konzentration einer Merkmalssumme auf die Erhebungseinheiten sind häufig Marktkonzentrationen im Blickpunkt: Wie gleichmäßig teilt sich etwa der Gesamtumsatz einer Branche (zum Beispiel der Sportartikelhersteller) auf die einzelnen Anbieter auf? Oder wie konzentriert sich die Gesamterdölfördermenge aller OPEC-Länder auf die einzelnen Mitgliedsländer? Auch sozialpolitische Fragen wie jene der Gleichmäßigkeit beziehungsweise Ungleichmäßigkeit der Verteilung des Steueraufkommens einer Bevölkerung auf die einzelnen Steuerzahler werden durch Messung der Konzentration behandelt (Weiterführende Literatur findet sich etwa in: Zöfel (2003), Kapitel 11; vertiefende Literatur in: von der Lippe (2002), Kapitel 6).

## Übungsaufgaben

WWW.PEARSON-STUDIUM.DE CWS COMPANION WEBSITE

Die Lösungen zu den nachfolgenden Übungsbeispielen finden Sie unter www.pearson-studium.de. Für die mit * markierten Aufgaben verwenden Sie die zu diesem Buch unter dieser Web-Adresse ebenfalls bereitgestellte Excel-Lerndatei.

**Ü25***

Erstellen Sie unter Verwendung der im Internet bereitstehenden Excel-Lerndatei bei Einkommen von fünf Personen in der Höhe von 11.000, 13.000, 14.000, 11.000 und nochmals 11.000 Euro in Excel die für das Zeichnen der Lorenzkurve der Konzentration der Merkmalssumme auf die einzelnen Erhebungseinheiten nötige Tabelle und zeichnen Sie diese anschließend der Anleitung folgend. Berechnen Sie ferner mit dem Taschenrechner den dazugehörigen Ginikoeffizienten.

**Ü26**

Laut Statistik Austria (Lohnsteuerstatistik 2005) verdienen die 25 Prozent der am schlechtesten verdienenden österreichischen Arbeitnehmenden 3,9 Prozent des Gesamtbruttolohns, die 50 Prozent der mittleren Verdienenden 42,6 Prozent des Gesamtbruttolohns und die 25 Prozent der am besten Verdienenden insgesamt 53,5 Prozent des Gesamten. Skizzieren Sie die Lorenzkurve der Konzentration des Gesamtbruttolohns auf die drei Gruppen von Arbeitnehmenden und berechnen Sie den normierten Ginikoeffizienten.

### 1.3.4 Kennzahlen des statistischen Zusammenhanges

Im Abschnitt 1.2.2 haben wir bereits die gemeinsame Häufigkeitsverteilung zweier Merkmale betrachtet: Es stellte sich bei dieser Betrachtung heraus, dass es vor allem die bedingten Verteilungen sind, die interessant sein können. Es wurde in Beispiel 7 gezeigt, dass sich das Merkmal Studienrichtung aus Beispiel 6 unter den Frauen und unter den Männern unterschiedlich verteilt hat. Das heißt anders formuliert, dass das Merkmal Geschlecht offenbar einen Zusammenhang mit dem Merkmal Studienrichtung aufgewiesen hat.

Dieser Zusammenhang ist ein statistischer (also in den Daten vorhandener), dessen Begründung nicht von den Daten mitgeliefert werden kann. Es bleibt also völlig offen, ob das Geschlecht der Befragten kausal direkt mit deren Studienrichtung oder indirekt über ein anderes Merkmal (oder mehrere andere) zusammenhängt. Ein diese Problematik sehr schön aufzeigendes Beispiel ist der **statistische Zusammenhang** zwischen der Anzahl der pro Monat eines Jahres im österreichischen Bundesland Burgenland beobachteten Störche und der Anzahl der Geburten in der burgenländischen Bevölkerung. Uns allen ist klar, dass dieser Zusammenhang nicht kausal ist, dass also die Störche nicht die Kinder bringen. Wie ist er aber dann zu erklären, wenn er in den Daten doch vorhanden ist? Die Störche kehren im März aus dem Süden zum Brüten zurück und verlassen Mitteleuropa wieder im August. Das sind sechs Monate, in denen im Burgenland auch die Geburtenziffern in Summe etwas höher sind als in den anderen sechs Monaten. Das eine hat aber mit dem anderen nichts zu tun. Der Zusammenhang zwischen den beiden Merkmalen ist ein statistischer, aber keineswegs ein kausaler. Der Anwender der statistischen Methoden zur Messung des Zusammenhangs zweier Merkmale muss schon selbst Gedanken zur Begründung dieses Zusammenhangs liefern. Das Ergebnis seiner Messung tut das nicht für ihn!

Ein weiteres Beispiel für eine möglicherweise etwas voreilige Erklärung für einen statistischen Zusammenhang findet sich in der Zeitschrift „Gesund & Vital" (Ausgabe Juli 2000) unter der Überschrift „Schwangerschaft und Zahnfleisch": „Ärzte in den USA haben herausgefunden, dass schwangere Frauen mit Zahnfleischerkrankungen ein sieben- bis neunmal höheres Risiko für Fehlgeburten tragen. Rund 800 Frauen wurden untersucht. Der eindeutige Rat als Ergebnis der Studie: Die Zahn- und Zahnfleischuntersuchung soll selbstverständlicher Bestandteil eines jeden Vorsorgebesuches der Schwangeren beim Arzt sein." Das kann möglicherweise sogar stimmen. Doch sicher können wir uns nur auf Basis des gefundenen Zusammenhangs zwischen Zahnfleischerkrankungen und Fehlgeburten nicht sein. Genauso gut könnte es sein, dass in den USA die Intensität der ärztlichen Betreuung vom Einkommen der Familien abhängt und dass von Familien aus niedrigen Einkommensklassen demnach sowohl die dentale wie auch die pränatale Vorsorge weniger stark in Anspruch genommen wird als von reicheren Familien, die sich dies eher leisten können. Dadurch würden in beiden medizinischen Bereichen bei Ärmeren häufiger Probleme auftauchen als bei Reicheren. Dann wäre die Befolgung des Tipps, zur Zahn- und Zahnfleischuntersuchung zu gehen, nur gut für das Zahnfleisch und würde sich überhaupt nicht auf das Risiko von Fehlgeburten auswirken!

In diesem Abschnitt machen wir es uns zur Aufgabe, den Grad solcher *statistischer* Zusammenhänge durch eine Kennzahl zu messen. Es ist dabei evident, dass es – wie bei den Kennzahlen der Lage – für die verschiedenen Merkmalstypen wieder unterschiedliche Kennzahlen geben muss. Was aber tun, wenn der Zusammenhang zwischen zwei Merkmalen zu messen ist, die nicht dem gleichen Merkmalstyp angehören? Da man ein metrisches Merkmal wie ein ordinales beziehungsweise ein nominales Merkmal behandeln kann (dabei wird ein Informationsverlust in Kauf genommen) und ein ordinales wie ein nominales, jedoch nicht zum Beispiel ein nominales wie ein metrisches, gilt die Hierarchie: metrisch – ordinal – nominal. Es ist dann jene Kennzahl zu verwenden, die für den „niedrigeren Merkmalstyp" der beiden Merkmale geeignet ist.

## Nominale Merkmale

Wenn man wie in Beispiel 6 zwei nominale Merkmale vorliegen hat (oder ein nominales und ein anderes mit wenigen Ausprägungen beziehungsweise mit Intervallen), dann gibt es – wie oben beschrieben – einen Zusammenhang zwischen den beiden Merkmalen, wenn die bedingten Verteilungen des einen Merkmals (zum Beispiel Studienrichtung) unter den durch die Merkmalsausprägungen des anderen Merkmals erzeugten Teilgesamtheiten (etwa unter den Frauen und den Männern) nicht gleich sind. Dies heißt ja, dass man aus der Kenntnis der Ausprägung einer Erhebungseinheit beim einen Merkmal eine Information über die Ausprägung beim anderen schöpfen kann. Wie könnte man aber den Grad der Stärke des statistischen Zusammenhangs zweier nominaler Merkmale durch eine Kennzahl darstellen? Betrachten wir zur Darstellung der Idee nochmals die Daten aus Beispiel 6.

### Beispiel 13: Die Idee zur Messung des Zusammenhangs zweier nominaler Merkmale

Die Häufigkeiten der Merkmale Geschlecht und Studienrichtung betragen:

**Tabelle 1.11**

| | Studienrichtung | | | | | |
|---|---|---|---|---|---|---|
| **Geschlecht** | **BWL** | **Soz** | **VWL** | **Sowi** | **Stat** | **Summe** |
| **weiblich** | 110 | 120 | 20 | 30 | 20 | 300 |
| **männlich** | 90 | 60 | 30 | 10 | 10 | 200 |
| **Summe** | 200 | 180 | 50 | 40 | 30 | 500 |

In relativen Häufigkeiten ergibt sich folgendes Bild:

Tabelle 1.12

| | Studienrichtung | | | | | |
|---|---|---|---|---|---|---|
| **Geschlecht** | **BWL** | **Soz** | **VWL** | **Sowi** | **Stat** | **Summe** |
| **weiblich** | 0,22 | 0,24 | 0,04 | 0,06 | 0,04 | 0,60 |
| **männlich** | 0,18 | 0,12 | 0,06 | 0,02 | 0,02 | 0,40 |
| **Summe** | 0,40 | 0,36 | 0,10 | 0,08 | 0,06 | 1 |

Es wurde in der Erhebung also beobachtet, dass zum Beispiel 40 Prozent der befragten Studienanfänger BWL, 36 Prozent Soziologie und so weiter studieren. Wenn es nun keinerlei statistischen Zusammenhang zwischen den beiden Merkmalen Geschlecht und Studienrichtung gäbe, dann müssten doch auch in den Teilgesamtheiten der weiblichen und der männlichen Befragten jeweils 40 Prozent BWL, 36 Prozent Soziologie und so fort studieren, die bedingten Verteilungen der Studienrichtung unter den Frauen und unter den Männern gleich sein. Das heißt also, dass es genau dann keinen statistischen Zusammenhang zwischen den beiden Merkmalen gibt, wenn die bedingten Verteilungen der Studienrichtung unter den Frauen und unter den Männern der Randverteilung des Merkmals Studienrichtung unter allen Befragten entsprechen. Demnach müsste die Tabelle der gemeinsamen Häufigkeitsverteilung dieser beiden Merkmale, wenn sie keinen Zusammenhang aufweisen würden, so aussehen, dass sich die daraus ergebenden bedingten Verteilungen nicht unterscheiden und den jeweiligen Randverteilungen entsprechen. Unter den 300 befragten Frauen müssten sich also in unserem Beispiel genauso 40 Prozent für BWL entscheiden wie unter den 200 befragten Männern. Also müssten sich unter den Befragten, wenn es keinen Zusammenhang zwischen Geschlecht und Studienrichtung gibt, 120 weibliche und 80 männliche BWL-Studierende befinden. Dies heißt, dass die relative Häufigkeit der weiblichen BWL-Studierenden $120 : 500 = 0{,}24$ und die der männlichen $80 : 500 = 0{,}16$ betragen müsste. Diese relativen Häufigkeiten bei Fehlen eines Zusammenhangs erhält man auch ohne den Umweg über die Häufigkeiten aus den relativen Häufigkeiten (beziehungsweise Prozentzahlen), da doch von den 60 Prozent weiblichen Befragten 40 Prozent und von den 40 Prozent männlichen ebenfalls 40 Prozent BWL studieren müssten. In relativen Häufigkeiten ist dies ebenso $0{,}6 \cdot 0{,}4 = 0{,}24$ und $0{,}4 \cdot 0{,}4 = 0{,}16$. Die relativen Häufigkeiten der gemeinsamen Verteilung bei Fehlen eines Zusammenhangs ergeben sich also durch Multiplikation der jeweiligen relativen Randhäufigkeiten in der Tabelle.

Die vollständige Tabelle für den Fall, dass kein Zusammenhang zwischen Geschlecht und Studienrichtung vorliegt, hat demnach folgendermaßen auszusehen:

**Tabelle 1.13**

| | **Studienrichtung** | | | | | |
|---|---|---|---|---|---|---|
| **Geschlecht** | **BWL** | **Soz** | **VWL** | **Sowi** | **Stat** | **Summe** |
| **weiblich** | 0,24 | 0,216 | 0,06 | 0,048 | 0,036 | 0,60 |
| **männlich** | 0,16 | 0,144 | 0,04 | 0,032 | 0,024 | 0,40 |
| **Summe** | 0,40 | 0,36 | 0,10 | 0,08 | 0,06 | 1 |

Tatsächlich sind die beobachteten relativen Häufigkeiten somit geringfügig anders, nämlich zum Beispiel 0,22 und 0,18 und nicht 0,24 und 0,16. Da also die beobachtete Verteilung in der Erhebung der 500 Wahlberechtigten von dieser bei Fehlen eines Zusammenhangs zu erwartenden Verteilung (siehe Tabelle 1.13) abweicht, liegt hier *keine* statistische Unabhängigkeit der beiden Merkmale vor. Wie stark aber ist der Zusammenhang? Da die Abweichungen der tatsächlich auftretenden relativen Häufigkeiten von den bei Unabhängigkeit zu erwartenden gering ist, sollte man meinen, dass ein schwacher Zusammenhang existiert.

Die Idee zur Messung der Stärke des statistischen Zusammenhangs zweier nominaler Merkmale bedient sich genau dieser Tabellen der tatsächlich beobachteten und der bei Fehlen eines Zusammenhangs zwischen den beiden Merkmalen erwarteten relativen Häufigkeiten. Umso stärker der Zusammenhang ist, umso stärker müssen die beobachteten relativen Häufigkeiten von den bei Fehlen des Zusammenhangs zu erwartenden relativen Häufigkeiten abweichen. Wir bilden also zunächst die Abweichungen der einzelnen zweidimensionalen relativen Häufigkeiten von den bei Unabhängigkeit zu erwartenden, also (0,22 – 0,24), (0,24 – 0,216), (0,04 – 0,06) und so weiter. Wenn man diese zehn Differenzen aus mathematischen Gründen auch noch quadriert, diese quadrierten Differenzen noch jeweils durch die dazugehörigen zu erwartenden relativen Häufigkeiten dividiert, die so erhaltenen Ergebnisse aufsummiert und diese Summe schließlich mit der Gesamtzahl der Erhebungseinheiten $N$ multipliziert, dann erhalten wir eine häufig verwendete statistische Kennzahl. Es ist dies das Zusammenhangsmaß **Chiquadrat** $\chi^2$ ($\chi$ ... der griechische Buchstabe „Chi").

Der Grund für die so komplexe Vorgehensweise liegt in der Möglichkeit, mit dieser auf diese Weise definierten Kennzahl den Zusammenhang zweier nominaler Merkmale in der schließenden Statistik testen zu können (siehe dazu Abschnitt 3.6).

In Beispiel 13 erhalten wir als Zusammenhangsmaß:

$$\chi^2 = 500 \cdot \left[ \frac{(0{,}22 - 0{,}24)^2}{0{,}24} + \frac{(0{,}24 - 0{,}216)^2}{0{,}216} + \frac{(0{,}04 - 0{,}06)^2}{0{,}06} + \ldots \right] = 18{,}06.$$

Bezeichnen wir mit $p_{ij}$ die relativen Häufigkeiten der i-ten Zeile und $j$-ten Spalte einer solchen Tabelle (also ist zum Beispiel $p_{11}$ die relative Häufigkeit, die in der ersten Zeile und ersten Spalte steht) und markieren wir die beobachteten relativen Häufigkeiten jeder Zelle der Tabelle zusätzlich mit dem Buchstaben b und die bei Unabhängigkeit der beiden Merkmale zu erwartenden relativen Häufigkeiten jeder Zelle mit $e$ (so dass sich etwa in unserem Beispiel ergibt: $p_{11}^b = 0{,}22$ und $p_{11}^e = 0{,}24$), dann wird die Vorgehensweise zur Berechnung von $\chi^2$ formal darstellbar durch:

$$\chi^2 = N \cdot \sum \frac{(p_{ij}^b - p_{ij}^e)^2}{p_{ij}^e}. \tag{6}$$

Bei Vorliegen der Häufigkeiten anstelle der relativen Häufigkeiten müssen im Wesentlichen dieselben Rechenvorgänge durchgeführt werden, um zum gleichen Ergebnis zu kommen. Es sind dabei in (6) einfach die relativen Häufigkeiten $p$ durch die Häufigkeiten $h$ zu ersetzen. Jedoch ist am Schluss nicht mehr mit $N$ zu multiplizieren, da dieser Umfang $N$ der Grundgesamtheit in den Häufigkeiten schon enthalten ist.

$\chi^2$ hat den Wert 0 bei Unabhängigkeit der Merkmale, denn dann ist ja die beobachtete Verteilung gleich mit der bei Unabhängigkeit zu erwartenden und die Häufigkeitsdifferenzen sind allesamt gleich null. Die Kennzahl $\chi^2$ kann uns aber wenig Auskunft über die Stärke des statistischen Zusammenhangs geben, da sie noch nicht normiert, das heißt zwischen zwei Werten eingegrenzt ist. Dies kann erst das so genannte Cramersche Zusammenhangsmaß leisten, das häufig als **Cramers *V*** bezeichnet wird (und nicht mit dem Variationskoeffizienten $v$ nach (5) verwechselt werden darf):

$$V = +\sqrt{\frac{\chi^2}{N \cdot (\min(s,t) - 1)}}. \tag{7}$$

($s,t$ ... die Anzahlen der Merkmalsausprägungen der beiden Merkmale; $\min(s,t)$ ... die kleinere der beiden Anzahlen.) Durch die Division von $\chi^2$ durch $N$ und das um eins verminderte Minimum der Anzahl der Merkmalsausprägungen $s$ und $t$ der beiden Merkmale erhalten wir eine Kennzahl, die zwischen 0 und 1 liegt und umso größer ist, umso stärker der Zusammenhang ist.

Der Wert von $V$ beträgt in Beispiel 13 wegen $s = 2$ (Anzahl der Ausprägungen des Merkmals Geschlecht) und $t = 5$ (Anzahl der Merkmalsausprägungen des Merkmals Studienrichtung) und somit $\min(s,t) = 2$:

$$V = +\sqrt{\frac{18{,}06}{500 \cdot (2-1)}} = 0{,}19.$$

Bei $V \approx 0$ schließen wir auf das Fehlen eines statistischen Zusammenhanges, da V nur dann 0 sein kann, wenn $\chi^2$ null ist. Nun aber lässt sich endlich auch eine Aussage über die Stärke des statistischen Zusammenhangs machen. $V$ liegt zwischen 0 und 1 und hat den Wert 1 nur bei einem **vollständigen Zusammenhang**. Dies käme zu Stande, wenn etwa alle weiblichen Befragten Soziologie und alle männlichen BWL studieren würden oder wenn die weiblichen nur die Ausprägungen Soziologie, Sozialwirtschaft oder Statistik und die männlichen nur BWL und VWL aufweisen würden, so dass man durch die Angabe des Geschlechts direkt auf die Ausprägungen des Merkmals Studienrichtung rückschließen könnte.

Je größer $V$ ist, desto stärker ist der statistische Zusammenhang. Als willkürliche Faustregel zur verbalen Interpretation der Grade des Zusammenhangs sei angegeben, dass ein Wert von $V$ bis 0,2 auf einen **schwachen**, ein solcher zwischen 0,2 und 0,6 auf einen **mittleren** und ein Wert, der darüber liegt, auf einen **starken** statistischen Zusammenhang zwischen den beiden interessierenden Merkmalen schließen lässt.

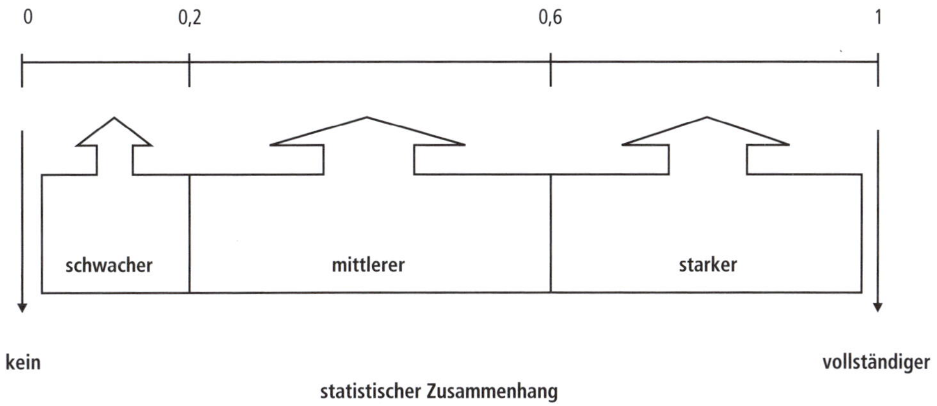


**Abbildung 17: Die Interpretation von Cramers $V$ (Faustregeln)**

In Beispiel 13 haben wir es demnach mit einem schwachen statistischen Zusammenhang zwischen den beiden Merkmalen zu tun.

## Metrische Merkmale

Bei metrischen Merkmalen ist die Situation grundlegend anders. Betrachten wir folgendes Beispiel, das uns die Idee und den sich daraus abgeleiteten Rechenvorgang bei der Messung des statistischen Zusammenhangs zweier metrischer Merkmale näher bringen soll.

## Beispiel 14: Erhebung von zwei metrischen Merkmalen

In einem Betrieb arbeiten in einer Abteilung fünf Männer. An diesen wurden die Merkmale Alter (in vollendeten Lebensjahren) und Einkommen (in Euro) gemessen:

**Tabelle 1.14**

| Person | A | B | C | D | E |
|---|---|---|---|---|---|
| **Alter** | 21 | 46 | 55 | 35 | 28 |
| **Einkommen** | 1.850 | 2.500 | 2.560 | 2.230 | 1.800 |

Grafisch können diese Daten folgendermaßen dargestellt werden:

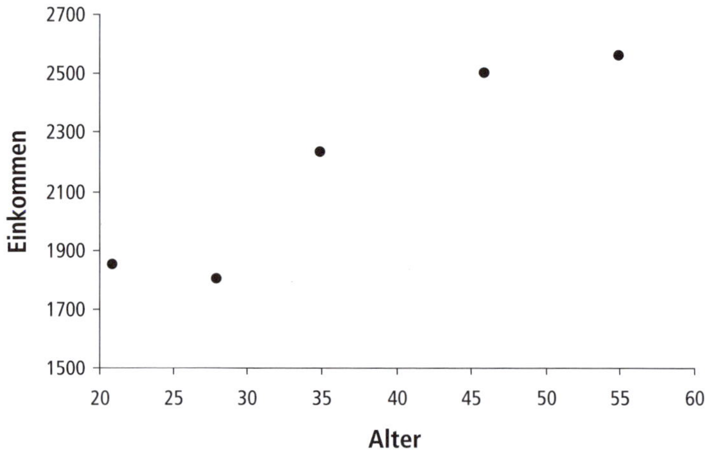


**Abbildung 18: Streudiagramm zweier metrischer Merkmale**
Grafische Darstellung der Daten aus Beispiel 14.

Diese Darstellung wird als **Streudiagramm** des zweidimensionalen Merkmals Alter und Einkommen bezeichnet. In Excel ist zu diesem Zweck im Diagramm-Assistenten der Typ Punkt (*XY*) auszuwählen. Betrachten wir das Diagramm, so gewinnt man den Eindruck, dass der Zusammenhang der beiden Merkmale solcherart ist, dass mit zunehmendem Alter auch das Einkommen steigt. Wie aber kann man dies durch eine Kennzahl zum Ausdruck bringen? Dazu betrachten wir die folgenden drei Streudiagramme:

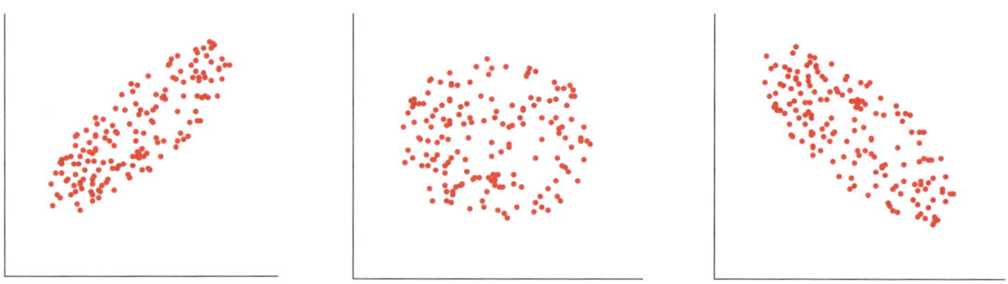

**Abbildung 19: Drei Streudiagramme für beliebige Merkmale x und y**
Richtung des statistischen Zusammenhangs zweier metrischer Merkmale an drei Beispielen.

Im linken Streudiagramm von Abbildung 19 ist die Richtung des Zusammenhangs etwa so wie in Abbildung 18: Wächst $x$, so wächst tendenziell auch $y$. Einen solchen Zusammenhang nennt man gleichsinnig. In der Mitte ist gar keine Richtung feststellbar – $x$ scheint mit $y$ gar nicht zusammenzuhängen. Im rechten schließlich fällt $y$ mit steigendem $x$. Dies ist ein gegensinniger Zusammenhang. Die Kennzahl, nach der wir suchen, soll uns diese Fälle unterscheiden helfen und auch Auskunft über die Stärke des Zusammenhangs geben!

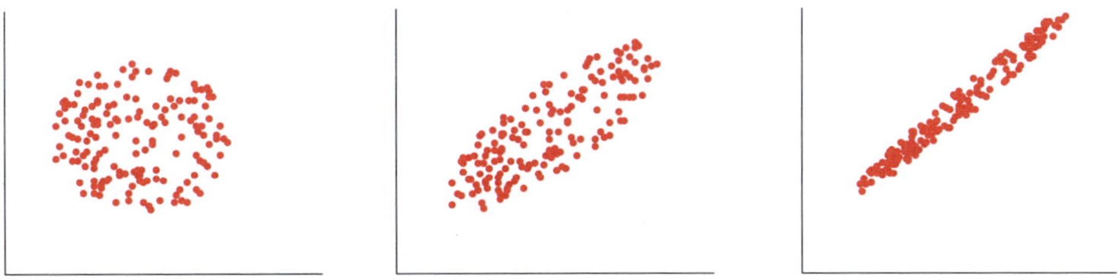

**Abbildung 20: Drei Streudiagramme für beliebige Merkmale x und y**
Stärke des statistischen Zusammenhangs zweier metrischer Merkmale an drei Beispielen.

Im linken Streudiagramm von Abbildung 20 sieht es wie im mittleren Streudiagramm von Abbildung 19 danach aus, dass die Merkmale $x$ und $y$ nicht zusammenhängen. In den beiden anderen Streudiagrammen von Abbildung 20 lässt sich ein gleichsinniger Zusammenhang feststellen. Hinsichtlich seiner Stärke wächst der Zusammenhang offensichtlich von links nach rechts an.

Betrachten wir für die zu suchende Kennzahl folgende Idee: Als Erstes berechnet man für jede Erhebungseinheit $i$ folgendes Produkt: $(x_i - \overline{x}) \cdot (y_i - \overline{y})$. $x_i$ und $y_i$ bezeichnen die Merkmalsausprägungen der beiden Merkmale x und y bei der i-ten Erhebungseinheit. Wir bilden also die Differenzen der Merkmalsausprägungen der beiden Merkmale zum jeweiligen Mittelwert und multiplizieren diese Differenzen. Zur grafischen Darstellung der Bedeutung dieses Produktes betrachten wir Abbildung 21.

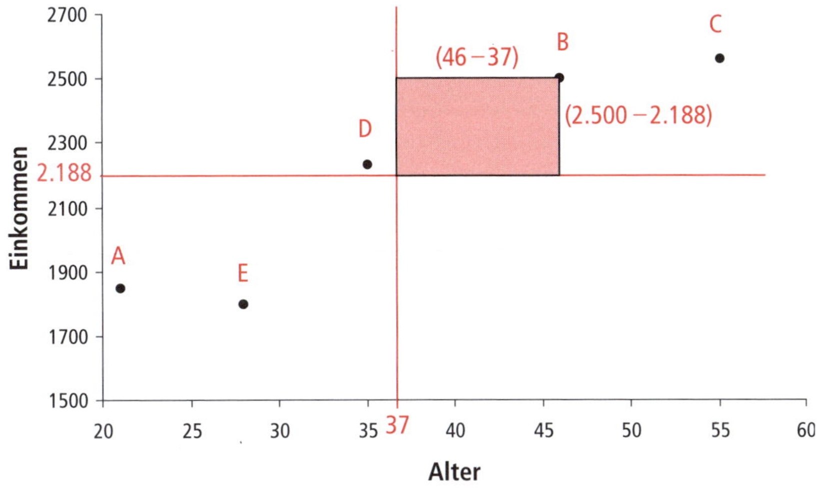


**Abbildung 21: Grafische Darstellung der Idee zur Messung des Zusammenhangs zweier metrischer Merkmale**
Verwendet werden die Daten aus Beispiel 14.

In Abbildung 21 sind diese beiden Differenzen von den Mittelwerten 37 und 2.188 der beiden Merkmale am Beispiel der Person $B$ eingezeichnet. Multiplizieren wir diese Differenzen, so erhalten wir offenbar die Fläche des farbigen Rechtecks. Für Person $A$ hat das Produkt dieser Differenzen ebenfalls ein positives Vorzeichen, da sowohl das

Alter als auch das Einkommen unter dem Mittelwert liegen und das Produkt zweier negativer Zahlen positiv ist. Dies gilt ebenso für *E*. Für *C* gilt gleiches wie für *B*. Beide Differenzen sind positiv und somit auch das Produkt. Für Person *D* gilt aber, dass das Alter unter, das Einkommen aber über seinem Mittelwert liegt. Das Produkt der Differenzen zum jeweiligen Mittelwert ist somit negativ. Wenn solche Flächen sowohl positive als auch negative Werte aufweisen können, nennt man sie gerichtete Flächen.

Im nächsten Schritt addieren wir diese gerichteten Rechtecksflächen und dividieren sie durch die Anzahl. Die so berechnete Zahl nennt man die **Kovarianz** *(lat. cum = gemeinsam, variare = schwanken)* der Merkmale $x$ und $y$ und diese wird mit $s_{xy}$ abgekürzt. Formal lässt sich das folgendermaßen darstellen:

$$s_{xy} = \frac{\sum_{i=1}^{N} (x_i - \overline{x}) \cdot (y_i - \overline{y})}{N}. \qquad (8)$$

Vergleichen wir (8) mit Formel (2), so sehen wir, dass wir hier abermals einen Mittelwert berechnen, diesmal den der gerichteten Rechtecksflächen. Die Darstellungen (2a) und (2b) der Mittelwertsberechnung sind für die Kovarianzberechnung von untergeordneter Bedeutung, weil bei metrischen Merkmalen bestimmte Kombinationen von Ausprägungen der beiden betrachteten Merkmale oftmals nur einmal vorkommen und die Häufigkeit ihres gemeinsamen Auftretens somit gleich 1 und die relative Häufigkeit gleich $1/N$ ist. In Excel wird die Kovarianz zweier Datenreihen mittels der Funktion KOVAR berechnet.

Betrachten wir nun die drei Streudiagramme aus Abbildung 19 hinsichtlich der dabei auftretenden Kovarianz: Denkt man sich die Mittelwerte von $x$ und $y$ wie in Abbildung 21 eingezeichnet, so gilt für das erste Streudiagramm, dass bei der Berechnung der Kovarianz hauptsächlich positive Produkte (= positive gerichtete Rechtecksflächen) auftreten und die Kovarianz somit eine positive Zahl ist. Beim mittleren Streudiagramm werden sich die positiven und negativen Flächen ziemlich aufheben und die Kovarianz deshalb in der Nähe von null sein. Im dritten Streudiagramm schließlich werden die „negativen" Flächen überwiegen. Die Kovarianz wird deshalb negativ sein. Die Kovarianz ist somit eine zur Messung der Richtung des statistischen Zusammenhangs zweier metrischer Merkmale geeignete Kennzahl! Wenn sie einen negativen Wert aufweist, ist der Zusammenhang zwischen den Merkmalen gegensinnig, wenn sie einen positiven Wert aufweist gleichsinnig.

Eine Anforderung an eine Kennzahl zur Messung des Zusammenhanges ist aber auch, dass wir damit auch dessen Stärke bestimmen können. In einem Streudiagramm wie dem ersten in Abbildung 20 werden sich (wie beim mittleren in Abbildung 19) die gerichteten Rechtecksflächen ziemlich aufheben und die Kovarianz nahe bei null liegen. Im daneben befindlichen Streudiagramm werden die positiven Rechtecksflächen die negativen überwiegen (wie im linken Streudiagramm von Abbildung 19) und die Kovarianz wird positiv sein. Im Streudiagramm ganz rechts schließlich werden die positiven Flächen die negativen noch deutlicher überwiegen und die Kovarianz wird deshalb größer sein als bei der Verteilung im mittleren Streudiagramm. Umso größer der Wert der Kovarianz bei gleichsinnigen Zusammenhängen also ist, desto größer ist der statistische Zusammenhang zwischen den beiden Merkmalen. Bei gegensinnigen statistischen Zusammenhängen überwiegen die negativen Rechtecksflächen und das eben Beschriebene gilt somit analog für negative Werte der Kovarianz. Die Kovarianz ist jedoch – ähnlich wie das Zusammenhangsmaß $\chi^2$ aus Abschnitt „Nominale Merkmale" – nicht nach oben beziehungsweise unten beschränkt, so dass man aus ihr nicht sofort ablesen kann, wie stark der Zusammenhang ist.

Zur konkreten Bestimmung der Stärke des Zusammenhangs müssen wir die Kovarianz deshalb (wie das auch bei $\chi^2$ der Fall war) noch normieren. Dies gelingt, wenn man sie durch das Produkt der beiden Standardabweichungen von $x$ und $y$ – wir bezeichnen sie nun zu ihrer Unterscheidung mit $s_x$ und $s_y$ – dividiert. Auf diese Weise erhält man den (berühmten) **Korrelationskoeffizienten**, den wir mit dem Buchstaben $r$ kennzeichnen. Formal lässt er sich also folgendermaßen darstellen:

$$r = \frac{s_{xy}}{s_x \cdot s_y}. \tag{9}$$

In Excel wird der Korrelationskoeffizient zweier Merkmale durch Verwendung der Funktion KORREL berechnet.

Der mögliche Wertebereich des Korrelationskoeffizienten umfasst das Intervall [– 1; + 1]. Diese Kennzahl besitzt (wie Cramers $V$) bei Unabhängigkeit der beiden Merkmale den Wert 0, weil dann die Kovarianz null ist. Das Vorzeichen von $r$ wird durch das Vorzeichen der Kovarianz bestimmt, weil die Standardabweichungen jedenfalls positive Zahlen sind. Somit gibt uns, wie bei der Kovarianz, das Vorzeichen des Korrelationskoeffizienten die Richtung des Zusammenhanges an. Ein positives Vorzeichen bedeutet, dass der Zusammenhang **gleichsinnig** ist (wenn das Merkmal $x$ zunimmt, dann auch das Merkmal $y$). Ist $r$ negativ, so ist der Zusammenhang **gegensinnig** (wenn $x$ zunimmt, dann nimmt $y$ ab und umgekehrt).

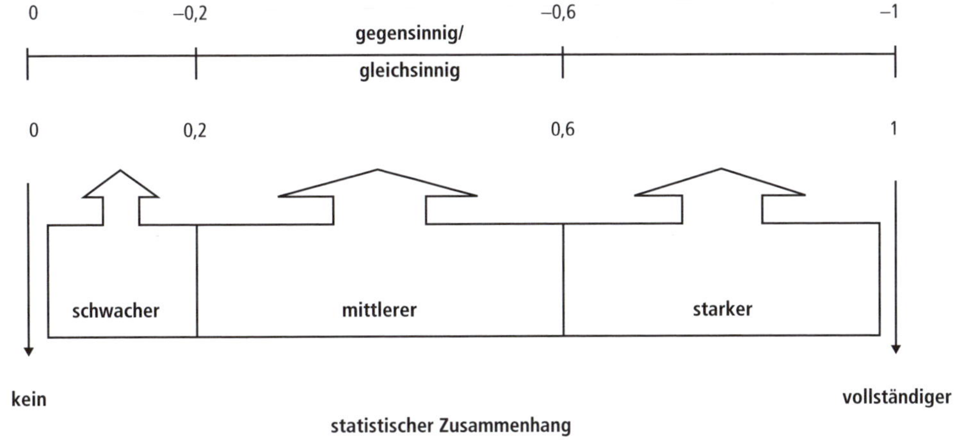


**Abbildung 22: Die Interpretation des Korrelationskoeffizienten (Faustregeln)**

Die Stärke des Zusammenhangs ist an der Entfernung des Wertes $r$ von der Zahl null abzulesen. Umso größer der Betrag von $r$ ist, umso stärker ist der Zusammenhang. Wie bei den willkürlichen Faustregeln zur verbalen Interpretation von Cramers $V$ kann man bei einem Betrag von $r$ bis etwa 0,2 von einem schwachen, bei einem solchen zwischen 0,2 und 0,6 von einem mittleren und bei einem über 0,6 von einem starken Zusammenhang sprechen. Ist $r = 1$ oder $r = -1$, so ist der Zusammenhang vollständig und das heißt hier linear, das heißt dass im Streudiagramm alle Punkte auf einer Geraden liegen. Denn genau genommen misst man mit dem Korrelationskoeffizienten natürlich nur den **linearen** statistischen Zusammenhang zweier Merkmale. Wenn mit Zunahme des Merkmals $x$ das Merkmal $y$ zuerst auch steigt, sich dies an einem gewissen Punkt jedoch umdreht und bei weiterer Zunahme von $x$ das Merkmal $y$ wieder sinkt, dann besitzen die beiden Merkmale natürlich auch einen Zusammenhang. Der Korrelationskoeffizient kann dabei jedoch durchaus null sein, weil kein linearer Zusammenhang vorliegt. Ein Beispiel für einen solchen Zusammenhang ist jener zwischen Düngermitteleinsatz und Ernteertrag in der Landwirtschaft.

Kommen wir zu Beispiel 14 zurück: Die Kovarianz berechnet sich nun durch (8) mit

$$s_{xy} = \frac{(21-37)\cdot(1.850-2.188) + \ldots + (28-37)\cdot(1.800-2.188)}{5} = 3.664.$$

Die durchschnittliche gerichtete Rechtecksfläche hat den Wert + 3664. Der Zusammenhang ist demnach gleichsinnig, wie schon ein Blick auf das Streudiagramm in Abbildung 18 bestätigt.

Berechnen wir nun noch den Korrelationskoeffizienten nach (9). Dafür müssen wir noch die beiden Varianzen der Merkmale Alter und Einkommen mit (3) berechnen. Wir erhalten $s_x^2 = 149{,}2$ und $s_y^2 = 100.456$. Und somit ist

$$r = \frac{3.664}{\sqrt{149{,}2}\cdot\sqrt{100.456}} = 0{,}946\ .$$

Dies zeigt an, dass zwischen den beiden Merkmalen Alter und Einkommen aus Beispiel 14 ein sehr starker, gleichsinniger (linearer) statistischer Zusammenhang existiert.

Bei der Interpretation des Ergebnisses eines Korrelationskoeffizienten ist wiederum zu beachten, dass man den statistischen Zusammenhang nicht automatisch als *kausal* bezeichnen darf. Das Alter selbst bestimmt natürlich nicht das Einkommen. Oftmals sind es etwa die Dienstjahre, die sowohl mit dem Alter als auch mit dem Einkommen zusammenhängen, wodurch auch Alter und Einkommen positiv korrelieren.

Im Januar 1987 sorgte eine Meldung für Aufsehen, die unter anderem auch in der oberösterreichischen Zeitung „Neues Volksblatt“ am 17.1.1987 erschienen ist: „Steirischer Arzt warnt: ‚Kat fördert AIDS‘.“ In dem Aufsatz wird berichtet, dass der steirische Mediziner Dr. Fritz Lautner in der Zeitschrift der Österreichischen Ärztekammer Meldungen aufgegriffen hatte, „wonach Katalysator-Autos möglicherweise die Verbreitung von Herpes, AIDS und bestimmter Krebsformen begünstigen könnten ... Man kann eine gewisse Korrelation zwischen der Einführung der Katalysatortechnik und den gehäuften AIDS-Fällen zum Beispiel in Los Angeles nicht von der Hand weisen!“

Und mit Letzterem hatte er völlig Recht! Die Merkmale Anzahl der monatlich neu registrierten AIDS-Fälle und Anzahl der monatlich neu produzierten Katalysator-Autos korrelierten in den Achtziger-Jahren wohl leicht positiv. In diesem Zeitraum ist sowohl die Anzahl der Kat-Autos wie auch die Anzahl der AIDS-Fälle ständig gestiegen. Deshalb gibt es, wenn man diese Zahlenreihen in Verbindung setzt, eine gleichsinnige Korrelation zwischen diesen beiden Merkmalen. Aber diese Korrelation liefert um Himmels willen noch keine Begründung! Auch die Anzahl der verkauften CDs oder PCs wuchs in diesem Zeitraum. Also fördern auch CDs und PCs genauso AIDS wie die Kat-Autos? Die Anzahl an Schallplatten ging zurück, ebenso die Bestzeit im 10.000-Meter-Lauf der Herren, und das Joggen erlebte einen Aufschwung. Die Anzahl der AIDS-Fälle korreliert somit gegensinnig mit der jährlichen Schallplattenproduktion und mit der Laufzeit der besten Leichtathleten sowie gleichsinnig mit den gelaufenen Jogging-Kilometern der Menschheit. Also sofort wieder Schallplatten produzieren (beziehungsweise langsamer laufen und weniger joggen)?

Der Korrelationskoeffizient liefert Auskunft über den Zusammenhang der Zahlen. Deswegen wird der Zusammenhang auch als *statistischer* Zusammenhang bezeichnet. Ob dieser auch ein *kausaler* ist, das muss vom jeweiligen Untersuchenden selbst eingeschätzt werden. Das gibt uns der Korrelationskoeffizient nicht an!

Mit dem **kausalen Zusammenhang** zwischen metrischen Merkmalen beschäftigt sich die **Regressionsrechnung**. Dabei soll über eine mathematische Funktion aus den Werten eines oder mehrerer unabhängiger Merkmale, der **Regressoren**, der Wert eines von diesen abhängigen Merkmals, dem **Regressanden**, berechnet werden, so dass dieser auf diese Funktion zurückgeht *(lat. regradi = zurückgehen)*. So lässt sich beispielsweise der Bremsweg eines Fahrzeugs wohl aus der Geschwindigkeit, dem Gewicht, dem Reifenprofil und dem gemessenen Fahrbahnzustand schätzen.

Eine Darstellung des linearen Zusammenhanges zweier metrischer Merkmale, der mit dem Korrelationskoeffizienten gemessen wird, bietet die so genannte **Regressionsgerade**. Darunter versteht man jene Gerade, die im Streudiagramm von allen möglichen Geraden „am nächsten zu den Punkten" liegt. Dieser Ausdruck ist natürlich mathematisch nicht konkret genug. Was wird unter „am nächsten" verstanden? Gemeint ist tatsächlich, dass man die vertikalen (oder die horizontalen) Abstände der Punkte eines Streudiagramms zu jeder möglichen Geraden misst und dann unter diesen unendlich vielen Geraden jene als Regressionsgerade auszeichnet, welche die geringste Summe der quadrierten Abstände aufweist (**Methode der kleinsten Quadrate**). Mathematisch wird diese besondere Gerade als Lösung einer Extremwertaufgabe gefunden. Nach dieser Lösung erhält man zum Beispiel jene Gerade, welche die vertikalen Abstände der Punkte eines Streudiagramms zu einer Geraden minimiert, wenn man in eine herkömmliche Geradengleichung $y = k \cdot x + d$ für die Steigung $k$ – wir wollen sie hier $b_1$ nennen – den Quotienten aus der Kovarianz der beiden Merkmale $x$ und $y$ und der Varianz des Merkmals $x$

$$b_1 = \frac{s_{xy}}{s_x^2}$$

einsetzt und den Geradenpunkt $d$ auf der y-Achse – wir nennen ihn hier $b_2$ – durch

$$b_2 = \overline{y} - k \cdot \overline{x}$$

berechnet. $b_1$ und $b_2$ werden als **Regressionskoeffizienten** bezeichnet. Die Gerade mit der Gleichung

$$y = b_1 \cdot x + b_2 \qquad (10)$$

ist die Regressionsgerade.

## Beispiel 15: Berechnung der Gleichung der Regressionsgeraden

Mit den Daten aus Beispiel 14 ist:

$$b_1 = \frac{3.664}{149,2} = 24,6$$

und

$$b_2 = 2.188 - \frac{3.664}{149,2} \cdot 37 = 1.279,4 \,.$$

Die Gerade mit der Gleichung

$$y = 24,6 \cdot x + 1.279,4$$

ist demnach die Regressionsgerade für die Daten dieses Beispiels. Diese ist in Abbildung 23 eingezeichnet. Zu jeder der fünf Altersangaben liegen nun ein *durch die Regressionsgerade geschätztes* und ein *tatsächlich beobachtetes* Einkommen vor. So hat Person A bei einem Alter von 21 Jahren ein geschätztes Einkommen von $y = 24,6 \cdot 21 + 1.279,4 = 1.796$ Euro. Ihr tatsächliches Einkommen ist hingegen 1.850 Euro. Die Differenz von 54 Euro wird als **Residuum** *(lat. residere = zurückbleiben)* bezeichnet. Es ist nämlich sozusagen der Rest des Einkommens, der nicht durch die Regressionsfunktion erklärt werden konnte. Die Regressionsgerade ist nach obiger Erklärung also genau jene Gerade, die die Summe der quadrierten Residuen, also der „Nichterklärung", minimiert. Dabei wird die Varianz des Merkmals $y$ durch die Gerade in eine Komponente der geschätzten $y$-Werte und eine der Residuen zerlegt.

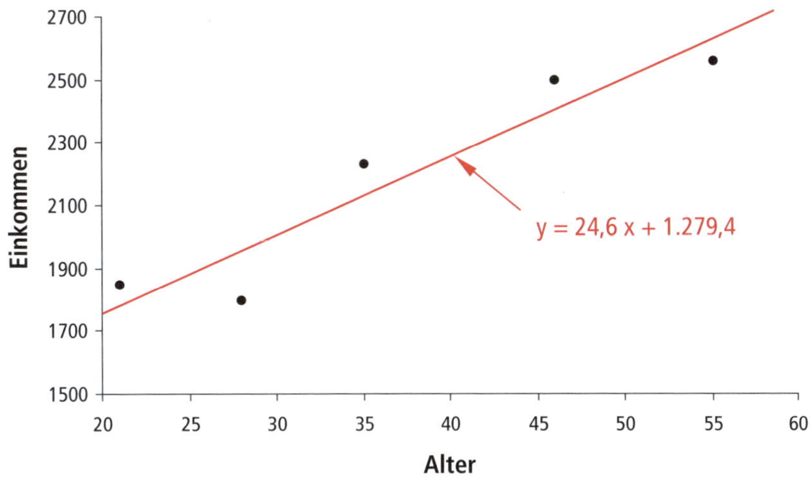


**Abbildung 23: Die Regressionsgerade**
Die Regressionsgerade für die Daten aus Beispiel 14.

Regressionsgeraden dienen der Schätzung fehlender Werte oder der Prognose. So lässt sich nun bei Kenntnis eines bestimmten Alters $x$ das dazugehörige Einkommen $y$ schätzen. Zum Beispiel gehört zum Alter $x = 40$, nach (10) das Einkommen

$$y = 24{,}6 \cdot 40 + 1.279{,}4 = 2.263{,}4 \text{ Euro.}$$

In diese Schätzung sollten wir jedoch nur dann Vertrauen setzen, wenn das Modell (= die Gerade) der Realität (= den Punkten im Streudiagramm) genügend nahe kommt. Dies ist genau dann der Fall, wenn die Merkmale einen starken linearen Zusammenhang aufweisen, wenn es also eine hohe (gleich- oder gegensinnige) Korrelation zwischen den beiden betrachteten Merkmalen gibt. Das Maß, das uns diese Güte des Modells angibt, heißt **Bestimmtheitsmaß** $B$ und ist – in der Substanz der Formel deshalb nicht eben überraschend – gegeben durch das Quadrat des Korrelationskoeffizienten nach (9):

$$B = r^2 \tag{11}$$

In den Beispielen 14 und 15 ist das Bestimmtheitsmaß mit 0,897 sehr hoch, woraus folgt, dass das Modell die Realität (der fünf Personen) ausgezeichnet beschreibt. Genau genommen gibt das Bestimmtheitsmaß den Anteil der tatsächlichen Varianz des Merkmals $y$ an, der durch das Modell erklärt wird. Es erklärt somit 89,7 Prozent dieser Varianz. Der Rest bleibt durch das Modell unerklärt. Wenn man einer auf die Regressionsgerade aufbauende konkreten Schätzung eines Merkmals vertrauen möchte, dann sollte meines Erachtens die Korrelation zwischen den beiden Merkmalen stark sein, also größer als 0,6 (beziehungsweise kleiner als – 0,6) nach den in diesem Abschnitt dafür angegebenen Faustregeln. Reichen jedoch ungefähre Anhaltspunkte als Schätzung aus, sind auch schwächere Zusammenhänge für eine solche Schätzung geeignet.

In Abbildung 19 werden für das linke und das rechte Streudiagramm brauchbare Regressionsgeraden erwartet werden können. Bei Daten wie im mittleren Streudiagramm gibt es natürlich auch eine Gerade, die von allen möglichen Geraden im oben definierten Sinn „am nächsten" zu den Punkten liegt. Die Punkte sind jedoch teilweise weit von dieser entfernt und man sollte einer Schätzung von $y$ auf Basis einer solchen Geraden nicht trauen. Das Bestimmtheitsmaß zeigt dies dadurch an, dass es nahe bei null liegt. In Abbildung 20 weist die zum rechten Streudiagramm gehörende Regressionsgerade das höchste Bestimmtheitsmaß auf.

Häufig sind Zusammenhänge natürlich nicht so einfache wie die hier dargestellten. Mit Hilfe der Regressionsrechnung lassen sich aber auch nichtlineare Zusammenhänge oder Zusammenhänge in der Art, dass mehrere Regressoren auf einen Regressanden einwirken, beschreiben. Mit solchen Regressionsfunktionen anstelle von -geraden beschäftigen sich die polynomiale und die multiple Regression. Die laufende Prognose des Wirtschaftswachstums durch die Wirtschaftsforschung ist ein solcher Fall einer multiplen Regression. Die Idee der Berechnung der Regressionsfunktion ist dabei die gleiche wie jene für die oben beschriebene lineare Regressionsfunktion. Die immer wiederkehrenden Korrekturen der diesbezüglichen Prognosen lassen vermuten, dass das multiple Bestimmtheitsmaß hierbei nicht allzu groß sein dürfte. (Eine Vertiefung im Bereich der Regressionsrechnung bieten zum Beispiel Bosch (1998), Kapitel 2.3, oder Schira (2003), Kapitel 4.)

## Ordinale Merkmale

Bei ordinalen Merkmalen führen ähnliche Überlegungen wie bei metrischen Merkmalen zu einer Kennzahl des statistischen Zusammenhanges. Betrachten wir dazu folgendes Beispiel.

### Beispiel 16: Erhebung von zwei ordinalen Merkmalen

Von sechs Studierenden erfährt man deren Noten in Mathematik und in Statistik:

**Tabelle 1.15**

| Studierender | A | B | C | D | E | F |
|---|---|---|---|---|---|---|
| Mathematiknote x | 1 | 1 | 5 | 5 | 4 | 2 |
| Statistiknote y | 2 | 2 | 5 | 4 | 4 | 3 |

Da diese Zahlen beliebige Kodierungen der Merkmalsausprägungen sind (genauso gut könnten wir – wie in Abschnitt 1.3.1 bereits erwähnt – 1, 10, 100, 1.000 und 10.000 für die fünf Noten verwenden), sollte man hier nicht einfach den Korrelationskoeffizienten verwenden. Denn – wie jeder Interessierte leicht überprüfen kann – die Ergebnisse für den Korrelationskoeffizienten $r$ nach (9) sind je nach Kodierung der jeweiligen Noten völlig unterschiedlich. Wählt man die Noten im herkömmlichen Sinn, so ist $r \approx 0{,}96$. Wählt man die Darstellung in Form von 1, 10, 100, 1.000 und 10.000 anstelle von 1, 2, 3, 4 und 5, so ist $r$ nur mehr etwa 0,69.

Dies ist unbefriedigend. Wenn es bei Rangmerkmalen nur auf die Reihung ankommt, dann bleibt uns nicht erspart, eine solche vorzunehmen. Wir weisen also in unserem Beispiel jedem Studierenden seinen Rang bei den Mathematik- und seinen Rang bei den Statistiknoten zu. Betrachten wir die Mathematiknoten: Das erste Problem, das auftaucht, besteht darin, dass wir bei den Mathematiknoten zum Beispiel keine Unterscheidung der Studierenden A und B vornehmen können, weil beide die Note 1 aufweisen und wir deshalb die Ranglistenplätze 1 und 2, die sie einnehmen, nicht richtig zuordnen können. In einem solchen Fall soll diesen Erhebungseinheiten der Durchschnittsrang der Ränge 1 und 2 zugeordnet werden. Beide erhalten also den Rang 1,5. Würden gleich drei Studierende die Note 1 aufweisen, könnten wir die Ranglistenplätze 1, 2 und 3 nicht korrekt zuweisen und jeder der Studierenden würde den Durchschnittsrang 2 erhalten. Es ergeben sich somit folgende Rangzahlen $u$ und $v$ für die Studierenden bei den Mathematik- beziehungsweise Statistiknoten:

**Tabelle 1.16**

| Studierender | A | B | C | D | E | F |
|---|---|---|---|---|---|---|
| Mathematikrang u | 1,5 | 1,5 | 5,5 | 5,5 | 4 | 3 |
| Statistikrang v | 1,5 | 1,5 | 6 | 4,5 | 4,5 | 3 |

Diese Ränge wären auch dann aufgetreten, wenn wir die Noten nicht mit 1 bis 5, sondern mit 1 bis 10.000 bezeichnet hätten. Daraus folgt, dass wir mit Rangzahlen $u$ und $v$ den statistischen Zusammenhang wie für metrische Merkmale berechnen können. Wir berechnen also die Mittelwerte der Ränge $u$ und $v$ (jeweils 3,5), die Varianz von $u$ und $v$ (jeweils 2,75) und als Kovarianz mit

$$s_{uv} = \frac{\sum_i (u_i - \bar{u}) \cdot (v_i - \bar{v})}{N} = \frac{(1,5 - 3,5) \cdot (1,5 - 3,5) + \ldots + (3 - 3,5) \cdot (3 - 3,5)}{6} = 2,625$$

die durchschnittliche gerichtete Rechtecksfläche der Ränge $u$ und $v$ nach der formalen Darstellung der Kovarianzidee in (8).

Somit ergibt der Korrelationskoeffizient nach (9) mit den Rangzahlen dieser beiden ordinalen Merkmale

$$r = \frac{s_{uv}}{s_u \cdot s_v} = \frac{2,625}{\sqrt{2,75} \cdot \sqrt{2,75}} = 0,955.$$

Dieser so genannte **Spearmansche Korrelationskoeffizient** der Rangzahlen misst wie der Korrelationskoeffizient bei metrischen Merkmalen den linearen Zusammenhang zwischen zwei Merkmalen und ist auch genauso zu interpretieren (Abbildung 22). Demnach haben die in unserem Beispiel betrachteten Merkmale einen starken, gleichsinnigen, (linearen) statistischen Zusammenhang.

Sind die Merkmalsausprägungen ordinaler Merkmale bereits selbst Ränge (wie zum Beispiel bei der Messung des Zusammenhangs zwischen Startnummer und Rang im Skisport), dann darf natürlich ohne Umleitung der Korrelationskoeffizient berechnet werden.

## Übungsaufgaben

Die Lösungen zu den nachfolgenden Übungsbeispielen finden Sie unter www.pearson-studium.de. Für die mit * markierten Aufgaben verwenden Sie die zu diesem Buch unter dieser Web-Adresse ebenfalls bereitgestellte Excel-Lerndatei.

**Ü27**

Gemessen wurde der Zusammenhang zwischen Prüfungserfolg (Merkmalsausprägungen: bestanden, nicht bestanden) und selbstständiger Lernfrequenz (regelmäßig, nicht regelmäßig) bei 200 Studierenden:

| | **Lernfrequenz** | |
|---|---|---|
| **Erfolg** | **regelmäßig** | **nicht regelmäßig** |
| **bestanden** | 152 | 8 |
| **nicht bestanden** | 8 | 32 |

Berechnen Sie mit dem Taschenrechner eine geeignete Kennzahl zur Messung des statistischen Zusammenhanges zwischen diesen beiden Merkmalen.

**Ü28***

Verwenden Sie die Angaben aus Ü11 und berechnen Sie mit Hilfe der im Internet bereitgestellten Excel-Lerndatei die Tabelle der bei Fehlen eines statistischen Zusammenhangs erwarteten relativen Häufigkeiten. Darauf basierend berechnen Sie eine geeignete Kennzahl, um festzustellen, wie stark der statistische Zusammenhang zwischen den beiden Merkmalen in dieser Grundgesamtheit ist.

**Ü29**

Fortsetzung von Ü13: In einer Studie dänischer und japanischer Wissenschaftler an 400 Kindern wurden das Geschlecht der Kinder und das Rauchverhalten der Eltern in den drei Monaten vor der Zeugung erhoben. Berechnen Sie in Excel die Stärke des statistischen Zusammenhanges zwischen den beiden Merkmalen.

**Ü30**

„Sie werden als Erste entlassen, aber offenbar auch als Erste wieder eingestellt: Die Zahl der Zeitarbeitnehmer in Deutschland steigt nach einem Einbruch Anfang des Jahres 2009 kontinuierlich an. ... Die Kunden der Zeitarbeitsfirmen nutzen die Möglichkeit, Arbeiter zu beschäftigen, von denen sie sich auch schnell wieder trennen können" (*DIE ZEIT*, Nr.51, 10. Dezember 2009, S.35):

| **Anfang des Quartals** | **Arbeitslose (in Mio.)** | **Zeitarbeitnehmer (in T.)** |
|---|---|---|
| I | 3,49 | 590 |
| II | 3,59 | 520 |
| III | 3,46 | 550 |
| IV | 3,23 | 600 |

Skizzieren Sie per Hand das Streudiagramm dieser Verteilung und berechnen Sie mit dem Taschenrechner den Korrelationskoeffizienten der beiden Merkmale.

**Ü31***

Bei der Erhebung des statistischen Zusammenhangs zwischen der Anzahl an vorbereiteten Hausübungsbeispielen in einem Mathematikkurs (x: 0 - 50 Beispiele) und den Punkten bei der Abschlussklausur (y: 0 - 80 Punkte) ergab sich für 155 Prüflinge eine Datenreihe, die im Internet als Excel-Lerndatei abgespeichert ist. Folgen Sie dort den Anweisungen und

a) stellen Sie die Daten in Excel in einem Streudiagramm dar,
b) berechnen Sie in Excel zuerst die beiden Mittelwerte, dann die beiden Standardabweichungen und die Kovarianz und zuletzt den Korrelationskoeffizienten zur Messung des statistischen Zusammenhangs zwischen den beiden Merkmalen.

**Ü32**

Verwenden Sie Ihre Ergebnisse von Ü31b) und berechnen Sie mit dem Taschenrechner

a) die Gleichung der Regressionsgeraden,
b) mit dieser Regressionsgeraden eine Schätzung für die Punktezahl bei der Klausur bei $x = 40$ Hausübungsbeispielen,
c) das Bestimmtheitsmaß zur Messung der Güte dieses Regressionsmodells.

**Ü33**

Berechnen Sie mit den Daten aus Ü30 mit dem Taschenrechner

a) die Gleichung der Regressionsgeraden,
b) die Schätzung für die Zahl der Zeitarbeitnehmer bei einer Arbeitslosenzahl von 3,5 Millionen,
c) das Bestimmtheitsmaß dieses Regressionsmodells.

**Ü34**

Bei 4 Schülern (A-D) wurden die Mathematiknoten und die Ränge bei einem Sportbewerb gemessen:

| Schüler | Mathematiknote | Rang im Sport |
|---|---|---|
| A | 4 | 1 |
| B | 1 | 2 |
| C | 4 | 4 |
| D | 5 | 3 |

Berechnen Sie den Spearmanschen Korrelationskoeffizienten der Rangzahlen. Dazu müssen Sie zuerst auch aus den Mathematiknoten der 4 Schüler die *Ränge* in Mathematik bestimmen.

**Ü35**

Bei 4 Studierenden (A-D) wurden ihre Beurteilung der Qualität einer Lehrveranstaltung (nach Schulnoten) und ihre Klausurnoten in dieser Lehrveranstaltung beobachtet:

| Studierende | Lehrveranstaltung | Klausur |
|---|---|---|
| A | 1 | 1 |
| B | 2 | 2 |
| C | 2 | 1 |
| D | 4 | 4 |

Berechnen Sie den Spearmanschen Korrelationskoeffizienten der Rangzahlen. Dazu müssen Sie zuerst aus beiden Benotungen der 4 Studierenden die *Ränge* bestimmen.

# Wahrscheinlichkeitsrechnung



ÜBERBLICK

2

## 2.1 Grundbegriffe

In Kapitel 1 wurden statistische Methoden besprochen, mit deren Hilfe Häufigkeitsverteilungen von Merkmalen in einer Grundgesamtheit mit dem Ziel der Bündelung der in den Daten enthaltenen Informationen beschrieben werden können. Zu diesem Zweck wurden diese Verteilungen verbal beschrieben, tabellarisch erfasst, grafisch dargestellt und durch Lage-, Streuungs-, Konzentrations- und Zusammenhangskennzahlen charakterisiert.

Das zweite große Aufgabengebiet der Statistik, dem wir uns in Kapitel 3 widmen werden, ist die schließende Statistik. Häufig liegen nämlich nicht Daten aus einer Grundgesamtheit, sondern lediglich aus einem sorgfältig daraus ausgewählten Teil, der Stichprobe, vor, und man möchte mit diesen Daten Rückschlüsse auf die Grundgesamtheit, aus der die Daten stammen, ziehen.

Zwischen diesen beiden Gebieten der statistischen Landschaft liegt so etwas wie ein dichter Wald, der auf viele Menschen geheimnisvoll und auch Angst einflößend wirkt: die Wahrscheinlichkeitsrechnung. Wir müssen uns aber auch mit ihr auseinander setzen, weil sich die schließende Statistik in ihrer Argumentation der Wahrscheinlichkeitsrechnung bedient. Dabei werden wir aber den kürzest möglichen Weg nehmen und uns auf das Allernotwendigste beschränken, das für die korrekte Interpretation von Wahrscheinlichkeiten und das Verständnis der verschiedenen in Kapitel 3 beschriebenen Vorgehensweisen des statistischen Schließens unbedingt nötig ist.

In Wahrscheinlichkeiten zu denken bedeutet, das Mögliche nach der Wahrscheinlichkeit seines Eintreffens zu quantifizieren. Wir ordnen bestimmten Ereignissen also Zahlen zu, die uns Auskunft darüber geben sollen, ob das Eintreffen dieser Ereignisse sehr oder wenig wahrscheinlich ist. Zweimal pro Woche wird ein Teil der Nation freiwillig zu solchen „Wahrscheinlichkeitsdenkern", wenn im Fernsehen die Lottoziehung auf dem Programm steht. Denn Lottospieler sind gewöhnt, in diesen Begriffen zu denken. Sie wundern sich nicht, wenn sie wieder keinen Haupttreffer gelandet haben, oder sind manchmal verärgert, weil zum x-ten Mal in Folge nicht einmal ein „Dreier" in ihren Tippreihen aufgetreten ist.

Führen wir einige Grundbegriffe ein, die sich beim Rechnen und Denken mit Wahrscheinlichkeiten nützlich erweisen werden. Wir betrachten so genannte **Zufallsexperimente**. Das sind Experimente mit ungewissem Ausgang (zum Beispiel das Werfen eines Würfels oder die Ziehung von Lottozahlen), und man versucht, durch die Wahrscheinlichkeitstheorie die Gesetzmäßigkeiten dieser Zufallsexperimente zu beschreiben. Dabei soll ein interessierendes **Merkmal** (oder eine Zufallsvariable) beobachtet werden (etwa die Augenzahl beim Würfeln oder die Anzahl der richtigen Zahlen beim Lotto). Dieses Merkmal besitzt einzelne mögliche **Merkmalsausprägungen**, die in der Wahrscheinlichkeitsrechnung auch als Elementarereignisse bezeichnet werden (zum Beispiel die Zahlen der Menge {1,2,3,4,5,6} beim Würfeln oder 0 bis 6 „Richtige" beim Lotto). Im Mittelpunkt des Interesses stehen jeweils Teilmengen der Menge aller möglichen Elementarereignisse, welche als **Ereignisse** bezeichnet werden. Solche Ereignisse können zum Beispiel die geraden Zahlen sein oder die Zahlen von 3 bis 6 beim Würfeln oder das Ereignis, mit einem Tipp mindestens drei „Richtige" im Lotto zu erhalten. Besondere Ereignisse sind einerseits **unmögliche Ereignisse** (wie die Zahlen 7 oder 3,14 beim Würfeln oder 45 „Richtige" im Lotto) und andererseits **sichere Ereignisse** (etwa beim Würfeln eine Augenzahl zwischen 1 und 6 oder 0 bis 6 „Richtige" im Lotto).

Jedem Ereignis (wir schreiben dafür abgekürzt den Buchstaben $E$) soll nun die Wahrscheinlichkeit (geschrieben als $\Pr(E)$; Pr steht abgekürzt für *lat. probabilitas = Wahrscheinlichkeit*) seines Eintreffens zugeordnet werden, wobei gilt, dass

$$0 \leq \Pr(E) \leq 1,$$

dass also die Wahrscheinlichkeit eines Ereignisses eine Zahl zwischen 0 und 1 ist, wobei für die Grenzen 0 und 1 gilt:

$$\Pr(\text{unmögliches Ereignis}) = 0,$$
$$\Pr(\text{sicheres Ereignis}) = 1.$$

Eine Wahrscheinlichkeit von 0 zeigt also an, dass ein unmögliches Ereignis, eine von 1, dass ein sicheres Ereignis vorliegt. Außerdem ergibt sich bei einer Anzahl k an sich nicht überschneidenden Ereignissen $E_1$, $E_2$, ..., $E_k$ (zum Beispiel die Ereignisse $E_1 = \{1\}$, $E_2 = \{3,4\}$ und $E_3 = \{5,6\}$ beim Würfeln) die Wahrscheinlichkeit für das Eintreffen von $E_1$ oder $E_2$ oder ... oder $E_k$ aus der Summe der Einzelwahrscheinlichkeiten der k Ereignisse:

$$\Pr(E_1 \text{ oder } E_2 \text{ oder ... oder } E_k) = \Pr(E_1) + \Pr(E_2) + \ldots + \Pr(E_k).$$

Dies sind die Grundregeln, auf welche die gesamte Wahrscheinlichkeitstheorie aufbaut. Solche Grundregeln werden eine Axiomatik genannt (*gr. axios = würdig*). Diese wurde vom russischen Mathematiker A. N. Kolmogorov entwickelt. Aus diesen Axiomen ergeben sich einige Rechenregeln, die wir in folgendem illustrativen Beispiel anwenden.

## Beispiel 17: Rechnen mit Wahrscheinlichkeiten

Bei einem von der nationalen Lotteriegesellschaft aufgelegten Los verteilte sich eine Serie von 10 Millionen Losen bei einem Lospreis von 1,50 Euro folgendermaßen auf die Auszahlungskategorien (beachten Sie, dass in der Angabe der Auszahlungsbeträge in Losen häufig die Anzahl der „Nieten" fehlt):

**Tabelle 2.1**

| Anzahl pro Serie | Auszahlungsbetrag in Euro |
|---|---|
| 10 x | Eine Schatztruhe voller Gold |
| 13 x | 30.000 |
| 20 x | 3.000 |
| 60 x | 1.000 |
| 130 x | 300 |
| 3.000 x | 100 |
| 7.000 x | 60 |
| 20.000 x | 30 |
| 70.000 x | 9 |
| 290.000 x | 6 |
| 642.000 x | 3 |
| 1,140.000 x | 1,50 |

Wenn die Wahrscheinlichkeit für einen bestimmten Ausgang eines Zufallsexperiments für alle Ausgänge gleich groß ist, dann gilt bei der Berechnung der Wahrscheinlichkeiten bestimmter Ereignisse die so genannte **Abzählregel**. Diese lautet: Berechne als Wahrscheinlichkeit für ein Ereignis $E$ den Quotienten aus der Anzahl der hinsichtlich $E$ günstigen Fälle und der Anzahl aller Fälle (abgekürzte Merkregel: „günstige durch mögliche").

Da in Beispiel 17 die Wahrscheinlichkeit dafür, ein bestimmtes Los zu ziehen, für alle 10 Millionen Lose gleich ist, kann man somit die Wahrscheinlichkeiten interessierender Ereignisse mit dieser Regel berechnen. Bezeichnen wir dazu den Auszahlungsbetrag mit dem Buchstaben $x$ und versuchen wir nun mit Hilfe der Abzählregel die Wahrscheinlichkeit für den Haupttreffer beim Kauf eines Loses zu berechnen. Dazu ist nach der Abzählregel die Anzahl der für dieses Ereignis günstigen Fälle, das sind die 10 Lose mit dem Haupttreffer, durch die Anzahl aller Fälle, das sind alle 10 Millionen verschiedenen Lose, zu dividieren:

$$\Pr(x = \text{„Schatztruhe"}) = \frac{10}{10{,}000.000} = 0{,}000001.$$

Die Wahrscheinlichkeit dafür beträgt ein Millionstel und dies bedeutet, dass im Schnitt eines aus einer Million Lose einen derartigen Gewinn anzeigt. Die Wahrscheinlichkeit in der Form einer erwarteten Häufigkeit anzugeben, ist für die Vorstellung der Bedeutung einer bestimmten Wahrscheinlichkeit von großem Nutzen. Ein solches Ereignis ist also sehr *unwahrscheinlich*, aber es ist *nicht unmöglich*, dass einen Loskäufer ein solches Glück ereilt, denn zehn Mal wird dieses Ereignis beim Verkauf aller 10 Millionen Lose tatsächlich eintreten.

Berechnen wir nun die Wahrscheinlichkeit eines anderen Ereignisses. Die Wahrscheinlichkeit dafür, mit einem Los einen Auszahlungsbetrag von 1,50 Euro zu erzielen, wird berechnet nach:

$$\Pr(x = 1{,}50) = \frac{1{,}140.000}{10{,}000.000} = 0{,}114.$$

Die Wahrscheinlichkeit für einen Auszahlungsbetrag von 1,50 Euro ist 0,114, was bedeutet, dass dies durchschnittlich in ca. 11 von 100 Fällen (in 11,4 Prozent aller Fälle nämlich) passieren wird.

Um zu berechnen, wie groß die Wahrscheinlichkeit dafür ist, einen Betrag von mindestens 3 Euro ausgezahlt zu bekommen, müssen nach der Abzählregel im Zähler alle Lose gezählt werden, die mindestens 3 Euro anzeigen:

$$\Pr(x \geq 3) = \frac{642.000 + 290.000 + 70.000 + 20.000 + 7.000 + 3.000 + 130 + 60 + 20 + 13 + 10}{10{,}000.000}$$
$$= \frac{1{,}032.233}{10{,}000.000} \approx 0{,}103.$$

Das bedeutet, dass nur in ca. 10 von 100 Losen ein solcher Betrag oder ein höherer steht. Das ist insofern von Bedeutung, als dies heißt, dass wir im Schnitt nur in ca. 10 von 100 Fällen mehr Geld als den Einsatz in der Höhe von 1,50 Euro zurückbekommen.

Welche Bedeutung hat nun aber jene Zahl, die man erhält, wenn man diese Wahrscheinlichkeit 0,103 von der maximalen Wahrscheinlichkeit 1 abzieht: 1 – 0,103 = 0,897? Dies ist die so genannte **Gegenwahrscheinlichkeit** zum Ereignis $x \geq 3$, und diese berechnet offensichtlich die Wahrscheinlichkeit des zum ursprünglichen Ereignis ($x \geq 3$) komplementären Ereignisses ($x < 3$), da die Summe der Wahrscheinlichkeiten dieser beiden Ereignisse natürlich 1 ergeben muss. Diese Vorgehensweise wird häufig eingesetzt, wenn – wie hier – die Wahrscheinlichkeit eines Ereignisses schon errechnet wurde und man auch die Wahrscheinlichkeit des Gegenteils errechnen soll, oder wenn man die Wahrscheinlichkeit des Gegenteils dessen, was man betrachtet, leichter berechnen kann als die Wahrscheinlichkeit des eigentlich interessierenden Ereignisses.

Natürlich kann die Wahrscheinlichkeit eines Auszahlungsbetrags von weniger als 3 Euro auch mit der Abzählregel berechnet werden. Dazu muss man die Anzahl der Lose, die 1,50 Euro beziehungsweise 0 Euro auszahlen, eruieren. Die erstere ist 1,140.000. Die Anzahl der „Nieten" ist die Differenz zwischen 10 Millionen und der Summe der „Anzahlen pro Serie", die im Los angegeben sind. Dies ist 10,000.000 – 2,172.233 = 7,827.767 und somit ist:

$$\Pr(x < 3) = \frac{1{,}140.000 + 7{,}827.767}{10{,}000.000} = \frac{8{,}967.767}{10{,}000.000} \approx 0{,}897.$$

Der Aufwand der Berechnung war auf diese Weise aber größer als bei Verwendung der Gegenwahrscheinlichkeit.

Nehmen wir an, dass man erfahren hat (beispielsweise von einem Freund, der das gekaufte Los bereits geöffnet hat), dass es keine „Niete“ ist. Um zu berechnen, wie groß nun die Wahrscheinlichkeit dafür ist, einen Auszahlungsbetrag von mindestens 3 Euro zu erzielen, müssen wir uns überlegen, wie sich diese Information auswirkt. Offenbar wird dadurch die Anzahl der Möglichkeiten verringert. Wenn das Los sicher keine Niete ist, dann sind insgesamt nur 2,172.233 statt 10 Millionen Fälle *möglich*. Die Anzahl der für das Ereignis x ≥ 3 *günstigen* Fälle bleibt von der erhaltenen Information unbeeinflusst bei 1,032.233. In Analogie zu den bedingten Häufigkeitsverteilungen (siehe Abschnitt 1.2.2) sprechen wir bei Beschränkung der Gesamtzahl der Möglichkeiten auf einen bestimmten Teil von **bedingten Wahrscheinlichkeiten**. Man schreibt sie so, dass in dem Ereignis, das betrachtet werden soll (x ≥ 3), die Bedingung (x ≠ 0) nach einem senkrechten Strich mit angegeben wird:

$$\Pr(x \geq 3 | x \neq 0) = \frac{1{,}032.233}{2{,}172.233} = 0{,}475.$$

Durch diese Information hat sich die Wahrscheinlichkeit, mindestens 3 Euro ausbezahlt zu bekommen, also von 0,103 auf 0,475 drastisch erhöht. Bedingte Wahrscheinlichkeiten sind häufig in der Medizin von Interesse; zum Beispiel bei der Frage, mit welcher Wahrscheinlichkeit ein Patient an einer bestimmten Krankheit leidet, falls sein diesbezügliches Testergebnis positiv war (weiterführende Literatur zur Problematik medizinischer Testergebnisse findet man in Gigerenzer (2004)).

Auch beim österreichischen oder schweizerischen Lotto „6 aus 45“ beziehungsweise beim deutschen Lotto „6 aus 49“ sind jeweils alle Zahlenkombinationen gleich wahrscheinlich. Den Kugeln ist es völlig egal, welche gezogen werden und welche Zahlen auf ihnen stehen. Die Wahrscheinlichkeit dafür, eine bestimmte Zahlenkombination zu ziehen, ergibt sich wieder als Quotient aus der Anzahl der günstigen und der Anzahl der möglichen Fälle. Will man berechnen, wie wahrscheinlich der „Sechser“ ist, so ist von allen möglichen Kombinationen nur eine einzige günstig. Und wie viele verschiedene Sechserreihen kann man insgesamt aus 45 Kugeln ziehen – sind also möglich? Diese Anzahl berechnet man mit dem so genannten Binomialkoeffizienten. Allgemein lässt sich nämlich die Anzahl der verschiedenen möglichen Gruppen von $n$ Elementen bei einer Grundgesamtheit, die $N$ Elemente umfasst, durch

$$\binom{N}{n} = \frac{N!}{n! \cdot (N-n)!}$$

berechnen ($N$ und $n$ sind nichtnegative ganze Zahlen (0,1,2,...) und es ist $N \geq n$). Man sagt: (Groß) $N$ über (klein) $n$ ist $N$ Fakultät durch das Produkt aus $n$ Fakultät und $(N-n)$ Fakultät, Dabei ist $N!$ (gesprochen als $N$ Fakultät) lediglich die abgekürzte Schreibweise für $N \cdot (N-1) \cdot (N-2) \cdot \ldots \cdot 2 \cdot 1$. Also ist zum Beispiel $6! = 6 \cdot 5 \cdot 4 \cdot 3 \cdot 2 \cdot 1 = 720$. Will man etwa verschiedene Zweiergruppen aus den vier Zahlen 1, 2, 3 und 4 ziehen, so gibt es für diese Gruppen die Möglichkeiten (1,2), (1,3), (1,4), (2,3), (2,4) und (3,4).

Das sind insgesamt sechs verschiedene. Und genau diese Anzahl an Möglichkeiten wird mit dem Binomialkoeffizienten berechnet. Mit $N = 4$ und $n = 2$ ergibt der Binomialkoeffizient:

$$\binom{4}{2} = \frac{4!}{2!\cdot(4-2)!} = \frac{24}{2\cdot 2} = 6.$$

In unserem Problem der Anzahl verschiedener Sechsergruppen aus 45 Zahlen (wie 1, 2, 3, 4, 5, 6 und 1, 2, 3, 4, 5, 7 und so fort bis 40, 41, 42, 43, 44, 45) ist also „45 über 6" zu berechnen:

$$\binom{45}{6} = \frac{45!}{6!\cdot(45-6)!} = 8{,}145.060.$$

Es gibt demnach beim Lotto „6 aus 45" über acht Millionen verschiedene Kombinationen von sechs Zahlen. Da aber bei Abgabe eines einzigen Tipps nur eine davon günstig ist, erhält man als Wahrscheinlichkeit für einen „Sechser" nach der Abzählregel mit $x$, der Anzahl der „Richtigen":

$$\Pr(x = 6) = \frac{1}{8{,}145.060} = 0{,}000000123.$$

Wenn man dies acht Millionen mal probiert, dann kommt es im Schnitt einmal vor. Das ist schon furchtbar unwahrscheinlich, wenngleich es wiederum nicht unmöglich ist, wie man Woche für Woche beobachten kann!

Im deutschen Lotto „6 aus 49" werden insgesamt 49 Kugeln verwendet. Dies erhöht die Anzahl der Möglichkeiten auf

$$\binom{49}{6} = \frac{49!}{6!\cdot(49-6)!} = 13{,}983.816,$$

also beinahe 14 Millionen Tipps. Das bedeutet, dass in Deutschland die Wahrscheinlichkeit für einen „Sechser" noch kleiner als in Österreich ist, denn dies passiert durchschnittlich bei 14 Millionen Versuchen nur einmal.

Wenn auch Woche für Woche sehr viele Menschen weltweit durch verschiedene Glücksspiele gewohnt sind, sich gedanklich mit Wahrscheinlichkeiten auseinander zu setzen, ist der Wahrscheinlichkeitsbegriff mancher Lottospieler nicht frei von Irrtümern, wie die Reaktionen der „Lottogemeinde" auf den Ausgang einer Ziehung der Lottozahlen in Deutschland nachweisen (siehe dazu: Quatember, A. „Lotto – Zahlenspiel der Emotionen", erschienen am 30. April 1999 in der Tageszeitung „Oberösterreichische Nachrichten"):

Im April 1999 wurden im deutschen Lotto „6 aus 49" folgende Zahlen gezogen: 2, 3, 4, 5, 6 und 26. Diese Zahlenreihe sorgte laut deutschen Zeitungsberichten unter den Lottospielern für große Zweifel an der Regularität der Ziehung. Als die Gewinnquoten bekannt wurden, schlugen diese Zweifel mancherorts sogar in helle Empörung um: an unglaubliche 38.008 Fünfer ohne Zusatzzahl wurden lediglich je 380 DM ausbezahlt. Dazu muss man wissen, dass sonst für einen solchen Fünfer zwischen 7.000 und 15.000 DM ausbezahlt wurden. Wütende Anrufer ließen daraufhin die Lotto-Hotline zusammenbrechen.

**Gaga-Lotto**

**34 Sechser, 38 008 Fünfer**

Von GUIDO BRANDENBURG
**Das Gaga-Lotto vom Wochenende: 2, 3, 4, 5, 6, 26. Millionen Tipper fragten sich: Wer kreuzt so bekloppte Zahlen an?** Gestern die Riesen-Überraschung: Tausende haben zumindest die Reihe von der 2 bis zur 6 getippt - **38 008 Spieler mit fünf Richtigen.** Auch der Jackpot von 12 Millionen Mark ist gleich dreimal geknackt. Durch die Vielzahl der Tipper sausen die Quoten in den Keller. **Für 6 Richtige gibt es „nur" 232 913,70 Mark.** Für einen Fünfer schlappe 379,90 Mark. **Der Lotto-Wahnsinn, die Gewinner und Verlierer Seite 7.**

Quelle: BILD, 13.4.1999

Was war passiert? Im deutschen Lotto gibt es – wie bereits errechnet – insgesamt 13,983.816 mögliche Zahlenreihen. Jede dieser knapp 14 Millionen Zahlenreihen besitzt – wie ebenfalls schon erwähnt – die gleiche Wahrscheinlichkeit, gezogen zu werden. Im Vergleich zu allen anderen Kombinationen gibt es natürlich nur wenige, nämlich exakt 1.936, in denen 5 oder sogar 6 aufeinander folgende Zahlen vorkommen. Dementsprechend selten werden solche Reihen gezogen. Die konkrete gezogene Zahlenreihe jedoch ist selbstverständlich gleich wahrscheinlich wie jede andere konkrete Kombination. Also 2, 3, 4, 5, 6 und 26 hat die gleiche Wahrscheinlichkeit wie – sagen wir wieder – 3, 15, 23, 25, 34 und 40. Den Kugeln ist egal, welche gezogen werden.

Betrachten wir nun aber einmal die Häufigkeiten, mit denen die fast 14 Millionen verschiedenen Kombinationen in einer Ausspielungsrunde von den Lottospielern getippt werden. In der Schweiz, wo wie in Österreich 6 aus 45 Kugeln gezogen werden, wurden diese Häufigkeiten in einer Runde im Jahr 1990 erhoben. Dabei wurde festgestellt (und die Ergebnisse sind sicherlich auf Österreich und Deutschland im Verhältnis übertragbar), dass die möglichen Kombinationen bei weitem nicht gleich häufig angekreuzt werden. So wurden zum Beispiel mehr als zwei Millionen der dort möglichen mehr als acht Millionen verschiedenen Zahlenreihen auf keinem einzigen Lottoschein angekreuzt. Wird eine solche Kombination gezogen, dann gibt es keinen Sechser und in der nächsten Ausspielung einen Jackpot. Wenn Runde für Runde mehr als zwei Millionen der möglichen Zahlenreihen gar nicht angekreuzt werden, dann gibt es in etwa einem Viertel der Ausspielungen keinen Sechser. In den 143 Lottorunden in Österreich von der Ziehung 1/1998 bis zur Ziehung 31/1999 gab es zum Beispiel 49 Mal keinen Sechser. Das weist darauf hin, dass in Österreich in diesem Zeitraum sogar ein Drittel der möglichen Zahlenkombinationen gar nicht gespielt wurde.

Zusätzlich gibt es Kombinationen, die unter allen abgegebenen Lottoscheinen nur ein einziges Mal angekreuzt werden. Wird eine solche gezogen, dann hat der Spieler einen Solosechser. Weitere Kombinationen werden 2, 3, 4 Mal angekreuzt. Manche Kombinationen werden jedoch noch häufiger, und manche noch sehr, sehr viel häufiger angekreuzt. In der Schweizer Untersuchung stellte man fest, dass am Lottoschein zum Beispiel die Diagonale von links oben nach rechts unten und jene von rechts oben nach links unten als Tippmuster jeweils mehr als 24.000 Mal auf den abgegebenen Lottoscheinen zu finden waren! Andere Muster am Lottoschein wie etwa sechs aufeinander folgende Zahlen an den Rändern des Tippfeldes wurden jeweils zwischen 10.000 und 20.000 Mal angekreuzt. Ähnliches gilt für die Lottozahlen der Vorwoche (mehr über die Ergebnisse der Schweizer Untersuchung und andere populäre Beispiele aus der Welt der Wahrscheinlichkeiten findet man in Krämer (2001)).

Was ist also die Erklärung für die Masse von Fünfern bei der oben genannten Ausspielung des deutschen Lottos? Dazu muss man nur wissen, wie viele Lottospieler in einer Runde die Zahlen von 1 bis 6 ankreuzen. In der diesbezüglichen Erhebung in der Schweiz wurde festgestellt, dass diese konkrete Zahlenreihe – offenbar in der irrigen Annahme der Lottospieler, die diese Kombination wählen, dass „außer mir das sicher niemand ankreuzt" – auf mehr als 10.000 Lottoscheinen auftauchte. In Deutschland wird diese Kombination wegen der wesentlich größeren Anzahl an Lottospielern natürlich auf einer dementsprechend höheren Zahl der abgegebenen Tipps erscheinen. Wird aber 38.000 Mal die Kombination 1, 2, 3, 4, 5 und 6 angekreuzt, dann gibt es eben, wenn bei der Lottoziehung dann tatsächlich die Zahlen 2, 3, 4, 5, 6 und 26 gezogen werden, 38.000 Fünfer!

Eine Besonderheit der Gewinnermittlung beim Lotto besteht nun noch darin, dass es keine festen Gewinnquoten gibt, man also zum Beispiel für einen Sechser keinen fixen Betrag erhält. In Deutschland werden 10 Prozent der an die Lottospieler ausgeschütteten Gesamtgewinnsumme auf die Gesamtheit der Sechser mit und 8 Prozent auf die der Sechser ohne Superzahl, 5 Prozent auf die Fünfer mit und 13 Prozent auf die Fünfer ohne Zusatzzahl, 2 Prozent auf die Vierer mit und 10 Prozent auf jene ohne Zusatzzahl, 8 Prozent auf die Dreier mit und die restlichen 44 Prozent auf die Dreier ohne Zusatzzahl aufgeteilt (Quelle: *http://de.wikipedia.org/wiki/Lotto*; Stand 2005). Gibt es in einem Rang (zum Beispiel bei den Sechsern) einmal besonders viele Gewinner, dann werden diese auch besonders niedrige Gewinne kassieren, da sie den für diesen Rang zur Verfügung stehenden Teil der Gesamtgewinnsumme durch viele Mitgewinner teilen müssen. Genau das passierte in Deutschland. Die 14,4 Millionen DM, die in der betreffenden Runde auf alle Fünfer aufzuteilen waren, wurden nicht durch die übliche Anzahl an Fünfergewinnern, sondern durch die außergewöhnlich hohe von 38.008 Gewinnern geteilt. Das ergab eben nur einen Betrag von 380 DM. Es ist also alles mit rechten Dingen zugegangen. Die überdurchschnittlich große Anzahl an Fünfern bei Ziehung genau dieser Zahlenreihe war aufgrund des beschriebenen Tippverhaltens der Lottospieler vorhersehbar und so auch die damit verbundenen geringen Gewinne in diesem Rang.

Wegen dieser Fakten gibt es tatsächlich Strategien, die zwar nicht die Wahrscheinlichkeit für einen Haupttreffer erhöhen können, aber den dabei möglichen Gewinn. Dazu muss man nur die oben beschriebenen Erkenntnisse über das Tippverhalten der Mitspieler richtig anwenden: Nur wenn man wüsste, dass eine der häufig getippten Zahlenreihen kommen würde, wäre es natürlich dennoch klug, genau diese – unabhängig von der zu erwartenden Höhe des Gewinnes – anzukreuzen. Da man genau das aber nicht weiß und alle Zahlenkombinationen gleich wahrscheinlich sind, ist es doch sicherlich besser, eine Kombination zu wählen, mit der man im Ziehungsfall den Gewinn mit einer geringen Anzahl von Mitgewinnern teilen muss. Zu vermeiden sind einfach Zahlenreihen, die von sehr vielen Lottospielern angekreuzt werden, wie auch die Zahlen der Ziehung der Vorwoche im eigenen Land oder auch in einem der Nachbarländer. Diese Zahlenreihen sind nicht wahrscheinlicher als andere, aber sie bringen verhältnismäßig geringe Gewinne.

Die Möglichkeit der Bestimmung der Lottozahlen für den Lottoschein per Zufallszahlengenerator bei der Lottoannahmestelle würde bei Verwendung durch alle Lottospieler Abhilfe schaffen und dazu führen, dass alle möglichen Tipps durchschnittlich gleich oft in einer Ausspielung getippt werden. Solange aber – so wie gegenwärtig – noch viele Lottospieler ihre Tipps eigenhändig ausfüllen, gibt es das Phänomen der besonders häufig angekreuzten Muster und Strukturen.

Und in Deutschland ist man im April 1999 deshalb in Wahrheit nur knapp an der ganz großen Katastrophe vorbeigeschrammt. Stellen Sie sich vor, welche Reaktionen die Gewinnermittlung erzeugt hätte, wenn anstelle der Zahl 26 auch noch die 1 gezogen worden wäre. Damit hätten alle 38.000 Lottospieler, welche die Zahlen von 1 bis 6 angekreuzt hatten, zumindest einen Sechser ohne Superzahl zu feiern gehabt. Das bedeutet, dass für die 38.000 Sechser nur ca. 8,9 Millionen DM zur Verfügung gestanden wären, weil der auf die Sechser ohne Superzahl aufzuteilende Teil der Gesamtgewinnsumme nur etwas mehr als die Hälfte des für die Fünfer ohne Zusatzzahl vorgesehenen Teils ausmacht. Somit hätte jeder Lottospieler für einen Sechser, der ihm, wenn er alleiniger Gewinner gewesen wäre, die ganzen 8,9 Millionen DM eingebracht hätte, nur einen Gewinn von ca. 230 DM kassiert. Wer weiß, was alles passiert wäre, wenn am Abend der Lottoziehung die spontane vermeintliche Millionenfeier schon mehr Geld gekostet, als der Gewinn schließlich ausgemacht hätte? Aber auch dann wäre alles mit rechten Dingen zugegangen.

Eine weitere wichtige Rechenregel beim Bestimmen von Wahrscheinlichkeiten für interessierende Ereignisse ist die **Multiplikationsregel** für das gemeinsame Auftreten von Ereignissen, die unabhängig voneinander sind. Mit dieser Unabhängigkeit ist gemeint, dass das Eintreten des einen Ereignisses die Wahrscheinlichkeit für das Auftreten der anderen nicht verändert. Dann ergibt sich die Wahrscheinlichkeit dafür, dass all diese Ereignisse eintreten, durch Multiplikation der Einzelwahrscheinlichkeiten der betrachteten Ereignisse. Die Wahrscheinlichkeit dafür, mit einem Würfel einen Sechser zu würfeln, ist mit der Abzählregel 1/6, da die einzelnen Merkmalsausprägungen beim Würfeln alle gleich wahrscheinlich sind und es sechs davon gibt. Die

Wahrscheinlichkeit dafür, zweimal hintereinander einen Sechser zu würfeln, ist wegen der Unabhängigkeit der beiden betrachteten Ereignisse

$$\frac{1}{6} \cdot \frac{1}{6} = \frac{1}{36} = 0{,}0278.$$

Dies passiert also im Schnitt in weniger als drei von 100 Würfen mit zwei Würfeln.

Es ist also – vorausgesetzt, dass man sich nie ganz sicher ist – unwahrscheinlicher, zum Beispiel zwei unabhängige Prüfungen in zwei verschiedenen Fächern zu bestehen als nur eine der beiden. Beziffert man etwa die Wahrscheinlichkeit für das Bestehen der ersten Prüfung mit 0,8 und die bei der zweiten Prüfung mit 0,6, so ergibt sich als Wahrscheinlichkeit dafür, dass man beide besteht: $0{,}8 \cdot 0{,}6 = 0{,}48$. Dies wird also in durchschnittlich weniger als der Hälfte gleich gelagerter Fälle geschehen. Dasselbe gilt auch dafür, dass jemandem zwei- oder mehrmals dasselbe Unglück ereilt, wie etwa vom Blitz getroffen zu werden. Die Wahrscheinlichkeit für das mehrmalige Eintreffen solcher unabhängiger Ereignisse wird nach der Multiplikationsregel kleiner. Aber sie wird nicht null!

## Übungsaufgaben

Die Lösungen zu den nachfolgenden Übungsbeispielen finden Sie unter www.pearson-studium.de.

**Ü36**

Bei einem Rouletteversuch wird zufällig eine der ganzen Zahlen von 0 bis 36 realisiert. Wie groß sind die Wahrscheinlichkeiten dafür, dass die Kugel

a) auf die Zahl 22
b) auf eine gerade Zahl
c) eine Zahl zwischen 1 und 12 fällt,
d) eine Zahl zwischen 1 und 12 gefallen ist, wenn man weiß, dass eine Zahl zwischen 1 und 18 gekommen ist?

**Ü37**

Wie viele gleich wahrscheinliche Gruppen zu 5 Personen lassen sich aus 20 Personen (A – T) ziehen und wie wahrscheinlich ist es, dass

a) die Gruppe {A, B, C, D, E}
b) die Gruppe {A, C, F, H, M} gezogen wird,
c) die Person A in der 5-Personen-Gruppe vorkommt?

# 2.2 Wahrscheinlichkeitsverteilungen

Unter einer **Wahrscheinlichkeitsverteilung** versteht man die Zuordnung von Wahrscheinlichkeiten zu Ereignissen, so wie wir unter einer Häufigkeitsverteilung die Zuordnung von Häufigkeiten zu Merkmalsausprägungen bezeichnet haben. Eine Wahrscheinlichkeitsverteilung lässt sich völlig analog zu einer Häufigkeitsverteilung tabellarisch und grafisch darstellen und durch (in diesem Fall: theoretische) Kennzahlen charakterisieren. Wie in der beschreibenden Statistik kann man ferner zwischen diskreten Merkmalen, die nur ganzzahlige Ausprägungen aufweisen, und stetigen Merkmalen unterscheiden. Beispiele für diskrete Wahrscheinlichkeitsverteilung sind die hypergeometrische und die Binominalverteilung, die wir in den nachfolgenden Abschnitten betrachten. In Abschnitt 2.2.3 wenden wir uns der Normalverteilung und damit einer stetigen Wahrscheinlichkeitsverteilung zu.

### 2.2.1 Die hypergeometrische Verteilung

Beim Rechnen mit Wahrscheinlichkeiten sind Modelle sehr nützlich. Mit diesen wird versucht, reale Vorgänge möglichst einfach darzustellen. Ein wichtiges solches Modell ist das so genannte **Urnenmodell**. Damit ist Folgendes gemeint: Wir haben eine Urne, damit ist ein Gefäß gemeint, in der sich eine gewisse Anzahl (wir bezeichnen diese allgemein mit dem Buchstaben $N$) von Kugeln befindet. Diese Kugeln weisen Eigenschaften auf, die sie voneinander unterscheiden. Es ist eine Anzahl $A$ der $N$ Kugeln weiß und die Anzahl $(N - A)$ der restlichen Kugeln schwarz.

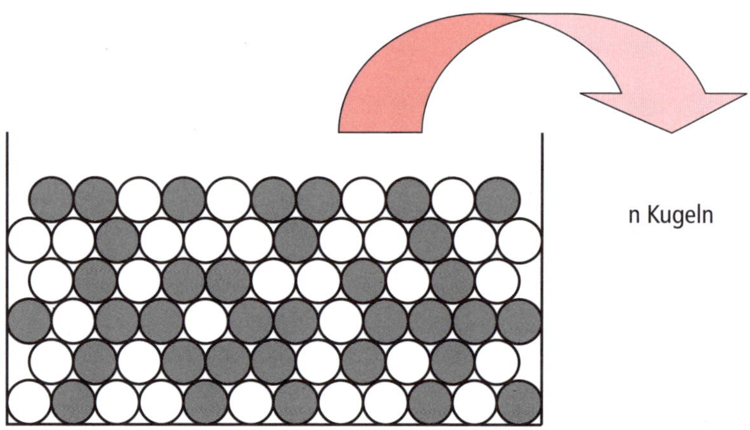


**Abbildung 24: Das Urnenmodell**

Wir mischen die Urne kräftig durch, **ziehen** eine Anzahl, die wir mit $n$ bezeichnen, an verschiedenen Kugeln **ohne Zurücklegen** aus der Urne und notieren deren Farbe. Dies entspricht genau dem Vorgang bei der Lottoziehung. Aber auch die Befragungspersonen in ernst zu nehmenden Umfragen sollten durch Umsetzung dieses Modells in die Praxis aus der betreffenden Grundgesamtheit gezogen werden. Dazu interpretieren wir die $N$ Erhebungseinheiten der Grundgesamtheit (zum Beispiel die Wahlberechtigten) als Kugeln in der Urne. Wenn wir nun von diesen „Kugeln" erfahren möchten, ob sie beispielsweise für eine bestimmte Partei sind, und wir den Besitz dieser Eigenschaft durch die Farbe weiß kennzeichnen, dann ziehen wir, wenn wir nicht alle Kugeln der Urne befragen können, $n$ Kugeln (= Befragte), befragen diese so genannte Stichprobe (und $n$ ist dann der Stichprobenumfang) nach der Zustimmung zur betreffenden Partei und zählen am Schluss, wie viele der $n$ Befragten zugestimmt haben, also wie viele der gezogenen Kugeln weiß waren (siehe dazu: Abschnitt 3.2).

Wie wir schon bei unseren Überlegungen zum Lotto in Abschnitt 2.1 gesehen haben, sind alle Kombinationen von (durchnummerierten) Kugeln gleich wahrscheinlich. Damit ist die Voraussetzung dafür gegeben, die bei diesem Zufallsexperiment auftretenden Wahrscheinlichkeiten mit der Abzählregel zu berechnen. Betrachten wir dazu folgendes Beispiel:

## Beispiel 18: Rechnen mit Wahrscheinlichkeiten (Urnenmodell ohne Zurücklegen)

In einer Urne befinden sich zehn Kugeln. Vier davon sind weiß, die anderen schwarz. Nun ist daraus eine Stichprobe von drei Kugeln ohne Zurücklegen zu ziehen. Das Merkmal, das in diesem Zufallsexperiment betrachtet werden soll, ist die Anzahl $x$ der gezogenen weißen Kugeln. Nach den Notationen von oben ist $N = 10$, $A = 4$, $N - A = 6$ und $n = 3$. Berechnen wir als Erstes die Wahrscheinlichkeit dafür, dass keine einzige der gezogenen Kugeln weiß ist, dass also $x = 0$ ist.

Für die Verwendung der Abzählregel müssen wir im Nenner zuerst berechnen, wie viele verschiedene Möglichkeiten es insgesamt gibt, aus $N = 10$ Kugeln $n = 3$ herauszuziehen. Dies passiert wieder mit Hilfe des Binomialkoeffizienten. Es gibt demnach

$$\binom{10}{3} = \frac{10\,!}{3\,!\cdot(10-3)\,!} = 120$$

verschiedene Möglichkeiten, Gruppen von drei Kugeln aus zehn Kugeln herauszuziehen (von (1,2,3), (1,2,4) usf. bis (8,9,10)).

Im Zähler steht bei der Abzählregel die Anzahl der für das betrachtete Ereignis günstigen Fälle. Günstig ist es hier, keine weiße aus den vier weißen und drei schwarze aus den sechs schwarzen Kugeln der Urne zu ziehen. Es ist also lediglich zu berechnen, auf wie viele verschiedene Möglichkeiten man drei schwarze aus sechs ziehen kann. Es sind dies

$$\binom{6}{3} = \frac{6\,!}{3\,!\cdot(6-3)\,!} = 20$$

verschiedene Möglichkeiten. Da $0! = 1$ ist, gilt:

$$\binom{4}{0} = \frac{4\,!}{0\,!\cdot(4-0)\,!} = \frac{24}{1\cdot 24} = 1.$$

Somit lässt sich schließlich die interessierende Wahrscheinlichkeit folgendermaßen berechnen:

$$\Pr(x = 0) = \frac{\textit{günstige}}{\textit{mögliche}} = \frac{\binom{6}{3}}{\binom{10}{3}} = \frac{\binom{4}{0}\cdot\binom{6}{3}}{\binom{10}{3}} = \frac{1\cdot 20}{120} = 0{,}167.$$

Wenn man aus einer Urne mit vier weißen und sechs schwarzen Kugeln drei Kugeln zieht, wird es demnach in ca. 17 von 100 solchen Versuchen passieren, dass man keine einzige weiße Kugel (und drei schwarze) erwischt. Im ersten Binomialkoeffizienten des Zählers werden die weißen Kugeln betrachtet: Von den vier weißen Kugeln der Urne darf keine einzige gezogen werden. Im zweiten Binomialkoeffzienten stehen die schwarzen Kugeln, wobei von den insgesamt sechs Kugeln der Urne drei zu ziehen sind. Im Nenner schließlich werden alle Kugeln betrachtet: Aus den insgesamt zehn Kugeln werden drei gezogen.

Wie wahrscheinlich ist es aber, dass genau eine weiße Kugel gezogen wird, wenn man dieser Urne drei Kugeln entnimmt? Die Gesamtzahl der verschiedenen möglichen Ziehungen von drei Kugeln bleibt gleich, nämlich 120. Damit das Ereignis $x = 1$ eintrifft, müssen eine weiße und zwei schwarze Kugeln gezogen werden. Aus den vier weißen kann man eine Kugel auf insgesamt

$$\binom{4}{1} = \frac{4\,!}{1\,! \cdot (4-1)\,!} = 4$$

Weisen ziehen, nämlich indem man eben genau eine der vier weißen Kugeln zieht. Für die schwarzen gibt es

$$\binom{6}{2} = \frac{6\,!}{2\,! \cdot (6-2)\,!} = 15$$

Möglichkeiten. Auch diese können wir schnell aufzählen, wenn wir die sechs vorhandenen schwarzen Kugel durchnummerieren und dann die Kombinationen 1/2, 1/3, 1/4 und so fort notieren. Schließlich kann für das Eintreffen des Ereignisses, dass eine weiße und zwei schwarze Kugeln gezogen werden, jede der vier Möglichkeiten, eine weiße zu ziehen, mit jeder der 15 Möglichkeiten, eine schwarze zu ziehen, kombiniert werden, und wir erhalten insgesamt $4 \cdot 15$ günstige Möglichkeiten. Als Wahrscheinlichkeit ergibt sich demnach

$$\Pr(x = 1) = \frac{\binom{4}{1} \cdot \binom{6}{2}}{\binom{10}{3}} = \frac{4 \cdot 15}{120} = \frac{60}{120} = 0{,}5.$$

Wenn wir diese Ziehung von drei Kugeln 100 Mal wiederholen, wird es sich im Schnitt 50 Mal ereignen, dass genau eine weiße und zwei schwarze Kugeln gezogen werden.

Mit denselben Überlegungen lassen sich nun noch die Wahrscheinlichkeiten zu den restlichen möglichen Merkmalsausprägungen zuordnen:

$$\Pr(x = 2) = \frac{\binom{4}{2} \cdot \binom{6}{1}}{\binom{10}{3}} = \frac{6 \cdot 6}{120} = \frac{36}{120} = 0{,}3$$

und schließlich:

$$\Pr(x=3)=\frac{\binom{4}{3}\cdot\binom{6}{0}}{\binom{10}{3}}=\frac{4\cdot 1}{120}=0{,}033,$$

weil

$$\binom{6}{0}=1$$

ist. Die letzte Wahrscheinlichkeit hätte auch mit Hilfe der Gegenwahrscheinlichkeit $\Pr(x = 3) = 1 - \Pr(x \leq 2)$ berechnet werden können:

$$\Pr(x=3)=1-\Pr(x=2)-\Pr(x=1)-\Pr(x=0)=0{,}033.$$

Tabellarisch lassen sich die Ergebnisse von Beispiel 18 folgendermaßen darstellen:

| a | Pr(x = a) |
|---|---|
| 0 | 0,167 |
| 1 | 0,5 |
| 2 | 0,3 |
| 3 | 0,033 |

Nun lassen sich analog zu den Formeln (2b) und (3b) für Mittelwert und Varianz aus Abschnitt 1.3.1 und 1.3.2 auch der **theoretische Mittelwert** $\mu$ (kleiner griechischer Buchstabe „mü"), das ist der sogenannte **Erwartungswert**, und die **theoretische Varianz** $\sigma^2$ ($\sigma$... kleiner griechischer Buchstabe „sigma") der Anzahlen der weißen Kugeln in diesem Beispiel berechnen:

$$\mu = 0 \cdot 0{,}167 + 1 \cdot 0{,}5 + 2 \cdot 0{,}3 + 3 \cdot 0{,}033 = 1{,}2$$

und

$$\sigma^2 = (0 - 1{,}2)^2 \cdot 0{,}167 + (1 - 1{,}2)^2 \cdot 0{,}5 + (2 - 1{,}2)^2 \cdot 0{,}3 + (3 - 1{,}2)^2 \cdot 0{,}033 = 0{,}56.$$

Bei einer großen Anzahl solcher Ziehungen würde sich also ein Mittelwert von 1,2 weißen Kugeln unter den drei gezogenen Kugel einstellen. Die Varianz der Anzahl weißer Kugeln wäre dabei 0,56.

Grafisch können diese Ergebnisse in einem Säulendiagramm dargestellt werden, in das nun nicht wie in der beschreibenden Statistik die relativen Häufigkeiten, sondern die Wahrscheinlichkeiten der einzelnen möglichen Merkmalsausprägungen nach oben aufzutragen sind.

Für die Berechnung der Wahrscheinlichkeit für eine bestimmte Anzahl $a$ an weißen Kugeln in der Stichprobe vom Umfang $n = 3$ von Beispiel 18 wurde also die Anzahl der Möglichkeiten, die günstige Anzahl $a$ an weißen Kugeln aus den $A = 4$ in der Urne vorhandenen weißen Kugeln zu ziehen, multipliziert mit der Anzahl an Möglichkeiten, die günstige Anzahl $(n - a)$ an schwarzen Kugeln aus den $N - A = 6$ schwarzen Kugeln der Urne zu ziehen. Die sich auf diese Weise ergebende Anzahl an für das betrachtete Ereignis $x = a$ günstigen Kombinationen wurde schließlich noch durch die Anzahl aller Kombinationen von $n = 3$ aus $N = 10$ Kugeln dividiert.

Um unsere Überlegungen jetzt auf alle beliebigen Urnengrößen $N$ und Anzahlen $A$ an weißen und $(N - A)$ an schwarzen Kugeln übertragen zu können, müssen wir diese Überlegungen nur verallgemeinern. Das Merkmal, das in diesem Zufallsexperiment beobachtet werden soll, ist die Anzahl $x$ der in der Stichprobe gezogenen weißen Kugeln. Die Wahrscheinlichkeit dafür, dass sich unter den $n$ gezogenen Kugeln $a$ weiße befinden, dass also $x = a$ ist, berechnet sich dann nach:

$$\Pr(x = a) = \frac{\binom{A}{a} \cdot \binom{N-A}{n-a}}{\binom{N}{n}}. \tag{12}$$

Diese Wahrscheinlichkeitsverteilung wird **Hypergeometrische Verteilung** genannt. In Excel steht zur Berechnung dieser Wahrscheinlichkeiten die Funktion HYPGEOMVERT zur Verfügung.

Der Erwartungswert $\mu$ und die theoretische Varianz $\sigma^2$ dieser Verteilung besitzen folgende formalen Darstellungen:

$$\mu = n \cdot \frac{A}{N} \tag{12a}$$

und

$$\sigma^2 = n \cdot \frac{A}{N} \cdot \left(1 - \frac{A}{N}\right) \cdot \frac{N-n}{N-1}. \tag{12b}$$

Darin ist der Quotient $A/N$ die relative Häufigkeit an weißen Kugeln in der Urne. Für das Beispiel 18 ergibt sich auch damit wieder:

$$\mu = 3 \cdot \frac{4}{10} = 1{,}2$$

und

$$\sigma^2 = 3 \cdot \frac{4}{10} \cdot \left(1 - \frac{4}{10}\right) \cdot \frac{7}{9} = 0{,}56.$$

Das populärste Anwendungsbeispiel der Hypergeometrischen Verteilung ist natürlich die Lottoziehung. Dabei wird die Gesamtheit aller Kugeln in der Urne für jeden abgegebenen Lottotipp dadurch in $A$ weiße und $(N-A)$ schwarze Kugeln unterteilt, dass man die sechs Kugeln, deren Zahlen man bei einem Tipp angekreuzt hat, als die $A$ weißen Kugeln und die nichtangekreuzten als die restlichen $(N-A)$ schwarzen Kugeln des Urnenmodells interpretiert. Sechs Kugeln werden der Urne entnommen und die Anzahl der dabei gezogenen weißen Kugeln entspricht somit der Anzahl der „Richtigen". Die Wahrscheinlichkeiten für die verschiedenen möglichen Anzahlen an „Richtigen" sind also mit (12) zu berechnen, indem man zum Beispiel beim Lotto „6 aus 45" $N=45$, $A=6$, $N-A=39$ und $n=6$ setzt und für $a$ die interessierende Anzahl an „Richtigen" einsetzt ($a=0$ oder 1 oder 2 ...). Berechnet man ferner den Erwartungswert, so bedeutet das Ergebnis von

$$\mu = 6 \cdot \frac{6}{45} = 0,8,$$

dass man damit rechnen kann, im Schnitt nur 0,8 der sechs Zahlen richtig zu tippen. Wenn man bedenkt, dass die Anzahl $a$ an weißen Kugeln in der Stichprobe eine Häufigkeit ist, die, wenn man sie durch die Anzahl n der insgesamt gezogenen Kugeln dividiert, die relative Häufigkeit $p$ an gezogenen weißen Kugeln ergibt, können wir mit (12) bei gegebener Anzahl $A$ an weißen Kugeln in der Grundgesamtheit und gegebener Größe $N$ der Grundgesamtheit auch berechnen, welche relativen Häufigkeiten $p$ an weißen Kugeln in der Stichprobe vom Umfang $n$ mit welchen Wahrscheinlichkeiten auftreten können. Die Wahrscheinlichkeit für $p = 0$ war in Beispiel 18 0,167, jene für $p = 0,333$ betrug 0,5 und so weiter.

Würde man etwa wissen, dass in einer Grundgesamtheit von sechs Millionen Wahlberechtigten 2,4 Millionen, also 40 Prozent, eine bestimmte Partei wählen, dann könnte man mit (12) berechnen, mit welchen Wahrscheinlichkeiten in einer Stichprobe zum Beispiel vom Umfang $n = 100$ bestimmte Anzahlen $a$ beziehungsweise relative Häufigkeiten $p$ an Personen diese Partei wählen. Das tatsächliche Berechnen dieser Wahrscheinlichkeiten mit (12) lässt sich hierbei jedoch nicht durchführen, da kein normaler Taschenrechner oder PC zum Beispiel den Binomialkoeffizienten im Nenner

$$\binom{6,000.000}{100}$$

berechnen kann. Darauf werden wir am Ende des Abschnitts 2.2.3 in Beispiel 26 zurückkommen.

Der Erwartungswert (12a) aller möglichen Anzahlen a würde in der Stichprobe jedenfalls

$$\mu = 100 \cdot \frac{2,400.000}{6,000.000} = 40$$

betragen. Das bedeutet, dass im Schnitt 40 von 100 Befragten, also 40 Prozent, Wähler dieser Partei sein würden. Es würde sich also durchschnittlich der richtige Anteil an

Wählern dieser Partei ergeben. Als theoretische Varianz aller möglichen Anzahlen würde sich nach (12b) der Wert

$$\sigma^2 = n \cdot \frac{A}{N} \cdot \left(1 - \frac{A}{N}\right) \cdot \frac{N-n}{N-1} = 100 \cdot 0{,}4 \cdot (1-0{,}4) \cdot \frac{5{,}999.600}{5{,}999.999} \approx 100 \cdot 0{,}4 \cdot 0{,}6 = 24$$

ergeben.

## Übungsaufgaben

Die Lösungen zu den nachfolgenden Übungsbeispielen finden Sie unter www.pearson-studium.de.

**Ü38**

In einem Vorrat von neun Glühbirnen sind vier defekt. Sie wählen zufällig drei Stück aus. Berechnen Sie mit dem Taschenrechner, wie wahrscheinlich es ist, dass sich darunter

a) keine,

b) eine,

c) mehr als eine

defekte Glühbirne befindet.

**Ü39**

Alle vier Jahre werden „seit Generationen" Abziehbilder für das Fußballer-WM-Sammelalbum der Firma Panini gesammelt. Nehmen Sie an, dass jedes Paket mit fünf Abziehbilder bei der Produktion im Jahr 2010 völlig zufällig mit fünf verschiedenen aus den insgesamt 640 Fotos gefüllt wurde. Wie wahrscheinlich war es dann, dass man durch Kauf eines Paketes sein Album vervollständigt hat, wenn nur noch 5 Abziehbilder gefehlt haben?.

**Ü40**

Aus einer Gruppe von 20 Personen mit acht Frauen und zwölf Männern werden fünf Personen zufällig ausgewählt. Wie wahrscheinlich ist es, dass in einer so ausgewählten Gruppe mehr Frauen als Männer sind?

## 2.2.2 Die Binomialverteilung

Betrachten wir nochmals das Urnenmodell (Abbildung 24). Diesmal jedoch ziehen wir nach dem Mischen der Kugeln nur eine Kugel aus der Urne und notieren deren Farbe. Danach wird die Kugel wieder in die Urne geworfen, alle Kugeln neu durchgemischt und dann wiederum eine Kugel entnommen, deren Farbe notiert und wieder in die Urne zurückgelegt (**Ziehen mit Zurücklegen**). Der Ziehungsvorgang wird solange wiederholt bis wieder insgesamt $n$ (diesmal aber nicht notwendigerweise verschiedene) Kugeln aus der Urne gezogen wurden. Im Gegensatz zu jenem Urnenmodell, auf dem die Hypergeometrische Verteilung beruht, befindet sich beim Ziehungsvorgang mit Zurücklegen vor jedem Ziehen einer neuen Kugel demnach dieselbe Anzahl an weißen und schwarzen Kugeln in der Urne. Immer wenn ein Versuch beliebig oft unabhängig unter denselben Bedingungen durchgeführt wird, bedienen wir uns dieses Urnenmodells.

## Beispiel 19: Rechnen mit Wahrscheinlichkeiten (Urnenmodell mit Zurücklegen)

Wir betrachten wieder den Urneninhalt von Beispiel 18: $N = 10$, $A = 4$, $N - A = 6$ und $n = 3$. Auch jetzt soll wieder als Erstes die Wahrscheinlichkeit dafür berechnet werden, dass keine einzige gezogene Kugel weiß ist, dass also $x = 0$ ist. Dabei wird aber diesmal nach jeder Ziehung einer Kugel diese gleich wieder in die Urne zurückgelegt.

Bezeichnen wir zur Vereinfachung den vor jeder neuen Ziehung einer Kugel gleichen Anteil an weißen Kugeln (A/N) mit $\pi$. Um keine einzige weiße Kugel zu ziehen, müssen drei schwarze Kugeln gezogen werden: ●●●. Die Wahrscheinlichkeit dafür, dass die erste Kugel schwarz ist, beträgt $1 - \pi = 1 - 4/10 = 0{,}6$. Aber auch die Wahrscheinlichkeit dafür, dass die zweite Kugel schwarz ist, ist 0,6. Dass die erste und die zweite Kugel jeweils schwarz sind, besitzt dann eine Wahrscheinlichkeit von $0{,}6 \cdot 0{,}6 = 0{,}6^2 = 0{,}36$ (Multiplikationsregel; siehe Abschnitt 2.1). Das wird im Schnitt also in 36 von einhundert Ziehungen von 2 Kugeln mit Zurücklegen der Fall sein. Alle drei Kugeln sind natürlich mit einer noch kleineren Wahrscheinlichkeit schwarz. Es gilt:

$$\Pr(x = 0) = 0{,}6^3 = 0{,}216.$$

Man kann dies auf folgende Weise erweitert anschreiben:

$$\Pr(x=0)=\binom{3}{0}\cdot 0{,}4^0 \cdot (1-0{,}4)^3 = 0{,}6^3 = 0{,}216.$$

Der angegebene Binomialkoeffizient zählt die Anzahl an verschiedenen Kombinationen mit keiner einzigen weißen Kugel. Dieser ergibt eins, denn es gibt nur eine solche Kombination: ●●●. Die Wahrscheinlichkeit dafür, dass beim nächsten Ziehungsvorgang eine weiße Kugel gezogen wird, ist $\pi = 0{,}4$. Das soll jedoch kein einziges Mal passieren, deshalb wird 0,4 hoch null genommen. Die Wahrscheinlichkeit dafür, dass drei schwarze Kugeln gezogen werden, ist dann aber gerade $(1 - \pi)^3 = 0{,}6^3$. Wenn man aus einer Urne mit vier weißen und sechs schwarzen Kugeln drei Kugeln mit Zurücklegen zieht, dann wird es demnach im Durchschnitt in ca. 22 von 100 solchen Versuchen passieren, dass keine einzige weiße Kugel erwischt wird.

Wie wahrscheinlich ist es aber, dass genau *eine* weiße Kugel gezogen wird, wenn man der Urne drei Kugeln mit Zurücklegen entnimmt. Dies tritt beispielsweise ein, wenn die erste gezogene Kugel weiß und die beiden weiteren schwarz sind: ○●●. Die Wahrscheinlichkeit für diese Kombination ist: $0{,}4 \cdot 0{,}6 \cdot 0{,}6 = 0{,}4^1 \cdot 0{,}6^2 = 0{,}144$. Dies passiert jedoch auch, wenn die Reihenfolge lautet: ●○●. Die Wahrscheinlichkeit dafür ist: $0{,}6 \cdot 0{,}4 \cdot 0{,}6 = 0{,}4^1 \cdot 0{,}6^2 = 0{,}144$. Sie ist also gleich groß wie beim ersten Fall. Es kann schließlich genauso passieren, dass die dritte Kugel die einzige weiße ist (●●○). Dies besitzt eine Wahrscheinlichkeit von $0{,}6 \cdot 0{,}6 \cdot 0{,}4 = 0{,}4^1. 0{,}6^2 = 0{,}144$. Da jede dieser Möglichkeiten zum selben Ereignis führt, dass genau eine der drei gezogenen Kugeln weiß ist, müssen wir die Wahrscheinlichkeiten dieser drei Möglichkeiten noch *addieren* oder – weil sie ja gleich groß sind – die Wahrscheinlichkeit für eine dieser Kombinationen einfach mit der Anzahl solcher Kombinationen *multiplizieren*. Genau diese Anzahl errechnet sich wieder aus dem Binomialkoeffizienten:

$$\Pr(x=1)=\binom{3}{1}\cdot 0,4^1\cdot(1-0,4)^2=3\cdot 0,4^1\cdot 0,6^2=0,432.$$

Mit denselben Überlegungen lassen sich nun die restlichen Wahrscheinlichkeiten für die Anzahl x an gezogenen weißen Kugeln berechnen:

$$\Pr(x=2)=\binom{3}{2}\cdot 0,4^2\cdot(1-0,4)^1=3\cdot 0,4^2\cdot 0,6^1=0,288.$$

und

$$\Pr(x=3)=\binom{3}{3}\cdot 0,4^3\cdot(1-0,4)^0=0,4^3=0,064.$$

In Tabellenform lassen sich die Ergebnisse von Beispiel 19 folgendermaßen darstellen:

| a | Pr(x = a) |
|---|---|
| 0 | 0,216 |
| 1 | 0,432 |
| 2 | 0,288 |
| 3 | 0,064 |

Es ist bei dieser Vorgehensweise im Vergleich zu jener ohne Zurücklegen der Kugeln zum Beispiel wahrscheinlicher, keine weiße Kugel zu ziehen. Das ist leicht nachvollziehbar, da sich bei Ziehen mit Zurücklegen nach der ersten Ziehung wieder 6 schwarze Kugeln in der Urne befinden, aus denen abermals eine gezogen werden muss, während bei Ziehen ohne Zurücklegen nur mehr 5 der restlichen 9 Kugeln schwarz sind. Somit wird es bei Ziehen ohne Zurücklegen von gezogener zu gezogener Kugel immer schwerer, erneut dieselbe Farbe zu erwischen.

Für den theoretischen Mittelwert gilt:

$$\mu = 0 \cdot 0,216 + 1 \cdot 0,432 + 2 \cdot 0,288 + 3 \cdot 0,064 = 1,2$$

Die theoretische Varianz ist:

$$\sigma^2 = (0-1,2)^2 \cdot 0,216 + (1-1,2)^2 \cdot 0,432 + (2-1,2)^2 \cdot 0,288 + (3-1,2)^2 \cdot 0,064 = 0,72$$

Zur Verallgemeinerung auf Urnen mit beliebigem Inhalt muss man sich in Beispiel 19 lediglich vor Augen führen, dass für die Berechnung der Wahrscheinlichkeit einer bestimmten Anzahl $x = a$ an weißen Kugeln in der Stichprobe zuerst die Wahrscheinlichkeit *einer* bestimmten Aufeinanderfolge von gezogenen weißen und schwarzen Kugeln mit genau $a$ weißen Kugeln zu berechnen ist. Diese ist dann mit der Anzahl der verschiedenen solchen Aufeinanderfolgen zu multiplizieren. Es gilt: Die Wahrscheinlichkeit für die Ziehung einer weißen Kugeln bei Entnahme nur *einer* Kugel aus der Urne ist $\pi$ = A/N, jene der Ziehung einer schwarzen Kugel $1 - \pi = 1 - A/N$. Die Wahrscheinlichkeit dafür, dass $x = a$ ist, berechnet sich dann nach

$$\Pr(x=a)=\binom{n}{a}\cdot\pi^a\cdot(1-\pi)^{n-a} \qquad (13)$$

Diese Wahrscheinlichkeitsverteilung wird **Binomialverteilung** genannt. Im Excel hat man sich dafür des Funktionsnamens BINOMVERT zu bedienen. Erwartungswert $\mu$ und theoretische Varianz $\sigma^2$ besitzen bei einer Binomialverteilung folgende Darstellungen:

$$\mu = n \cdot \pi \qquad (13a)$$

und

$$\sigma^2 = n \cdot \pi \cdot (1-\pi) \qquad (13b)$$

In Beispiel 19 sind auch nach (13a) und (13b)

$$\mu = 3 \cdot 0{,}4 = 1{,}2$$

und

$$\sigma^2 = 3 \cdot 0{,}4 \cdot 0{,}6 = 0{,}72$$

Die Binomialverteilung ist immer dann anzuwenden, wenn man weiß, wie wahrscheinlich ein bestimmtes Ereignis bei einem Versuch eintritt und man errechnen möchte, wie wahrscheinlich es ist, dass es sich $a$-mal bei $n$ unabhängigen Versuchen, also solchen deren Ergebnisse keinen Einfluss aufeinander haben, ereignen wird. So etwa ist die Wahrscheinlichkeit dafür, dass man im Roulette bei einmaligem Setzen auf „rot" gewinnt, $\pi = 18/37 = 0{,}486$. Definieren wir mit $x$ jene Anzahl der Spiele, bei denen man bei fünfmaligem Setzen auf „rot" gewinnt. Die Wahrscheinlichkeit dafür, dass man öfter gewinnt als verliert, ist dann $\Pr(x = 3) + \Pr(x = 4) + \Pr(x = 5)$. Es ergeben sich folgende Wahrscheinlichkeiten:

$$\Pr(x=3)=\binom{5}{3}\cdot 0{,}486^3\cdot(1-0{,}486)^2 = 0{,}304$$

$$\Pr(x=4)=\binom{5}{4}\cdot 0{,}486^4\cdot(1-0{,}486)^1 = 0{,}144$$

und

$$\Pr(x=5)=\binom{5}{5}\cdot 0{,}486^5\cdot(1-0{,}486)^0 = 0{,}027$$

Die Summe ergibt 0,475. Es ist also wahrscheinlicher öfter zu verlieren als öfter zu gewinnen.

Die Binomialverteilung leistet auch gute Dienste als Näherungslösung für die Hypergeometrische Verteilung, wenn bei großen Grundgesamtheiten und vergleichsweise kleinen Stichproben die Binomialkoeffizienten in (12) zu groß werden. Mit $\pi = A/N$ lassen sich in solchen Fällen die Wahrscheinlichkeiten eines hypergeometrisch verteilten Merkmals sehr gut schätzen. Es lässt sich leicht nachvollziehen, dass bei großen Grundgesamtheiten der Unterschied zwischen Ziehen ohne und Ziehen mit Zurücklegen vernachlässigt werden kann: In solchen ändern sich auch bei Ziehen ohne Zurücklegen die Verhältnisse in der Urne von einer Ziehung zur nächsten kaum.

Die mathematische Grenzverteilung der Binomialverteilung bei sehr kleinen Anteilen an weißen Kugeln in der Urne und sehr großen Stichprobenumfängen heißt **Poissonverteilung** (siehe etwa: Schira (2003), S. 340 ff). Für unsere Betrachtungen können wir auf diese Wahrscheinlichkeitsverteilung jedoch verzichten.

## Übungsaufgaben

Die Lösungen zu den nachfolgenden Übungsbeispielen finden Sie unter www.pearson-studium.de.

**Ü41**

Beim statistischen Testen von Hypothesen (siehe Kapitel III) wird in den Sozial- und Wirtschaftswissenschaften die Wahrscheinlichkeit für einen $\alpha$-Fehler, den man genau dann macht, wenn man sich irrtümlich für die Einshypothese statt für die Nullhypothese entscheidet, üblicherweise mit $\alpha = 0{,}05$ festgelegt. Wie wahrscheinlich ist es demnach, dass bei 10 unabhängigen Durchführungen solcher Tests

a) kein einziges Mal

b) einmal,

c) höchstens zweimal

ein solcher Fehler passiert, wenn die Nullhypothese gültig ist?

**Ü42**

Erfahrungsgemäß bedarf ein neuer „Tablet-PC" einer bestimmten Marke innerhalb der ersten beiden Jahre mit einer Wahrscheinlichkeit von 0,2 einer Reparatur. Wie wahrscheinlich ist es, dass von 5 lagernden Geräten

a) keines

b) eines

c) mindestens eines

in den ersten beiden Jahren nach dem Verkauf repariert werden muss?

**Ü43**

In einer Bevölkerung vom Umfang $N = 2$ Millionen besitzen 40 % eine bestimmte Eigenschaft. Es werden 40 Erhebungseinheiten zufällig (und natürlich ohne Zurücklegen) gezogen. Wie wahrscheinlich ist es, dass 16 davon diese Eigenschaft besitzen, dass also in der Stichprobe derselbe Anteil dieser Eigenschaft vorkommt, wie in der Grundgesamtheit? Sollten Sie Probleme mit den großen Zahlen bei der Hypergeometrischen Verteilung bekommen, versuchen Sie es mit der Binomialverteilung. Warum ist dies hier erlaubt?

## 2.2.3 Die Normalverteilung

Im letzten Abschnitt haben wir Merkmale mit ganzzahligen Ausgängen wie die Anzahlen an weißen Kugeln, an „Richtigen" im Lotto oder an Anhängern einer bestimmten Partei betrachtet. Es gibt aber auch stetige Merkmale wie Längen, Gewichte und Ähnliche, deren Wahrscheinlichkeitsverteilungen von Interesse sind.

Die einfachste diesbezügliche Verteilung ist die **stetige Gleichverteilung**. Wir betrachten diese Verteilungsform hier lediglich zu dem Zweck, die Vorgehensweise beim Berechnen von Wahrscheinlichkeiten bei stetigen Merkmalen an ihr zu demonstrieren.

### Beispiel 20: Die stetige Gleichverteilung

Wenn man ohne Kenntnis des Fahrplans zu einer Straßenbahnhaltestelle kommt und von dort in exakten 30-minütigen Abständen Straßenbahnen in die gewünschte Richtung abfahren, dann ist die persönliche Wartezeit bis zur Abfahrt gleichverteilt im Intervall zwischen null (wenn man einsteigt und die Bahn sofort abfährt) und 30 Minuten (wenn man die vorherige Straßenbahn gerade verpasst hat).

Grafisch lässt sich diese Gleichverteilung folgendermaßen veranschaulichen:

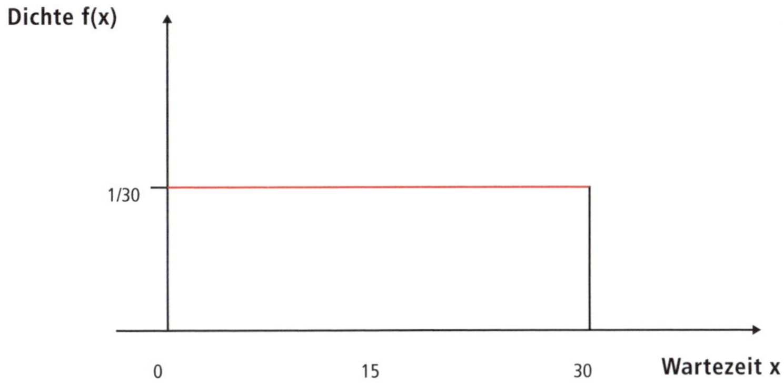


**Abbildung 25: Ein gleichverteiltes Merkmal im Intervall [0; 30]**
Das Bild der Dichte der gleichverteilten Zufallsvariablen aus Beispiel 20.

Da es bei stetigen Merkmalen unendlich viele mögliche Merkmalsausprägungen gibt – auch in unserem Intervall [0;30] befinden sich unendliche viele –, besitzt jede einzelne (zum Beispiel die Wartezeit 22,456 Minuten) eine Wahrscheinlichkeit von 0 für ihr exaktes Auftreten. Wahrscheinlichkeiten können bei stetigen Merkmalen deshalb nur für Intervalle von Merkmalsausprägungen angegeben werden. Auf der $y$-Achse von Abbildung 25 ist daher auch nicht die Wahrscheinlichkeit der einzelnen Merkmalsausprägungen aufgetragen, sondern die **Dichte** $f(x)$ der Wahrscheinlichkeitsverteilung. (Auch bei der grafischen Darstellung der Häufigkeitsverteilung von stetigen Merkmalen in Form von Säulendiagrammen in der beschreibenden Statistik wurden die Merkmalsausprägungen in Intervalle eingeteilt und es wurde zur Abbildung 6 in Abschnitt „Grafische Darstellung" in Kapitel 1 angemerkt, dass unter gewissen Bedingungen in den Säulendiagrammen die Dichte des Intervalls, welche die Intervallbreite mitberücksichtigt, anstelle der relativen Häufigkeit nach oben aufzutragen ist, und man dann in einem solchen „Histogramm“ die relative Häufigkeit als Fläche unterhalb der Dichte rekonstruieren kann.) Und mit diesem Begriff ist wirklich das gemeint, was wir etwa im Begriff „Bevölkerungsdichte“ mit ihm verbinden: In Ländern mit höherer Dichte wohnen die Einwohner durchschnittlich näher beisammen als in Ländern mit niedrigerer Dichte. Und in der Gleichverteilung „wohnen“ die Ausprägungen der Merkmale in der Mitte der möglichen Merkmalsausprägungen genauso nahe beisammen wie an den Rändern, das heißt es kommen mittelwertsnahe Werte gleich häufig vor wie mittelwertsferne.

Diese Wahrscheinlichkeitsdichte eines Merkmals $x$ hat eine wichtige Eigenschaft zu erfüllen: Die Fläche zwischen der Dichte und der $x$-Achse muss in jedem beliebigen Intervall der Zufallsvariablen $x$ mit der Untergrenze $x_u$ und der Obergrenze $x_o$ der Wahrscheinlichkeit dieses Intervalls entsprechen. Demnach besitzt die Fläche zwischen der Dichte und der $x$-Achse über den gesamten Wertebereich den Wert 1.

Die Wahrscheinlichkeit bestimmter Intervalle ergibt sich somit aus der Fläche unterhalb der Dichte in diesem Intervall. Die Bestimmung solcher Flächen ist bei einer gleichverteilten Zufallsvariablen wie in unserem Beispiel denkbar einfach: Die Wahrscheinlichkeit dafür, dass eine Wartezeit zwischen 0 und 30 Minuten auftritt, ist 1. Denn das ist das sichere Ereignis. Damit die Gesamtfläche unterhalb der Dichte zwischen 0 und 30 eins ergibt, muss, da die Länge der Rechtecksseite auf der $x$-Achse den Wert 30 aufweist, die Dichte der Verteilung, also die Höhe des Rechtecks in Abbildung 25, 1/30 betragen. Die Wahrscheinlichkeit für eine Wartezeit zwischen 0 und 15 Minuten entspricht der Fläche unterhalb der Dichte $f(x)$ im Bereich von 0 bis 15. Diese Wahrscheinlichkeit ist somit

$$\Pr([0;15]) = 15 \cdot \frac{1}{30} = 0{,}5.$$

In 50 von 100 Fällen muss man unter den gegebenen Bedingungen höchstens 15 Minuten warten.

Die Wahrscheinlichkeiten für das Eintreffen anderer Ereignisse ergeben sich ebenfalls aus den Rechtecksflächen und sind zum Beispiel für eine Wartezeit $x$ von höchstens 20 Minuten:

$$\Pr([0;20]) = 20 \cdot \frac{1}{30} = 0{,}667,$$

für eine Wartezeit von mindestens 20 Minuten:

$$\Pr([20;30]) = 10 \cdot \frac{1}{30} = 0{,}333$$

(oder die Gegenwahrscheinlichkeit zu Pr([0;20])!) und für eine Wartezeit zwischen 10 und 15 Minuten:

$$\Pr([10;15]) = 5 \cdot \frac{1}{30} = 0{,}167.$$

Letzteres kommt also in ca. 17 von 100 Fällen vor.

Die wichtigste Verteilungsform der Statistik ist aber die **Normalverteilung**. Sie ist deshalb so wichtig für die Statistik, weil es in der Natur vieler Merkmale liegt, dass sie eine solche Form der Verteilung annehmen. Ferner sind auch Summen von Zufallsvariablen unter bestimmten Bedingungen normalverteilt. Und außerdem nähert sich eine Vielzahl anderer Verteilungen unter bestimmten Bedingungen dem Bild der Normalverteilung an. Angesichts dieser hohen Praxisrelevanz dieser Verteilungsform ist es erfreulich, dass das Rechnen mit der Normalverteilung sehr einfach ist. Betrachten wir aber, bevor wir uns damit beschäftigen, noch die für ein normalverteiltes Merkmal typische Verteilungsform:

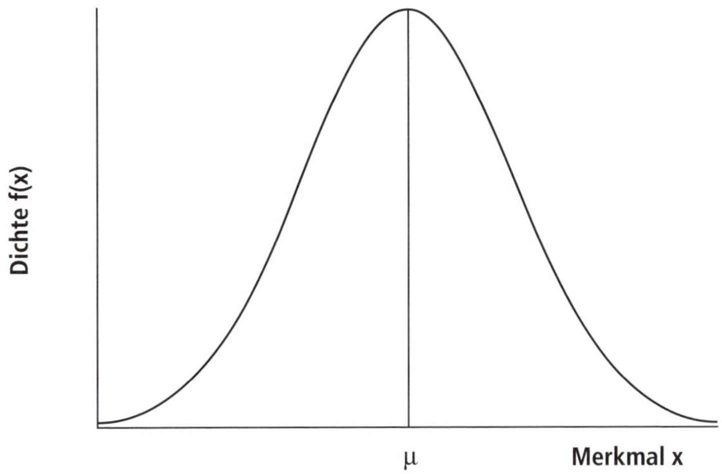


**Abbildung 26: Ein normalverteiltes Merkmal**
Das typische Bild der Dichte eines normalverteilten Merkmals.

In sehr vielen Produktionsprozessen etwa sind Merkmale annähernd so verteilt. Denken Sie an die Produktion von Schrauben einer bestimmten Länge. Im Mittel werden diese Schrauben bei korrekter Einstellung der Produktionsmaschine die erwünschte Norm aufweisen, aber es ist selbstverständlich, dass nicht alle Schrauben exakt gleich lang sind. Die Längen schwanken vielmehr (wenn auch geringfügig) um ihren Erwartungswert – er wird hier mit dem griechischen Buchstaben $\mu$ bezeichnet (siehe Abbildung 26) –, wobei offenbar häufiger Werte auftreten, die nahe bei $\mu$ liegen, und seltener Werte, die weiter entfernt von $\mu$ sind und zwar in völliger Symmetrie sowohl links als auch rechts davon.

Man denke an weitere beliebige Produktionsprozesse wie das Abfüllen von Zuckerpaketen oder das Herstellen von Videobändern. Die Merkmale Gewicht der Zuckerpakete oder Länge der Videobänder verteilen sich ebenfalls in etwa so wie es in Abbildung 26 dargestellt ist um die jeweiligen Normwerte. Das liegt sozusagen „in der Natur" dieser Produktionsprozesse.

Die Dichte der Normalverteilung ist (nicht so einfach wie bei der stetigen Gleichverteilung) mathematisch beschreibbar und besitzt folgendes zugegebenermaßen nicht sehr einladendes Aussehen:

$$f(x) = \frac{1}{\sqrt{2 \cdot \pi} \cdot \sigma} \cdot e^{-\frac{1}{2} \cdot \frac{(x-\mu)^2}{\sigma^2}}.$$

Für die Dichte der Normalverteilung benötigen wir als Parameter den Erwartungswert $\mu$ der Verteilung und ihre theoretische Varianz, die wir hier mit $\sigma^2$ bezeichnen. Dass die Varianz des Merkmals in der Dichte der Normalverteilung als Parameter vorkommt, ist der Hauptgrund dafür, dass diese Kennzahl das wichtigste Streuungsmaß ist (siehe Abschnitt 1.3.2).

Betrachten wir vorerst nur die Angabe zum nachfolgenden Beispiel 21, ohne uns gleich mit der Berechnung der erwünschten Wahrscheinlichkeiten zu „belasten“.

## Beispiel 21: Funktionsdauer von Taschenrechnern

Die Funktionsdauer $x$ eines Taschenrechners eines bestimmten Typs mit einem Satz Batterien sei normalverteilt mit dem Erwartungswert $\mu = 120$ h und der theoretischen Varianz $\sigma^2 = 100$ ($h^2$). Wie wahrscheinlich ist es, dass die Funktionsdauer eines solchen Taschenrechners

a) höchstens 135 Stunden,

b) mehr als 135 Stunden,

c) mehr als 105 Stunden,

d) höchstens 105 Stunden beträgt?

Wenn wir a) beantworten wollen, dann bedeutet dies grafisch (siehe Abbildung 27), dass wir die Fläche unterhalb der Dichte zwischen $-\infty$ und 135 zu berechnen haben.

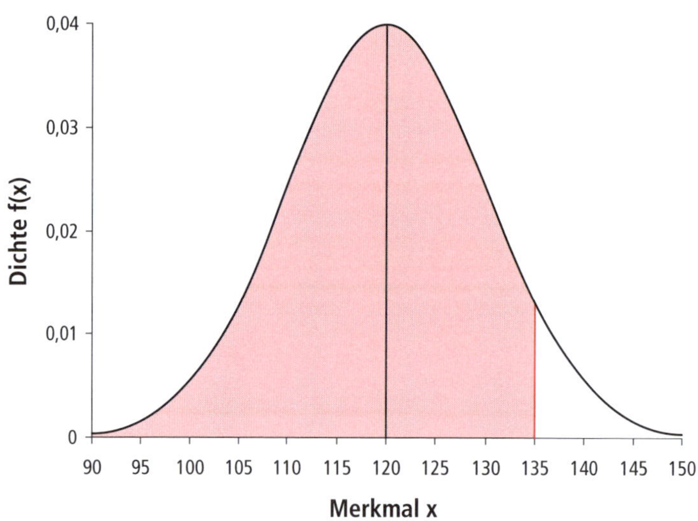


**Abbildung 27: Normalverteilung**
Die grafische Darstellung der Wahrscheinlichkeitsverteilung einer normalverteilten Zufallsvariablen mit $\mu = 120$ und $\sigma^2 = 100$.

Mathematisch ist dies das Integral über die Dichte $f(x)$ zwischen $-\infty$ und 135:

$$\Pr(x \leq 135) = \int_{-\infty}^{135} f(x)dx = \int_{-\infty}^{135} \frac{1}{\sqrt{2 \cdot \pi} \cdot 10} \cdot e^{-\frac{1}{2} \cdot \frac{(x-120)^2}{100}} dx.$$

Bevor wir nun versuchen, dieses Integral zu lösen, betrachten wir ein weiteres Beispiel.

## Beispiel 22: Standardnormalverteilung

Ein stetiges Merkmal – kennzeichnen wir es diesmal mit dem Buchstaben $u$ – ist normalverteilt mit dem Erwartungswert $\mu = 0$ und der theoretischen Varianz $\sigma^2 = 1$. Zu berechnen ist die Wahrscheinlichkeit dafür, dass ein Messwert

a) höchstens 1,

b) größer als 1,

c) größer als – 1,

d) höchstens – 1 ist.

Die grafische Lösung von a) sieht folgendermaßen aus:

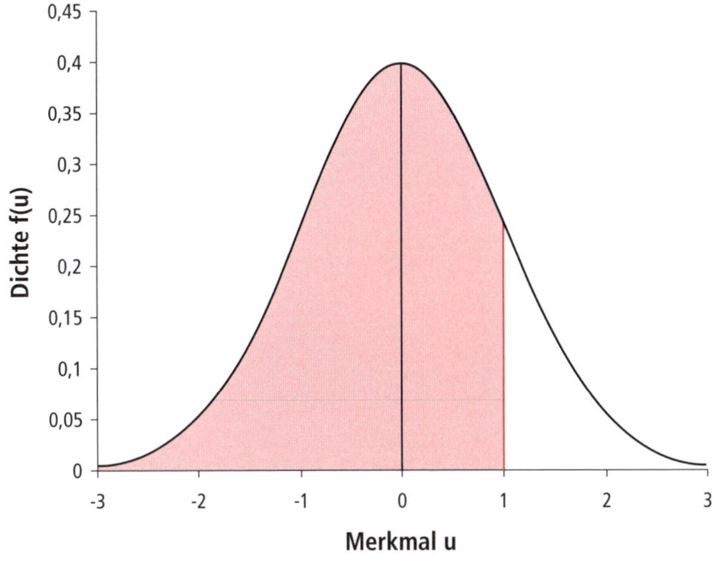


**Abbildung 28: Standardnormalverteilung**
Der bestimmte Wert $u_0$ des Merkmals $u$ liegt rechts vom Erwartungswert $\mu = 0$.

Zu berechnen ist diesmal die Fläche links von $u = 1$, also das Integral

$$\int_{-\infty}^{1} f(u)du = \int_{-\infty}^{1} \frac{1}{\sqrt{2 \cdot \pi}} \cdot e^{-u^2/2} du,$$

wobei sich $f(u)$ wieder durch Einsetzen von $\mu = 0$ und $\sigma^2 = 1$ in die oben angegebene allgemeine Dichte $f(x)$ einer normalverteilten Zufallsvariablen ergibt. Durch dieses Integral berechnet man die Fläche links vom Wert $u = 1$. Doch die Berechung dieses Integrals bleibt uns erspart. Und zwar aus folgendem Grund: Für eine solche spezielle normalverteilte Zufallsvariable *u* mit dem Erwartungswert $\mu = 0$ und der Varianz $\sigma^2 = 1$ – man nennt die Normalverteilung mit diesen besonderen Parametern die **Standardnormalverteilung** – sind die betreffenden Integrale schon berechnet worden und in allen Statistiklehrbüchern in irgendeiner Weise in Tabellenform zu finden (siehe Tabelle A im Anhang). Genauer gesagt, erscheinen in diesen Tabellen natürlich nicht *alle* möglichen Integrale, sondern nur jene, die man benötigt, um durch Ausnutzung der Eigenschaften der Dichte normalverteilter Zufallsvariabler alle interessierenden Integrale zumindest näherungsweise selbst bestimmen zu können. Deshalb findet man in diesen Tabellen in den allermeisten Fällen nur die Wahrscheinlichkeiten dafür, dass eine Zufallsvariable *u* *höchstens* eine konkrete Ausprägung $u_0$ (wir markieren konkrete Ausprägungen mit dem Index 0, um sie vom Merkmal selbst zu unterscheiden) aufweist, wobei diese Ausprägung $u_0$ *größer* als der Erwartungswert $\mu$ sein, also rechts davon liegen muss.

Nach genau einer solchen Wahrscheinlichkeit wird in Beispiel 22a gefragt: $\Pr(u \leq 1)$. (Anmerkung: Bei einem stetigen Merkmal gibt es keinen Unterschied zwischen $\Pr(u \leq 1)$ und $\Pr(u < 1)$, da ja ein konkreter Ausgang eine Eintreffwahrscheinlichkeit von 0 aufweist!). Sieht man in Tabelle A der Standardnormalverteilung im Anhang bei einem Messwert von 1 nach, so findet man eine dazugehörige Wahrscheinlichkeit von 0,841.

| $u_0$ | $\Pr(u \leq u_0)$ |
|---|---|
| 0,51 | 0,6950 |
| 0,52 | 0,6985 |
| ... | ... |
| 0,99 | 0,8389 |
| 1 | 0,8413 |

Das bedeutet, dass die gesuchte schraffierte Fläche und somit die gesuchte Wahrscheinlichkeit dafür, dass ein Messwert von höchstens 1 auftritt, den Wert 0,841 aufweist. Wir schreiben:

$$\Pr(u \leq 1) = 0,841 .$$

Bei 100 Versuchen wird ein standardnormalverteiltes Merkmal im Schnitt in ca. 84 Versuchen einen Messwert von höchstens 1 aufweisen. Diese Wahrscheinlichkeit lässt sich auch mit der Excelfunktion NORMVERT bestimmen.

Für $u = 1,65$ zum Beispiel ergibt sich, wie man in derselben Tabelle nachlesen kann:

$$\Pr(u \leq 1,65) = 0,951 .$$

Bei 100 Versuchen wird ein solches Merkmal im Schnitt bei ca. 95 höchstens den Wert 1,65 aufweisen.

Wie lösen wir nun aber die Fragestellung b) in unserem Beispiel 22, wenn doch nur die Flächen links von einem Messwert tabelliert sind? Die gesamte Fläche zwischen der Dichte und der x-Achse muss allerdings eins betragen. Dass ein Messwert zwischen minus und plus unendlich auftritt, ist ja ein sicheres Ereignis. Wenn man aus der Tabelle die Wahrscheinlichkeit $\Pr(u \leq 1)$ ablesen kann, so kann man zur Berechnung von $\Pr(u > 1)$, also zur Bestimmung der in Abbildung 28 nicht schraffierten Fläche rechts von $u = 1$, natürlich die Gegenwahrscheinlichkeit verwenden:

$$\Pr(u > 1) = 1 - \Pr(u \leq 1) = 1 - 0{,}841 = 0{,}159.$$

Bei 100 Versuchen wird ein solches Merkmal im Schnitt bei ca. 16 einen Wert aufweisen, der größer als 1 ist.

Wie geht man aber vor, wenn – wie in Beispiel 22c – der Messwert $u_0$, der überschritten werden soll, kleiner als der Erwartungswert $\mu$ ist, also links von diesem liegt?

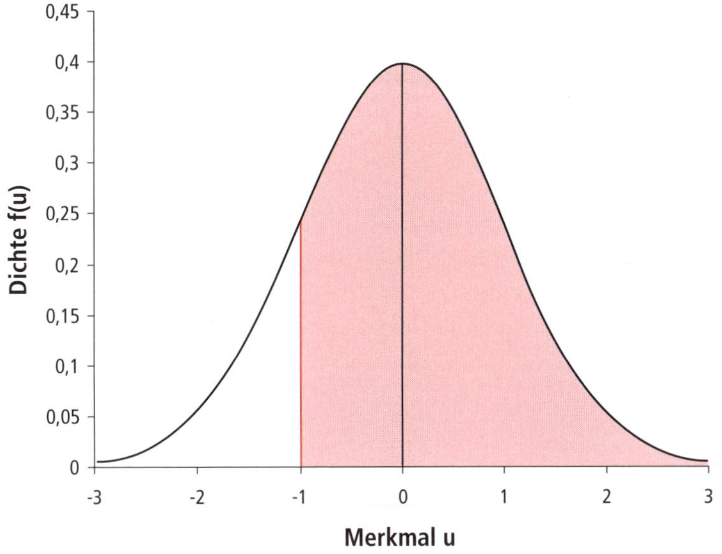


**Abbildung 29: Standardnormalverteilung**
Der Wert $u_0$ liegt links vom Erwartungswert $\mu = 0$.

Die zur Fragestellung c: $\Pr(u > -1)$ in Beispiel 22 gehörende farbige Fläche (= Wahrscheinlichkeit) rechts von −1 in Abbildung 29 kann ebenfalls ohne Verwendung einer anderen Tabelle durch Ausnutzung der Symmetrie der Normalverteilung bestimmt werden. Wenn man − 1 um den Erwartungswert 0 nach rechts spiegelt, dann erhält man + 1. Und die Fläche, die berechnet werden soll, „wandert" bei dieser Spiegelung von der rechten Seite von − 1 auf die linke von + 1. Es gilt also:

$$\Pr(u > -1) = \Pr(u < +1).$$

Und diese Wahrscheinlichkeit haben wir schon bei Fragestellung a) bestimmt. Daher gilt:

$$\Pr(u > -1) = \Pr(u < 1) = 0{,}841.$$

Das heißt, dass in ca. 84 von 100 Fällen ein Messwert auftreten wird, der größer als –1 ist.

Bleibt noch, für die letzte Fragestellung d, die Wahrscheinlichkeit $\Pr(u \leq -1)$ zu bestimmen. Die zu berechnende Fläche liegt nun links von – 1 (in Abbildung 29 nicht farbig). Auch hier nutzen wir die Symmetrie der Normalverteilungsdichte aus. Wenn wir – 1 nach rechts spiegeln, erhalten wir wieder + 1. Die zu berechnende Fläche ist nun aber nach rechts von + 1 „gewandert“. Es gilt:

$$\Pr(u \leq -1) = \Pr(u \geq +1).$$

Diese Fläche haben wir bereits bei Fragestellung b) berechnet. Es gilt somit:

$$\Pr(u \leq -1) = \Pr(u \geq +1) = 1 - \Pr(u < 1) = 1 - 0{,}841 = 0{,}159.$$

Damit haben wir aber auch schon alle Fälle durch, die auftreten können. Wir kommen also tatsächlich mit einer Tabelle aus, die nur die Werte $\Pr(u < u_0)$ für alle Merkmalsausprägungen $u_0$ des Merkmals $u$ enthält, die größer als der Erwartungswert $\mu = 0$ sind.

Die Frage ist natürlich, wie uns diese Überlegungen helfen können, wenn das betrachtete Merkmal beliebig normalverteilt (also mit irgendeinem Erwartungswert $\mu$ und irgendeiner theoretischen Varianz $\sigma^2$) und nicht standardnormalverteilt ist (siehe etwa die Angabe zu Beispiel 21). Glücklicherweise lässt sich jedes normalverteilte Merkmal $x$ so in eine standardnormalverteilte Zufallsvariable u transformieren, dass die dazugehörenden Wahrscheinlichkeiten (= Flächen) gleich bleiben. Die dazu benötigte Formel lautet:

$$u_0 = \frac{x_0 - \mu}{\sigma}. \tag{14}$$

Der Zähler auf der rechten Seite von (14) sorgt nämlich dafür, dass der theoretische Mittelwert von u zu 0 wird. Man kann sich das so vorstellen, dass die Skalierung auf der $x$-Achse der beliebigen Normalverteilung so nach links oder rechts – je nachdem, ob der Mittelwert $\mu$ kleiner oder größer als 0 war – verschoben wird, dass sich danach an der Stelle von $\mu$ der neue Wert 0 befindet (siehe dazu die Zeile $x_0 - \mu$ unter der $x$-Achse in Abbildung 30). Die Division in (14) durch $\sigma$, das ist die theoretische Standardabweichung des Merkmals $x$, bewirkt, dass die Standardabweichung von u zu 1 wird. Diesen Vorgang kann man sich so veranschaulichen, dass man die schon verschobene Skalierung auf der x-Achse noch so streckt oder staucht, dass danach an der Stelle, wo in dieser Skalierung rechts neben dem Erwartungswert $\mu = 0$ der Wert der Standardnormalverteilung $\sigma$ gestanden ist, der Wert 1 steht (zum Beispiel wenn $\sigma = 10$ war, dann muss an der Stelle $x_0 = 10$ in der neuen Skalierung beim Merkmal $u$ die Ausprägung 1 stehen, damit die neue Standardabweichung den Wert 1 aufweist). Da bei dieser Manipulation an der x-Achsen-Skalierung die Kurve selbst niemals angerührt wurde, entspricht die Fläche links und rechts von einem bestimmten Wert $x_0$

des Merkmals $x$ somit exakt der Fläche links und rechts von einem nach (14) errechneten Wert $u_0$ des neuen Merkmals $u$ mit $\mu = 0$ und $\sigma^2 = 1$.

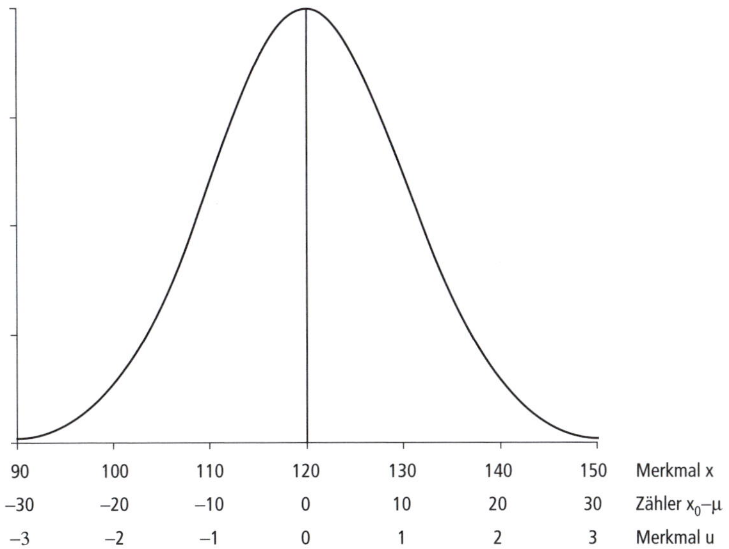


**Abbildung 30: Grafische Darstellung der Standardisierungsschritte eines normalverteilten Merkmals x**

Wir sprechen aus nahe liegenden Gründen von einer **Standardisierung** eines Merkmals, weil durch (14) ein normalverteiltes Merkmal $x$ in ein standardnormalverteiltes Merkmal $u$ transformiert wird.

Kehren wir nun zur Angabe unseres Beispiels 21 zurück und berechnen wir als Erstes den Punkt a: $\Pr(x \leq 135)$.

Setzen wir ihn in die Standardisierungsformel (14) ein, so erhalten wir den zum bestimmten Wert $x_0 = 135$ des Merkmals $x$ standardisierten Wert $u_0$ des Merkmals $u$:

$$u_0 = \frac{135 - 120}{10} = 1,5,$$

und es gilt somit:

$$\Pr(x \leq 135) = \Pr(u \leq 1,5).$$

Die Fläche links von $x = 135$ ist identisch mit der Fläche links von $u = 1,5$. Nun können wir die zu berechnende Wahrscheinlichkeit sofort aus der Standardnormalverteilungstabelle ablesen:

$$\Pr(x \leq 135) = \Pr(u \leq 1,5) = 0,933.$$

Im Durchschnitt werden also in ca. 93 von 100 Fällen die Batterien eines Taschenrechners höchstens 135 Stunden funktionieren.

Für die weiteren Fragestellungen in Beispiel 21 gilt somit, wenn wir die Regeln für das Rechnen mit der Standardnormalverteilung befolgen:

b) $$\Pr(x > 135) = \Pr(u > 1{,}5) = 1 - \Pr(u \leq 1{,}5) = 1 - 0{,}933 = 0{,}067,$$

c) wegen

$$u_0 = \frac{105 - 120}{10} = -1{,}5$$

ist

$$\Pr(x > 105) = \Pr(u > -1{,}5) = \Pr(u < 1{,}5) = 0{,}933$$

und schließlich:

d) $$\Pr(x \leq 105) = \Pr(u \leq -1{,}5) = \Pr(u \geq 1{,}5) = 1 - \Pr(u < 1{,}5) = 0{,}067.$$

Mit der Normalverteilung zu rechnen bedeutet also eigentlich nur: nachschauen in einer Tabelle. Dies gilt auch für etwas komplexere Fragestellungen wie die folgende.

## Beispiel 23: Rechnen mit der Normalverteilung

Fortsetzung von Beispiel 21: Es soll die Wahrscheinlichkeit dafür berechnet werden, dass die Funktionsdauer zwischen 105 und 135 Stunden liegt. Betrachten wir dazu Abbildung 31.

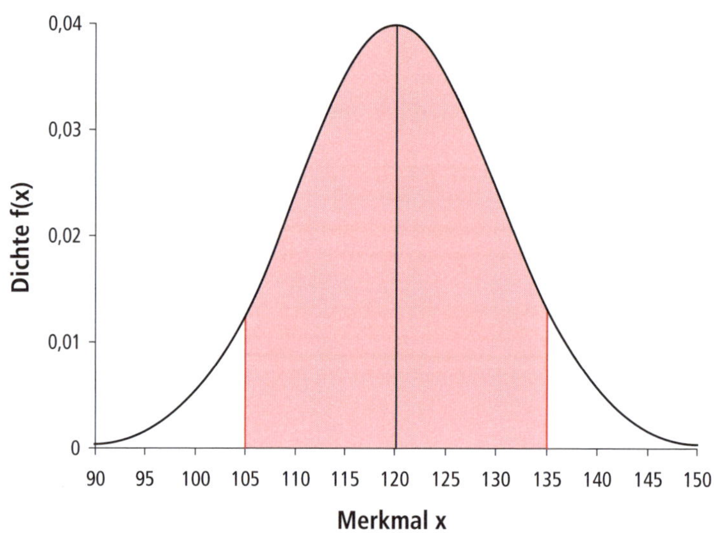


**Abbildung 31: Normalverteilung**
Die grafische Darstellung der Wahrscheinlichkeit $\Pr(105 \leq x \leq 135)$ für ein normalverteiltes Merkmal $x$ mit $\mu = 120$ und $\sigma^2 = 100$.

Zur Berechnung der Fläche zwischen den Werten 105 und 135 haben wir von der Fläche links von 135 die Fläche links von 105 abzuziehen. Es gilt also:

$$\Pr(105 \le x \le 135) = \Pr(x \le 135) - \Pr(x < 105)\,.$$

Wegen

$$u_0 = \frac{135-120}{10} = 1{,}5$$

und

$$u_0 = \frac{105-120}{10} = -1{,}5$$

gilt:

$$\Pr(105 \le x \le 135) = \Pr(u \le 1{,}5) - \Pr(u < -1{,}5)\,.$$

Wegen $\Pr(u < -1{,}5) = \Pr(u > +1{,}5) = 1 - \Pr(u \le +1{,}5)$ gilt ferner:

$$\Pr(u \le 1{,}5) - \Pr(u < -1{,}5) = 0{,}933 - (1 - 0{,}933) = 0{,}866.$$

Die Wahrscheinlichkeit dafür, dass die Funktionsdauer zwischen 105 und 135 Stunden liegt, ist 0,866. Es ist also damit zu rechnen, dass in ca. 87 von 100 Fällen die Funktionsdauer in dieses Intervall fällt.

Eine im Vergleich zu den bisherigen Fragestellungen *umgekehrte* Fragestellung ist folgende: Wir suchen jenen besonderen Messwert $x_0$, für den gilt, dass er mit einer bestimmten Wahrscheinlichkeit unterschritten wird. Bei einer solchen Fragestellung suchen wir also zu einer vorgegebenen (Unterschreitungs-)Wahrscheinlichkeit die dazugehörige Merkmalsausprägung, während wir bislang zu einer gegebenen Merkmalsausprägung die Unterschreitungswahrscheinlichkeit aus Tabelle A abgelesen haben. Kennen wir von einem standardnormalverteilten Merkmal $u$ die Fläche links von einem bestimmten nichtnegativen Wert $u_0$, dann können wir durch – im Vergleich zur bisherigen Vorgehensweise – umgekehrte Nutzung von Tabelle A ausgehend von dieser Fläche, also von der Unterschreitungswahrscheinlichkeit, den betreffenden Wert $u_0$ bestimmen. Zu einer solchen Wahrscheinlichkeit von zum Beispiel 0,95 gehört demnach, wenn man in Tabelle A den dieser Wahrscheinlichkeit nächstkommenden Wahrscheinlichkeitswert 0,9505 verwendet, die Merkmalsausprägung $u_0 = 1{,}65$.

## Beispiel 24: Rechnen mit der Normalverteilung

Fortsetzung von Beispiel 21: Suchen wir zunächst jene bestimmte Funktionsdauer $x_0$, die mit einer Wahrscheinlichkeit von 0,95 unterschritten wird. Grafisch sieht diese Fragestellung folgendermaßen aus:

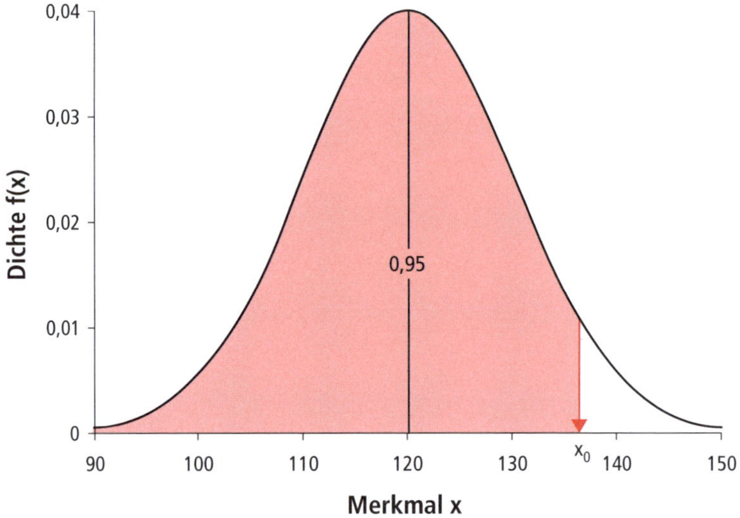


**Abbildung 32: Normalverteilung**
„Umgekehrte" Fragestellung mit gegebener Unterschreitungswahrscheinlichkeit und gesuchter dazugehöriger Merkmalsausprägung.

In der Standardisierungsformel nach (14)

$$u_0 = \frac{x_0 - \mu}{\sigma}$$

ist nun der Wert $x_0$ unbekannt. Wir kennen dafür die Fläche links von $x_0$ aus Abbildung 32. Diese ist 0,95 und bleibt bei der Standardisierung erhalten. Somit müssen wir nun in Tabelle A jenen Wert $u_0$ suchen, der zu $\Pr(u \leq u_0) = 0{,}95$ gehört. Es ist dies $u_0 = 1{,}65$.

Damit ist

$$1{,}65 = \frac{x_0 - 120}{10}$$

und daraus folgt

$$x_0 = 1{,}65 \cdot 10 + 120 = 136{,}5.$$

Es ist demnach die Funktionsdauer von 136,5 Stunden, die mit einer Wahrscheinlichkeit von 0,95 (also im Schnitt in ca. 95 von 100 Fällen) unterschritten wird.

In Excel verwendet man für eine solche „umgekehrte" Fragestellung die Funktion NORMINV.

## Beispiel 25: Rechnen mit der Normalverteilung

Suchen wir abschließend noch jenes (um den Erwartungswert) *symmetrische Intervall* mit der Untergrenze $x_u$ und der Obergrenze $x_o$, in dem die Funktionsdauer mit der

Wahrscheinlichkeit 0,95 liegt. Dieser Begriff des symmetrischen Intervalls beschreibt nichts anderes, als dass die Obergrenze vom Mittelwert gleich weit entfernt liegt wie die Untergrenze. Dies hat zur Folge, dass die Flächen links von $x_u$ und rechts von $x_o$ gleich groß sind (siehe Abbildung 33). Da die Fläche zwischen $x_u$ und $x_o$ 0,95 beträgt, folgt daraus sofort, dass links von $x_u$ und rechts von $x_o$ jeweils die Hälfte der restlichen Fläche von 0,05 liegt. Diese Hälfte ist 0,025 und es ist:

$$\Pr(x \leq x_o) = 0,95 + 0,025 = 0,975.$$

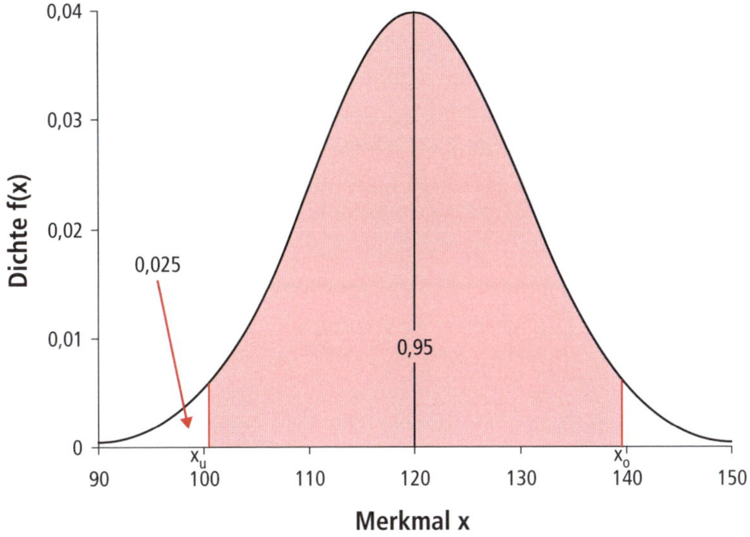


**Abbildung 33: Normalverteilung**

„Umgekehrte" Fragestellung bei gegebener Wahrscheinlichkeit für ein symmetrisches Intervall.

Mit der nun gegebenen Gesamtfläche von 0,975 links von $x_o$ lässt sich durch umgekehrtes Ablesen von $u_0$ in der Tabelle (zu $\Pr(u \leq u_0) = 0,975$ gehört $u_0 = 1,96$) und Einsetzen von $u_0$ in die Standardisierungsformel (14) $x_o$ berechnen. Es ist

$$1,96 = \frac{x_o - 120}{10}$$

und damit

$$x_o = 1,96 \cdot 10 + 120 = 139,6.$$

Wenn wir die Obergrenze dieses Intervalls bereits bestimmt haben, dann können wir die Untergrenze $x_u$ sofort bestimmen, da die Untergrenze ja gleich weit vom Erwartungswert entfernt ist wie die Obergrenze:

$$x_u = 120 - (139,6 - 120) = 100,4.$$

Es ist also das um den Erwartungswert symmetrische Intervall [100,4; 139,6], in dem die Funktionsdauer mit einer Wahrscheinlichkeit von 0,95, also im Schnitt in 95 von 100 Fällen, liegt.

Die Normalverteilung kommt jedoch nicht nur sehr häufig „in der Natur" (wie etwa bei Produktionsprozessen) vor. Ihre zentrale Rolle in der schließenden Statistik verdankt sie vor allem dem Umstand, dass sich unter bestimmten Bedingungen die **Summen von Zufallsvariablen**, egal wie diese im Einzelnen verteilt sind, annähernd normalverteilen. Die Qualität der Annäherung nimmt mit zunehmender Anzahl n an Summanden zu. Wenn die einzelnen Summanden die Ergebnisse unabhängiger, aber identischer Zufallsexperimente sind, dann ist dies zum Beispiel der Fall. Der theoretische Mittelwert und die theoretische Varianz der Summe sind dann einfach das n-fache vom Einzelmittelwert und das n-fache der Einzelvarianz jedes der Summanden.

Für den auf die Straßenbahn Wartenden von Beispiel 20 bedeutet dies etwa, dass sich zwar die Wartezeit bei *einem* solchen Zufallsexperiment gleichverteilt, wenn er aber daraus nicht lernt, dann ist die Verteilung der Gesamtwartezeit bei – sagen wir – 100 solchen Versuchen annähernd eine Normalverteilung mit einem theoretischen Mittelwert und einer theoretischen Varianz, die jeweils die 100-fachen Werte der diesbezüglichen Größen bei einmaligem Warten annehmen.

Diese Aussage des so genannten **Zentralen Grenzwertsatzes der Statistik** (vergleiche etwa: Hafner (1989), S.247) hat für die praktische Anwendung der Methoden der schließenden Statistik überaus interessante Konsequenzen: Zieht man nämlich eine Stichprobe vom Umfang n und fragt beispielsweise jede Person, ob sie eine bestimmte Eigenschaft aufweist oder nicht (zum Beispiel ob sie eine bestimmte Partei wählt oder nicht), so erhalten wir von jeder Person als kodierte Antwort entweder 1 (= ja) oder 0 (= nein). Fragt man genügend Personen aus einer großen Grundgesamtheit, ist also auch die Stichprobe einigermaßen groß (sie ist es schon ab $n = 100$, wenn die relative Häufigkeit der interessierenden Eigenschaft in der Grundgesamtheit nicht äußerst klein oder äußerst groß ist), dann ist die Summe aller Einsen und Nullen, die dann angibt, wie viele Personen in der Stichprobe die betreffende Eigenschaft aufgewiesen haben, annähernd normalverteilt. Anders ausgedrückt heißt das, dass sich mit zunehmendem Stichprobenumfang $n$ die Hypergeometrische Verteilung der Normalverteilung annähert. Und wenn das für die Häufigkeit an Personen mit einer interessierenden Eigenschaft in der Stichprobe gilt, dann natürlich auch für die relative Häufigkeit dieser Personen.

Auch für Mittelwerte lässt sich eine solche Aussage treffen: Wenn sich etwa die Summe der Wartezeiten in der Stichprobe bei genügend großen Stichprobenumfängen normalverteilt, dann gilt dies auch für den Mittelwert dieses Merkmals in der Stichprobe. Somit bekommt man es bei Fragen nach relativen Häufigkeiten oder Mittelwerten in der schließenden Statistik mit der Normalverteilung zu tun. Und dies war der Grund, warum wir uns in diesem Abschnitt mit dieser Verteilung beschäftigen mussten.

Bevor wir uns in Kapitel 3 endlich der schließenden Statistik widmen, führen wir uns die Annäherung der Hypergeometrischen Verteilung an die Normalverteilung mit Beispiel 26 vor Augen, in dem wir auf die Problemstellung vom Ende des Abschnitts 2.2.1 – wie dort versprochen – zurückkommen.

## Beispiel 26: Annäherung der Hypergeometrischen Verteilung an die Normalverteilung

Es gebe sechs Millionen Wahlberechtigte, wobei man weiß, dass 2,4 Millionen eine bestimmte Partei wählen. Wenn wir aus der Grundgesamtheit der Wahlberechtigten eine Anzahl $n$ an Personen nach dem Urnenmodell auswählen und dazu befragen, können wir mit (12) die Wahrscheinlichkeiten für verschiedene Anzahlen $x = a$ (und analog dazu auch für verschiedene relative Häufigkeiten $p$) an solchen Personen berechnen, die in der Stichprobe (bei wahrheitsgetreuer Auskunft) angeben werden, diese Partei zu wählen. Mit zunehmendem Stichprobenumfang $n$ wird es jedoch – wie bereits am Ende von Abschnitt 2.2.1 beschrieben – unmöglich, die zu diesem Zweck richtige Formel (12) der hypergeometrischen Verteilung anzuwenden. Für die folgenden Abbildungen haben wir diese Berechnungen dennoch näherungsweise durchgeführt. Es spielt hier keine Rolle, wie dies gemacht wurde. Lassen wir lediglich die Säulendiagramme in den nachfolgenden Abbildungen auf uns wirken. Man sieht darin, was bei bestimmten Stichprobenumfängen mit welchen Wahrscheinlichkeiten in der Stichprobe passieren kann.

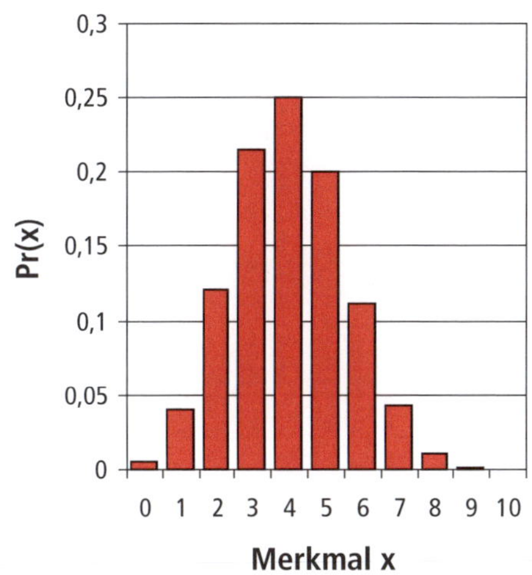


**Abbildung 34: Die hypergeometrische Verteilung von Beispiel 26 bei n = 10**

Die Interpretation dieses Säulendiagramms zur Hypergeometrischen Verteilung dieses Beispiels bei einem Stichprobenumfang von $n = 10$ lautet: Wenn wir aus dieser Grundgesamtheit 100 Stichproben vom Umfang $n = 10$ ziehen würden, könnte man damit rechnen, dass in weniger als einer kein einziger Wähler dieser Partei, in ca. 4 genau einer, in ca. 12 zwei, in ca. 21 drei, in ca. einem Viertel der 100 Stichproben vier, in ca. 20 fünf solche Wähler und so fort sein werden.

Aus der Sicht der Prozentsätze (oder auch der relativen Häufigkeiten) an Wählern der betrachteten Partei gilt analog: In der Grundgesamtheit befinden sich 40 Prozent (oder eine relative Häufigkeit von 0,4) solcher Wähler. In Stichproben vom Umfang $n = 10$ ist die Wahrscheinlichkeit dafür, dass 0 Prozent der Stichprobe diese Partei wählen, kleiner als 0,01, für einen Satz von 10 Prozent ist die Wahrscheinlichkeit ca. 0,04, für einen von 20 Prozent ca. 0,12, für einen von 30 Prozent ca. 0,21, für einen von 40 Prozent ca. 0,25, für einen von 50 Prozent ca. 0,20 und so weiter.

Derart kleine Stichproben können also mit nennenswerten Wahrscheinlichkeiten Ergebnisse bringen, die ganz schön weit vom richtigen Prozentsatz in der Grundgesamtheit (hier 40 Prozent) entfernt sind. Berechnet man den theoretischen Mittelwert der Prozentzahlen, so ergibt dies jedoch 40 Prozent. Im Durchschnitt würde sich also der richtige Prozentsatz der Grundgesamtheit in der Stichprobe ergeben. Den konkreten Wahrscheinlichkeiten dieser Merkmalsausprägungen wollen wir uns aber im Folgenden gar nicht weiter widmen. Wir gehen vielmehr der Frage nach, wie sich das Bild der Wahrscheinlichkeitsverteilung verändert, wenn der Stichprobenumfang immer größer wird.

Bei einem Stichprobenumfang von $n = 50$ ist die hypergeometrische Verteilung der möglichen Anzahlen an Wählern dieser Partei schon viel symmetrischer als bei $n = 10$. Sie erinnert bereits an die verschiedenen Abbildungen normalverteilter Merkmale.

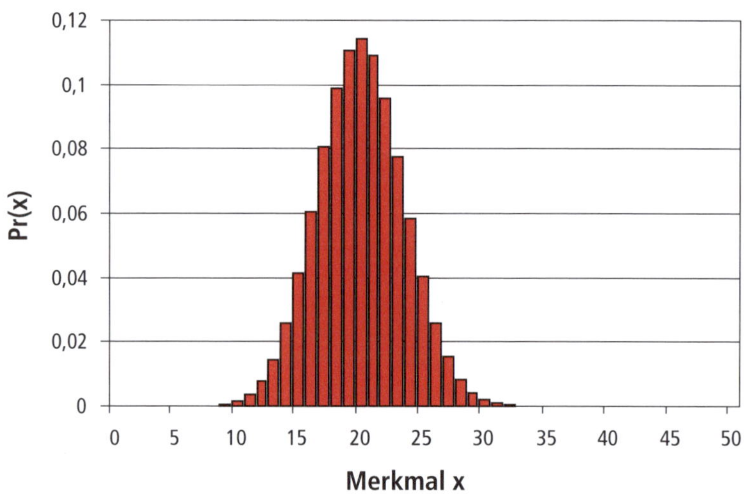


**Abbildung 35: Die hypergeometrische Verteilung von Beispiel 26 bei n = 50**

Bei einem Stichprobenumfang vom $n = 100$ ist die Annäherung an die Normalverteilung schon nahezu perfekt und jedenfalls dafür ausreichend, um mit der Normalverteilung rechnen zu können. Als Erwartungswert für die Anzahlen an weißen Kugeln in Stichproben vom Umfang $n = 100$ nach (12a) erhalten wir 40. Die theoretische Varianz $\sigma^2$ nach (12b) ist 24 (siehe am Ende von Abschnitt 2.2.1). Mit der Normalverteilung lässt sich nun zum Beispiel sofort (näherungsweise) berechnen, wie wahrscheinlich es ist, dass in einer solchen Stichprobe zwischen 35 und 45 Erhebungseinheiten (also zwischen 35 und 45 Prozent) angeben, diese Partei zu wählen.

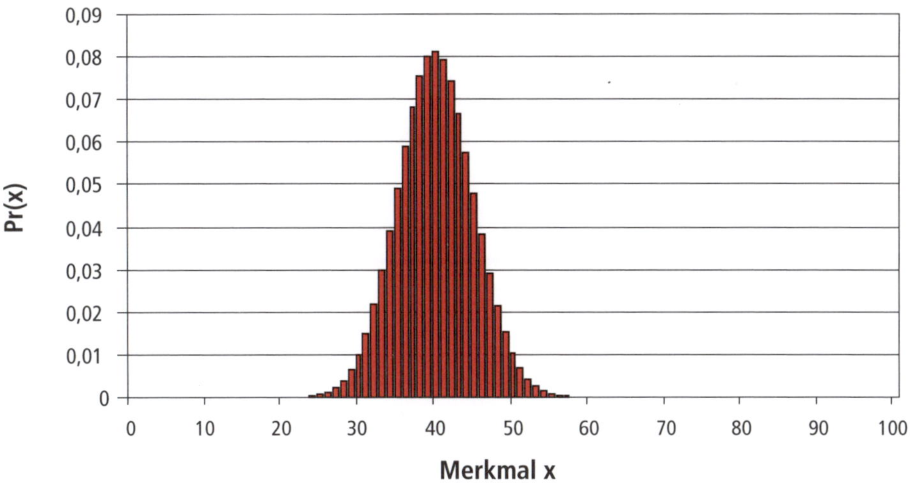


**Abbildung 36: Die hypergeometrische Verteilung von Beispiel 26 bei n = 100**

Dies war eine Veranschaulichung der Aussage des Zentralen Grenzwertsatzes. Mit zunehmendem Stichprobenumfang geht die Verteilung der möglichen Stichprobenergebnisse für Häufigkeiten (und damit auch für relative Häufigkeiten beziehungsweise Prozentsätze) gegen die Normalverteilung! Auf diese Erkenntnis werden wir gleich zurückgreifen, wenn wir von den relativen Häufigkeiten bestimmter Merkmalsausprägungen in einer Stichprobe auf die dazu gehörenden relativen Häufigkeiten in der Grundgesamtheit rückschließen möchten.

## Übungsaufgaben

Die Lösungen zu den nachfolgenden Übungsbeispielen finden Sie unter www.pearson-studium.de.

**Ü44**

Ein Merkmal sei standardnormalverteilt. Wie wahrscheinlich ist es, dass ein Messwert von

a) höchstens 1,65,
b) höchstens 1,96,
c) mindestens 1,65,
d) größer als – 1,65,
e) kleiner als – 1,96 auftritt?

**Ü45**

Die Länge von Schrauben einer Produktion ist normalverteilt mit Erwartungswert $\mu = 6$ cm und theoretische Varianz $\sigma^2 = 0{,}01$ (cm$^2$). Wie wahrscheinlich ist es, dass eine Schraube

a) höchstens 6,15 cm,
b) höchstens 6,196 cm lang ist?
c) mindestens 5,85 cm,
d) höchstens 5,83 cm lang ist.

**Ü46**

Fortsetzung von Ü45: Berechnen Sie nun jene Länge der Schrauben, die mit einer Wahrscheinlichkeit von 0,95 unterschritten wird.

**Ü47**

Fortsetzung von Ü45 bis Ü46: Berechnen Sie das symmetrische Intervall, in welchem die Länge der Schrauben mit einer Wahrscheinlichkeit von 0,95 liegt.

**Ü48**

Die Länge von Drehbleistiftminen (in cm) verteilt sich annähernd normal mit Erwartungswert $\mu = 5$ und theoretische Varianz $\sigma^2 = 0{,}25$.

Wie wahrscheinlich ist es dann, dass eine solche Mine

a) kürzer als 5,2 cm,

b) länger als 5,98 cm ist?

**Ü49**

Fortsetzung von Ü48: Wie wahrscheinlich ist es, dass eine solche Mine zwischen 4,8 und 5,2 cm lang ist?

**Ü50**

Die Psychologen Stanford, Binet und Wechsler haben festgestellt, dass die Intelligenz – definiert als geistige Leistungsfähigkeit bei der Lösung von Testaufgaben – unter der Bevölkerung normalverteilt ist. Für Mittelwert und Standardabweichung des Intelligenzquotienten (= IQ) gilt: $\mu = 100$ und $\sigma = 15$.

In welchem symmetrischen Intervall liegt der IQ einer zufällig ausgewählten Testperson mit einer Wahrscheinlichkeit von

a) von 0,95,

b) von 0,5?

# Schließende Statistik

3



ÜBERBLICK

## 3.1 Grundbegriffe

Nach dem Ausflug in die Wahrscheinlichkeitsrechnung können wir uns nun endlich dem Bereich der schließenden Statistik zuwenden. Eine der spannenden Aufgaben, der sich dieser Bereich widmet, besteht darin, aus Ergebnissen von sorgfältig ausgewählten **Stichproben** aus endlichen Grundgesamtheiten (zum Beispiel aus der wahlberechtigten Bevölkerung eines Landes) auf diese Grundgesamtheiten rückzuschließen. Diese Aufgabenstellung ergibt sich aus dem Umstand, dass es vor allem in großen Grundgesamtheiten aus finanziellen, zeitlichen oder organisatorischen Gründen oftmals unmöglich ist, eine Vollerhebung aller zu der betreffenden Grundgesamtheit gehörenden Erhebungseinheiten durchzuführen. Da eine Stichprobe aber – was intuitiv einleuchtet – im Allgemeinen nicht genau die gleichen Ergebnisse wie die Grundgesamtheit liefern kann, ist es nicht ausreichend, etwa die Daten einer Stichprobe mit den Methoden der beschreibenden Statistik aus Kapitel 1 zu analysieren, wenn man doch eigentlich Informationen über die Grundgesamtheit benötigt. Die **Stichprobenergebnisse** dienen lediglich als Basis für die Rückschlüsse auf die unbekannten, aber eigentlich interessierenden **Parameter** (*gr. parameter = das neben den Messungen Feste*) der Grundgesamtheit. Sie sind in diesem Zusammenhang jedoch nicht von darüber hinausgehendem, eigenständigem Interesse.

Viele Informationen, welche die so genannte öffentliche Meinung beschreiben und beeinflussen, sind Erkenntnisse, die aus Stichproben gewonnen werden. So gut wie täglich findet man Meldungen wie folgende in allen Tageszeitungen:

> *Wien. – Die drastische Trendumkehr erschreckt. Vor zehn Jahren stimmten 66 % der Österreicher für den EU-Beitritt. Heute finden 70 %, laut neuester „market"-Umfrage, der Beitritt hätte nichts oder nur wenig gebracht. „Wir müssen der Bevölkerung mehr Schwung, Klarheit, Vertrauen vermitteln", so Außenministerin Ursula Plassnik.*
> Aus: „Kronen-Zeitung", 11. Dezember 2005, S. 3

Hier werden zwei Prozentzahlen miteinander in Beziehung gesetzt, die völlig unterschiedliche Informationsquellen besitzen. „Vor zehn Jahren" stimmten in der damaligen Volksabstimmung, also einer Vollerhebung, 66 Prozent der Österreicherinnen und Österreicher für den EU-Beitritt. Heute finden 70 Prozent der Befragten in einer „market"-Umfrage, also einer Stichprobe, der Beitritt hätte nichts oder nur wenig gebracht. Die erste Zahl ist eine feste Größe, ein Parameter. Die zweite aber ist ein Stichprobenergebnis. Den dazu gehörenden Parameter kennen wir nicht.

Genau genommen sind es also nicht 70 Prozent der wahlberechtigten Österreicherinnen und Österreicher, sondern 70 Prozent der Befragten einer Stichprobe aus der gesamten wahlberechtigten Bevölkerung, die in dieser Erhebung diese Auskunft geben. Wann lässt sich aber aus den Ergebnissen einer solchen Stichprobe auf die Grundgesamtheit rückschließen? Voraussetzung dafür ist, dass man darauf vertrauen darf, dass die Erhebungseinheiten, die in die Stichprobe gelangt sind, hinsichtlich der interessierenden Merkmale die Verhältnisse in der Grundgesamtheit gut widerspiegeln, dass sie hinsichtlich dieser Merkmale also repräsentativ für die Grundgesamtheit sind. Dieser Begriff der **Repräsentativität** ist einer der am häufigsten verwendeten Fachausdrücke in Zusammenhang mit Stichprobenerhebungen und übt auf die Konsumenten der Stichprobenergebnisse eine große Suggestivwirkung aus. Der Besitz dieser Eigenschaft wird nämlich gemeinhin als Kennzeichen einer qualitativ hochwertigen Stichprobe (im Sinne der Ähnlichkeit zur Grundgesamtheit) interpretiert. Aus diesem Grund gerät der Hinweis auf die Repräsentativität der Stichprobe leider des Öfteren zur reinen Floskel, deren Erwähnung sich auf den Zweck reduziert, die Ergebnisse irgendwelcher Untersuchungen qualitativ zu „adeln" (zum Thema Repräsentativität von Stichproben vergleiche Quatember (1996a) und (2001), S. 17–36).

Aber wie erlangt man eine Stichprobe, die als repräsentativ für die betreffende Grundgesamtheit gelten kann? Dies ist eine Frage, der man sich *vor* der Stichprobenziehung zu stellen hat. Ist eine Stichprobe erst einmal gezogen, dann können Fehler, die bei der Stichprobenauswahl gemacht wurden und welche die Repräsentativität der Stichprobenergebnisse beeinträchtigen, kaum mehr kompensiert werden.

Natürlich muss aber nicht jede Stichprobenerhebung repräsentative Ergebnisse für irgendwelche Grundgesamtheiten liefern. Man denke etwa an eine Kundenbefragung über Verbesserungsmöglichkeiten in einem Supermarkt oder an eine Internetumfrage zur Erhebung der Zufriedenheit der Benutzer einer bestimmten Homepage mit den darin enthaltenen Informationen. Für diese Zwecke ist es nicht nötig, sich bei der Ziehung der Stichprobe wie im Nachfolgenden an das Urnenmodell zu halten, wenn man von den Stichprobenergebnissen gar nicht auf die betreffenden Grundgesamtheiten rückschließen möchte, sondern damit lediglich von den Kunden auf bislang unbekannte Schwächen aufmerksam gemacht werden will. Es reicht dann völlig, einfach jene zu befragen, die sich dazu bereit erklären. Wir erhalten so zwar keine repräsentative, aber immerhin eine **informative Stichprobe** (vergleiche: Quatember (2001), S.20). Dies reicht – gemessen am Erhebungszweck – vollkommen. Im Folgenden beschäftigen wir uns jedoch nur mit solchen Stichproben, die zum Zweck des Rückschlusses auf die Grundgesamtheit gezogen wurden.

Eine häufig in Hinblick auf die Repräsentativität geäußerte Vorstellung ist, dass die Stichprobe die Häufigkeitsverteilungen verschiedener Merkmale in der Grundgesamtheit exakt widerspiegeln muss. Gemeint ist, dass bei Befragungen darauf zu achten ist, dass etwa die im Vergleich zur Grundgesamtheit richtige Proportion von männlichen und weiblichen Befragten in der Stichprobe enthalten ist. Außerdem sollte auch die Häufigkeitsverteilung des Merkmals Alter und vielleicht auch der Merkmale Schulbildung, Region und so weiter jener in der Grundgesamtheit entsprechen. Wegen der großen Anzahl so entstehender Kategorien kann kein Verfahren zur Auswahl einer Stichprobe leisten, dass diese hinsichtlich der Kombinationen verschiedenster Merkmale die Verteilung in der Grundgesamtheit exakt wiedergibt. Außerdem sollen auch noch gewisse Genauigkeitsansprüche an die Stichprobenergebnisse bei einer repräsentativen Stichprobe erfüllt sein. Während dies auf die notwendigen Stichprobenumfänge abzielt (siehe Abschnitt 3.4.1) widmet sich der erste Aspekt dem **Stichprobenverfahren**.

## 3.2 Stichprobenverfahren

Tatsächlich kann man die Repräsentativitätsaufgabe getrost dem Zufall überantworten. Wenn wir nämlich eine Stichprobe aus einer Grundgesamtheit so ziehen wie es dem in Abschnitt 2.2.1 beschriebenen Urnenmodell entspricht, so ist gewährleistet, dass sich für *alle* Merkmale *durchschnittlich* die richtigen Häufigkeitsverteilungen einstellen und dass diese Verteilungen mit zunehmenden Stichprobenumfängen auch mit zunehmender Wahrscheinlichkeit nahe den tatsächlichen Verteilungen in der Grundgesamtheit sind. D.h. dass sich das Merkmal Geschlecht in einer ausreichend großen Stichprobe, sofern sie nach dem Urnenmodell gezogen wurde, in etwa so verteilen wird wie in der Grundgesamtheit und dass das auch für Alter, Schulbildung und alle anderen Merkmale beziehungsweise Kombinationen dieser Merkmale gilt! Voraussetzung ist demnach, dass – wie im Urnenmodell – jede in der Grundgesamtheit enthaltene Erhebungseinheit die gleiche, und daher nicht mit dem Untersuchungsgegenstand statistisch zusammenhängende Auswahlchance für die Stichprobe besitzt.

Eine auf diese Weise gezogene Stichprobe heißt eine **uneingeschränkte** (oder **einfache**) **Zufallsstichprobe**. Dieses Stichprobenverfahren lässt sich auf verschiedene Arten und unter verschiedenen Gesichtspunkten (etwa zur Erhöhung der Genauigkeit oder zur Verminderung der Erhebungskosten) abwandeln, wobei jedoch die zufällige Ziehung der Erhebungseinheiten aus der Grundgesamtheit mit vorab bestimmbaren und für alle Elemente der Grundgesamtheit von null verschiedenen Auswahlwahrscheinlichkeiten stets die Basis des Auswahlvorgangs bleibt (eine Vertiefung im Bereich Stichprobenverfahren bietet etwa: Särndal et al. (1992) oder Quatember (2010)). Stichproben jedoch, bei deren Ziehung die Grundregeln des Urnenmodells nicht berücksichtigt wurden, eignen sich somit nicht für Rückschlüsse auf Grundgesamtheiten. Die Befragung von vorbei kommenden Passanten auf dem Hauptplatz einer Großstadt an einem Werktagsvormittag ist z.B. keine geeignete Methode, um aus den Befragungsergebnissen auf die Einstellungen aller Bewohner dieser Stadt (oder gar des Landes) rückschließen zu können, denn es besitzt nicht jeder Bewohner der Grundgesamtheit eine von null verschiedene Auswahlchance. Alle, die um die betreffende Zeit arbeiten oder anderweitig beschäftigt sind und deshalb nicht am Ort der Befragung sein können, haben eine Auswahlwahrscheinlichkeit von null. Wenn diese große ausgeschlossene Gruppe jedoch andere Urteile zu den Befragungsthemen hat als die Gruppe derer, die sich am betreffenden Vormittag am Hauptplatz aufhalten (z.B. Rentner), dann ist die Stichprobe hinsichtlich dieser Merkmale klarerweise **verzerrt**, also nicht repräsentativ.

Ein Beispiel für ein weiteres für den Rückschluss von der Stichprobe auf die Grundgesamtheit geeignetes Zufallstichprobenverfahren ist die **geschichtete uneingeschränkte Zufallsauswahl** der Erhebungseinheiten. Dazu muss die Grundgesamtheit vor der Ziehung der $n$ Stichprobenelemente in $h$ verschiedene Teile zerlegt werden. Diese nennt man Schichten. So könnte man die wahlberechtigte Bevölkerung in die Teilgesamtheiten der Männer und Frauen oder jene der einzelnen Bundesländer zerlegen. Im nächsten Schritt wird dann aus jeder der Schichten eine eigene uneingeschränkte Zufallsauswahl an Erhebungseinheiten gezogen. Das dazu gehörende Urnenmodell können Sie Abbildung 37 entnehmen.

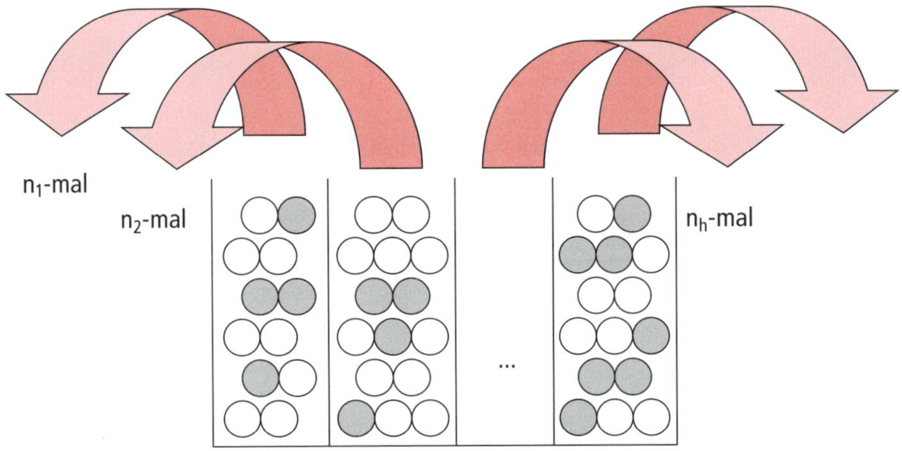


**Abbildung 37: Das Urnenmodell bei einer geschichteten uneingeschränkten Zufallsauswahl**

Für die Anwendung dieses Stichprobenverfahrens muss demnach gewährleistet sein, dass die zur Zerlegung der Grundgesamtheit in die einzelnen Schichten benötigte Information vorliegt. In unserem Beispiel muss also gewährleistet sein, dass die Grundgesamtheit nach dem Merkmal Geschlecht in einzelne Teilgesamtheiten unterteilt werden kann. Gründe für die Anwendung dieses Verfahrens an Stelle der einfacheren uneingeschränkten Zufallsauswahl können sein, dass aus jeder der so gebildeten Schichten der Grundgesamtheit ein ganz bestimmte Anzahl an Erhebungseinheiten in die Stichprobe aufgenommen werden soll oder dass man bei gleichem Gesamtstichprobenumfang einen Genauigkeitsgewinn im Vergleich zu einer uneingeschränkten Zufallsauswahl erzielen möchte. Um Letzteres zu erreichen, muss der Gesamtstichprobenumfang allerdings in geeigneter Weise auf die Schichten aufgeteilt werden. Eine diesbezügliche Möglichkeit ist die in Bezug auf die Größe der Schichten proportionale Aufteilung des Gesamtstichprobenumfanges auf die Schichten. Eine solche gewährleistet, dass die Schichten (der Männer und der Frauen beispielsweise) im selben Verhältnis in der Stichprobe vorkommen wie in der Grundgesamtheit. Das Verfahren liefert dann genauere Stichprobenergebnisse als eine uneingeschränkte Zufallsauswahl, wenn das Merkmal nach dem die Schichtung vorgenommen wird, und das Erhebungsmerkmal statistisch zusammenhängen.

Im Hinblick auf die Qualität der zu ziehenden Schlüsse von den Stichprobenergebnissen auf die Parameter muss von einer geschichteten uneingeschränkten Zufallsauswahl ein nichtzufälliges Stichprobenverfahren deutlich abgegrenzt werden, das bei oberflächlicher Betrachtung dem Ersteren täuschend ähnlich sieht: das **Quotenverfahren**. Diese Methode verwendet dieselbe Idee der korrekten Wiedergabe einzelner Merkmale in der Stichprobe, führt sie aber auf entscheidende Weise anders aus. Hierbei wird nämlich aus den Schichten (zum Beispiel der Männer und der Frauen) keine Zufallsauswahl der Erhebungseinheiten nach dem Urnenmodell aus Abbildung 37 gezogen. Den Interviewern wird vielmehr mit gewissen Einschränkungen in Hinblick auf Befragungszeitpunkte und -orte (zum Beispiel: nicht an Bahnhöfen und nicht nur am Vormittag befragen) freie Hand bei der Auswahl der Erhebungseinheiten für die

Stichprobe gelassen. Man befragt also solange Männer und Frauen bis die vorgegebenen Quoten erfüllt sind. Dadurch ist aber eine einer Zufallsauswahl auch nur *ähnliche* Stichprobe in keiner Weise gewährleistet. Da aber genau diese Zufälligkeit die Voraussetzung für die Rückschlüsse von der Stichprobe auf die Grundgesamtheit auf wahrscheinlichkeitstheoretischer Basis darstellt, ist ein Quotenverfahren keine Methode der Stichprobenziehung, die repräsentative Schlüsse auf die Grundgesamtheit gewährleistet (vergleiche bezüglich des Quotenverfahrens: Quatember (1996b)).

Kostengründe können für die Ziehung einer **uneingeschränkten Klumpenauswahl** von Erhebungseinheiten sprechen. Dazu ist wie für die geschichtete uneingeschränkte Zufallsauswahl die Grundgesamtheit wieder in verschiedene Teile zu zerlegen, die man in diesem Zusammenhang aber Klumpen von Erhebungseinheiten nennt. Ein Beispiel dafür ist die Zerlegung der Gesamtschülerinnen und -schülerpopulation eines Landes in Schulen. Im zweiten Schritt, dem konkreten Ziehungsvorgang, unterscheidet sich das Verfahren aber entscheidend vom Schichtenverfahen. Diesmal werden nämlich uneingeschränkt zufällig m einzelne Klumpen gezogen, also zum Beispiel Schulen. In den gezogenen Klumpen werden bei einstufiger Vorgehensweise alle Erhebungseinheiten erhoben (siehe Abbildung 38). Bei zweistufiger Vorgehensweise werden aus diesen gezogenen Klumpen noch uneingeschränkt zufällig Erhebungseinheiten für die Stichprobe ausgewählt.

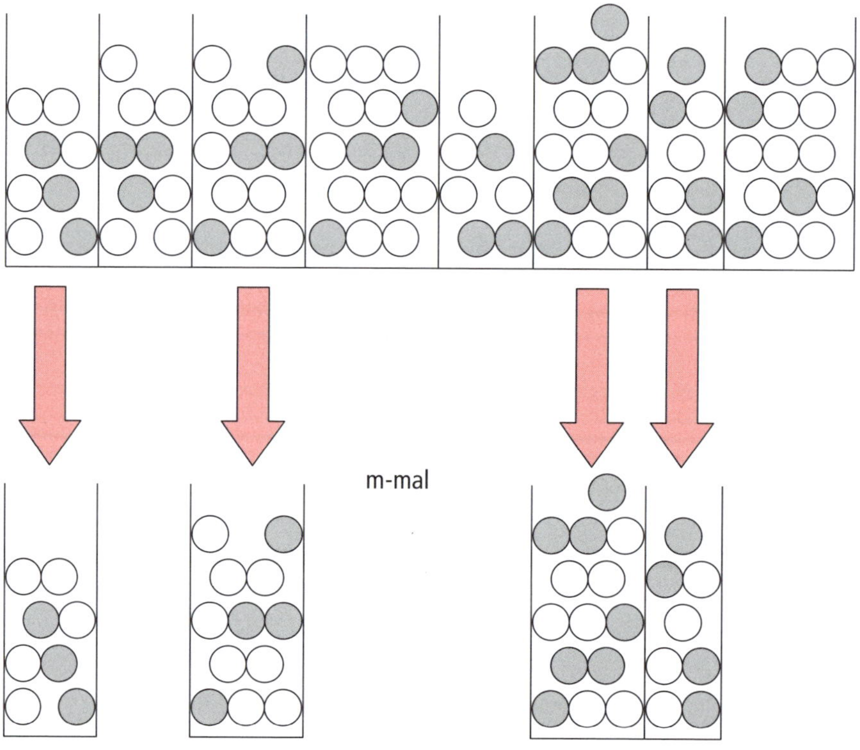


**Abbildung 38: Das Urnenmodell bei einer uneingeschränkten Klumpenauswahl**

Auf diese Weise minimieren sich natürlich eventuelle Reisekosten der „Datensammler". Soll beispielsweise die Anzahl der Fahrräder geschätzt werden, die die Bewohner einer Stadt mit 90.000 Haushalten besitzen, dann kann dafür die Grundgesamtheit der Haushalte in geographisch zusammenhängende Blöcke (Klumpen) zu 50 Haushalten zerlegt werden, aus denen man z.B. 10 Blöcke uneingeschränkt zufällig für eine Stichprobe zieht (vgl. Lohr (2010), S. 165f). Einige dieser gezogenen Blöcke werden hauptsächlich Familien mit mehr Fahrrädern beherbergen während die Bewohner anderer Blöcke hauptsächlich Rentner mit weniger Fahrrädern sind. Demgemäß wird die Klumpenstichprobe der 10 Blöcke hinsichtlich der Schätzung der Anzahl der Fahrräder weniger Information *pro Beobachtung* liefern als eine uneingeschränkte Zufallsstichprobe von 500 Haushalten. Wird die Befragung durch Personen durchgeführt, dann ist die Erhebung einer solchen Stichprobe von 10 zufällig ausgewählten Blöcken aber sicherlich wesentlich billiger als die Befragung in 500 zufällig aus der Grundgesamtheit aller 90.000 Haushalte ausgewählten und dementsprechend sich über das ganze Stadtgebiet verteilenden Haushalten. Dadurch kann die Information *pro Geldeinheit* höher als bei einer uneingeschränkt zufälligen Stichprobe ausfallen.

Stichprobenverfahren, die aus einer Hintereinanderausführung verschiedener Zufallsstichprobenverfahren bestehen, werden als **komplexe Zufallsstichprobenverfahren** bezeichnet. Solche kommen häufig in der amtlichen Statistik zum Einsatz. Auch die alle drei Jahre von der OECD organisierte PISA-Studie zum Ländervergleich der Kompetenzen 15-jähriger Schülerinnen und Schüler in verschiedenen Lernbereichen bedient sich eines solchen komplexen Stichprobendesigns. Nach einer Schichtung der Erhebungseinheiten nach Schultypen, werden innerhalb dieser Schichten ganze Schulen als Klumpen von Erhebungseinheiten gezogen und die betreffende Altersklasse darin entweder voll erhoben oder ein Teil der betreffenden Schülerinnen und Schüler uneingeschränkt zufällig ausgewählt.

Neben der Verwendung eines nichtzufälligen Auswahlverfahrens wie des Quotenverfahrens kann ein weiterer Grund für die Verzerrung einer Stichprobe sein, dass man nicht von allen für eine Umfrage ausgewählten Personen auch Auskunft erhält. Das Auftreten von Antwortausfällen, also von **Nonresponse**, zerlegt eine gezogene Stichprobe in eine Response- und eine Nonresponsemenge. In Letzterer kann das interessierende Merkmal nicht beobachtet werden (Abbildung 39).

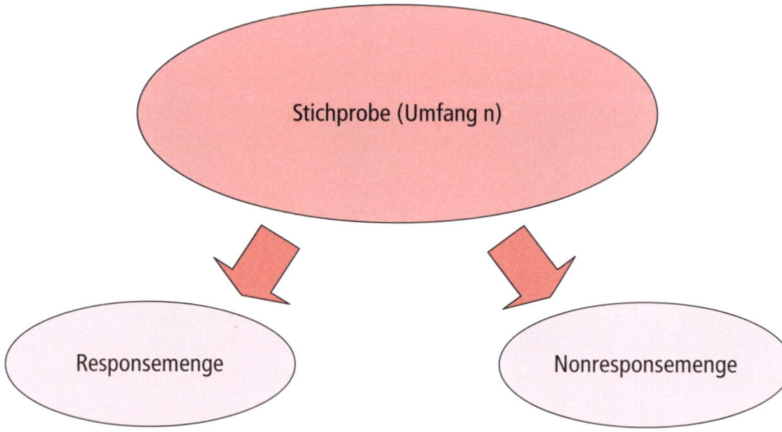


**Abbildung 39: Die Zerlegung einer Stichprobe bei Vorliegen von Nonreponse**

Unterscheidet sich die Gruppe der Nichtantwortenden hinsichtlich des interessierenden Merkmals von jener der Auskunftsbereiten und übersteigt die so genannte **Nonresponserate** eine noch vernachlässigbare Größe, dann sind die Antworten der Responsemenge nicht repräsentativ für die Grundgesamtheit. Deshalb ist schon vor der Durchführung sowohl von Stichproben- als auch von Vollerhebungen darauf zu achten, dass die Nonresponserate so gering wie möglich ausfällt. Anreize zur Teilnahme an der Stichprobenerhebung können von Motivationsschreiben bis zu Preisausschreiben reichen. Übersteigt die Rate dennoch eine tolerierbare Größenordnung, dann darf diese Problematik nicht einfach ignoriert werden. Durch statistische Modelle muss der Nonresponse dann in die Schätzung der interessierenden Parameter miteinbezogen werden. Eine gängige Methode ist die **Gewichtungsanpassung**, bei der das Gewicht, das dem einzelnen Stichprobenelement zukommt, den Nonreponse in geeigneter Weise kompensiert. Zum Beispiel könnten, wenn mehr Männer als Frauen die Teilnahme verweigert haben, den Antworten der Männer ein höheres Gewicht zugewiesen werden, um den Antwortverlust in dieser Gruppe auszugleichen. Eine andere Methode ist die **Datenimputation**. Bei dieser Methode werden die über Nichtantwortende dennoch vorliegenden Informationen (zum Beispiel zu Wohngegend, Alter und Schulbildung) auf Basis der Ähnlichkeit zu bestimmten Antwortenden verwendet, um die nichtgegebenen Antworten beim interessierenden Merkmal durch die von Antwortenden gegebenen Auskünfte zu schätzen (weiter führende Literatur zum Thema Nonresponse: Schnell (1997); vertiefende Literatur zu den statistischen Methoden bei Antwortausfällen: Särndal und Lundström (2006)).

In den nachfolgenden Betrachtungen dieses Kapitels beschränken wir uns aber auf uneingeschränkte Zufallsstichproben von ausreichender Größe ohne Antwortausfälle. Man denke aber bei der Verwendung anderer Zufallsauswahlverfahren daran, dass sich dies in einer anderen Genauigkeit der Stichprobenergebnisse manifestiert. Die angegebenen Formeln sind dann zu adaptieren (vergleiche dazu etwa: Lohr (2010) oder Quatember (2010)).

In Excel kann eine uneingeschränkte Zufallsstichprobe vom Umfang $n$ (für *engl. number = Anzahl*) aus einer Liste von Erhebungseinheiten durch Verwendung der Funktion ZUFALLSZAHL gezogen werden (siehe Ü52). Man ordnet dazu jeder Erhebungseinheit eine solche Zufallszahl zu. Es gelten dann jene $n$ Elemente für die Stichprobe ausgewählt, denen die $n$ kleinsten (oder größten) Zufallszahlen zugeordnet wurden. Die Auswahl ist durch einfaches Sortieren der Erhebungseinheiten nach den Zufallszahlen und Auswahl der ersten (oder letzten) $n$ Elemente der so geordneten Liste vorzunehmen. Da die Zufallszahlen dieser Excel-Funktion auf dem Intervall [0;1] gleichverteilt sind, hat auf diese Weise jedes Element der Grundgesamtheit – wie gefordert – die gleiche Chance, in die Stichprobe aufgenommen zu werden. Damit sind die Bedingungen des Urnenmodells erfüllt. Eine etwas weniger elegante (und zeitgemäße) Vorgehensweise, die jedoch für die Vorstellung der praktischen Umsetzung des Urnenmodells durchaus nützlich ist, ist jene, die $N$ Erhebungseinheiten der Grundgesamtheit auf $N$ Zettel zu schreiben, diese in ein Gefäß zu legen, durchzumischen und dann daraus $n$ Zettel auszuwählen, die dann jene Erhebungseinheiten angeben, die in die Stichprobe aufgenommen werden.

## 3.3 Die Handlungslogik der schließenden Statistik

Wenn die „market"-Umfrage aus Abschnitt 3.1 eine repräsentative Stichprobe aus der wahlberechtigten österreichischen Bevölkerung ist, dann stellt die relative Häufigkeit 0,7 an EU-Skeptikern in der Stichprobe eine Schätzung des diesbezüglichen Wertes in der dazugehörenden Grundgesamtheit dar. Da wir hier einen unbekannten Wert (den Anteil an EU-Skeptikern in der Grundgesamtheit) durch ein einzelnes Stichprobenergebnis schätzen, also durch einen einzigen Punkt auf der für uns völlig weißen Landkarte, auf der wir den Parameter suchen, nennt man dieses Stichprobenergebnis einen **Punktschätzer** des unbekannten Parameters. Andere Punktschätzer sind zum Beispiel der Stichprobenmittelwert eines Merkmals für den Mittelwert in der Grundgesamtheit oder die Stichprobenvarianz für die tatsächliche Varianz in der Grundgesamtheit und so fort (siehe Tabelle 3.1).

Zur besseren Unterscheidung von Punktschätzern und eigentlich interessierenden Parametern werden in den nachfolgenden Abschnitten die Punktschätzer im Normalfall mit lateinischen Buchstaben und die Parameter mit griechischen gekennzeichnet:

**Tabelle 3.1**

| Punktschätzer (aus der Stichprobe) | Parameter (in der Grundgesamtheit) |
|---|---|
| Relative Häufigkeit $p$ | Relative Häufigkeit $\pi$ |
| Mittelwert $\bar{x}$ | Mittelwert $\mu$ |
| Stichprobenvarianz $s^2$ | Varianz $\sigma^2$ |
| Differenz zweier relativer Häufigkeiten (oder Mittelwerte) $d$ | Differenz zweier relativer Häufigkeiten (oder Mittelwerte) $\delta$ |
| Chiquadrat $\chi^2_{err}$ | Chiquadrat $\chi^2$ |
| Korrelationskoeffizient $r$ | Korrelationskoeffizient $\rho$ |
| Regressionskoeffizienten $b_1$ und $b_2$ | Regressionskoeffizienten $\beta_1$ und $\beta_2$ |

Von Punktschätzern kann man nur hoffen, dass sie in der Nähe der eigentlich interessierenden, unbekannten Parameter liegen. Durch eine **Intervallschätzung** auf Basis der Stichprobenergebnisse ist es jedoch möglich, auch eine Genauigkeitsauskunft über das Stichprobenergebnis geben zu können. Die Idee der Intervallschätzung besteht darin, um den Punktschätzer (also etwa um die relative Häufigkeit einer bestimmten Eigenschaft in der Stichprobe) ein Intervall zu bilden, das mit einer gewissen vorgegebenen Wahrscheinlichkeit den unbekannten Parameter (also zum Beispiel die relative Häufigkeit der bestimmten Eigenschaft in der betreffenden Grundgesamtheit) überdeckt. Diese **Überdeckungswahrscheinlichkeit** wird mit $1-\alpha$ gekennzeichnet, wobei $\alpha$ dann offenbar die Wahrscheinlichkeit dafür darstellt, dass das Intervall den Parameter nicht überdeckt. Die Breite dieses Intervalls lässt sich als Genauigkeit der Stichprobenergebnisse interpretieren. Auf der weißen Landkarte, auf der wir den Parameter suchen, stecken wir auf diese Weise also einen Bereich ab, von dem wir hoffen, dass der Parameter darin liegt.

Häufig ist es nötig, eine fundierte Entscheidung zwischen zwei konkurrierenden Unterstellungen (*gr. Hypothesen*) zu treffen. Zum Beispiel sei es interessant festzustellen, ob in der Grundgesamtheit eine Mehrheit der wahlberechtigten Bürger Österreichs gegen einen EU-Beitritt ist. Wenn wir dazu nicht alle Bürger befragen, sondern nur eine Stichprobe daraus, sind die damit gewonnenen Informationen für die Entscheidung darüber, ob diese Unterstellung zutrifft, zu verwenden. Dieses so genannte **Testen von Hypothesen** auf Basis von Stichprobenergebnissen ist neben der Punkt- und Intervallschätzung ein weiterer Gegenstand der schließenden Statistik.

Die Handlungslogik des statistischen Hypothesentestens entspricht völlig jener nachfolgend beschriebenen eines Indizienprozesses im Strafrecht zur Prüfung der Schuld eines Angeklagten: Dass (zumindest in zivilisierten Ländern) vor Gericht die so genannte Unschuldsvermutung gilt, bedeutet, dass damit das Gegenteil der zu überprüfenden Schuldhypothese als Ausgangshypothese für den Prozess gewählt wird. Ein Angeklagter gilt in diesem Sinne so lange als unschuldig, solange die im Rahmen des Prozesses vorgelegten Hinweise nicht sehr deutlich dagegen sprechen. Das Vorliegen nur geringer Indizien ist nicht ausreichend für eine Verurteilung, denn im Zweifel ist für den Angeklagten zu entscheiden (*lat. in dubio pro reo*). Die Grenze zwischen für einen Schuldspruch zu schwachen und dafür ausreichend starken Indizien zu ziehen, ist die Kunst einer verantwortungsbewussten Rechtsprechung.

Da in einem Indizienprozess aber keine echten Beweise vorliegen, können bei der Rechtsprechung Fehler gemacht werden. Zum einen kann es passieren, dass ein Angeklagter auf Basis der vorgelegten Indizien schuldig gesprochen wird, obwohl er tatsächlich unschuldig ist. In einem solchen Fall spricht man von einem Justizirrtum, dessen Folgen der Angeklagte zu tragen hat. Die Literatur widmet sich diesen schweren persönlichen Schicksalen etwa in großen Werken wie Alexandre Dumas „Der Graf von Monte Christo“, Victor Hugos „Les Miserables“ oder Henri Charrières autobiografisches Werk „Papillon“. Zum anderen kann es vorkommen, dass man – wegen der Interpretation der vorgelegten Indizien als zu schwach – tatsächlich Schuldige freispricht. Den Schaden dieser Art von Fehlentscheidungen trägt die Gesellschaft. Die Wahrscheinlichkeiten für diese beiden Fehlermöglichkeiten stehen insofern miteinander in Beziehung, als die

Erhöhung der Wahrscheinlichkeit für den einen Fehler durch Verschiebung der Grenze dessen, was vor Gericht als starkes Indiz gegen eine Unschuld gewertet wird, zu einer Verringerung der Wahrscheinlichkeit für den anderen Fehler führt.

Beim statistischen Testen von Hypothesen über einen Parameter wiederum wird die zu überprüfende Hypothese als **Einshypothese** bezeichnet. Deren Gegenteil wird zur **Nullhypothese** des Tests. Diese verdient diesen Namen dadurch, dass sie wie die Unschuldshypothese beim Indizienprozess vorderhand als gültig zu betrachten ist (also den Ausgangspunkt null darstellt). Dies macht insofern Sinn, als die zu überprüfende Hypothese die Forschungshypothese ist (zum Beispiel die Behauptung eines Mediziners, dass die Anwendung einer neuen Heilmethode die Heilungschancen bei einer Sportverletzung erhöht), die natürlich erst dann als gültig akzeptiert werden darf, wenn vorliegende Informationen tatsächlich sehr stark gegen ihr Gegenteil, die Nullhypothese, sprechen. Die Einshypothese wird als Alternative zur Nullhypothese auch häufig als Alternativhypothese des Tests bezeichnet. Die Sammlung der Indizien gegen die Nullhypothese erfolgt beim statistischen Testen von Hypothesen durch eine Stichprobenerhebung aus der betreffenden Grundgesamtheit.

Durch die für die jeweilige Fragestellung adäquate statistische Methode werden jene Schranken für die Ergebnisse einer solchen Stichprobenerhebung festgelegt, welche die schwachen von den starken Indizien gegen die Nullhypothese trennen. Dafür ist es notwendig, die bedingte Wahrscheinlichkeit $\alpha$ für jenen Fehler, den man macht, wenn man sich fälschlicherweise für die Einshypothese entscheidet, vorab festzulegen, da die Schranken und somit die Interpretation eines konkreten Stichprobenergebnisses als schwaches oder starkes Indiz gegen die Nullhypothese von der Wahl dieser Wahrscheinlichkeit abhängen. Der Fehler wird als der $\alpha$-Fehler oder das **Signifikanzniveau** des Tests bezeichnet. Findet man auf Basis dieser Schranken in der Stichprobe starke Indizien, also starke Zeichen (*lat. Zeichen = signum*) gegen die Nullhypothese, so spricht man von einem **signifikanten Testergebnis**.

Der zweite mögliche Fehler, den man auch bei dieser Vorgehensweise machen kann und der auftritt, wenn man sich wegen zu geringer Indizien für die Beibehaltung der Nullhypothese ausspricht, obwohl diese falsch und die Einshypothese richtig ist, wird als $\beta$-Fehler des statistischen Testens bezeichnet. Die bedingte Wahrscheinlichkeit für einen solchen Fehler wird vorab nicht festgelegt. Sie wird bei gleichen Stichprobenumfängen umso kleiner, je größer das Signifikanzniveau $\alpha$ gewählt wird (und umgekehrt), und nimmt mit zunehmenden Stichprobenumfängen ab.

Im Folgenden betrachten wir die verschiedenen Aufgaben der schließenden Statistik bei den häufigsten in der praktischen Anwendung dieser Methoden vorkommenden Fragestellungen. Das Ziel ist es, die beschriebenen Methoden korrekt anwenden zu können und darüber hinaus ein allgemeines Verständnis für die Handlungslogik des statistischen Schließens zu erzeugen, das bei der Anwendung anderer als der hier dargestellten Methoden nützlich ist. Es gibt unzählige solche verschiedenen Fragestellungen und adäquate statistische Methoden, die Bände wie etwa Bosch (1998) oder Sachs (2002) füllen. Die Handlungslogik der dabei verwendeten statistischen Methoden ist dabei jedoch im Wesentlichen stets die gleiche!

COMPANION WEBSITE WWW.PEARSON-STUDIUM.DE CWS

## Übungsaufgaben

Die Lösungen zu den nachfolgenden Übungsbeispielen finden Sie unter www.pearson-studium.de. Für die mit * markierten Aufgaben verwenden Sie die zu diesem Buch unter dieser Web-Adresse ebenfalls bereitgestellte Excel-Lerndatei.

**Ü51***

Im Internet finden Sie in der Exceldatei zum Buch eine Grundgesamtheit mit allen 2.500 an einer Universität inskribierten Studentinnen und eine Anleitung zur Ziehung einer uneingeschränkten Zufallsauswahl. Die einzelnen Erhebungseinheiten sind durch eine Identifikationsnummer charakterisiert (und sie wären darüber kontaktierbar). Sie sollen aus dieser Grundgesamtheit eine Zufallsstichprobe vom Umfang $n = 250$ ziehen, in die jede dieser Studentinnen mit gleicher Wahrscheinlichkeit gelangen soll.

**Ü52***

Berechnen Sie in Ihrer in Ü51 gezogenen Stichprobe vom Umfang $n = 250$ den Punktschätzer für

a) die relative Häufigkeit der Studentinnen, die noch kinderlos sind (Excel-Funktion HÄUFIGKEIT aus Ü4)
b) den Mittelwert der Kinderzahl (Excel-Funktion MITTELWERT aus Ü16)
c) den Korrelationskoeffizienten zur Messung des statistischen Zusammenhangs zwischen den beiden Merkmalen Kinderzahl und Anzahl belegter Kurse (Excel-Funktion KORREL aus Ü31)

und vergleichen Sie die drei Stichprobenergebnisse mit den Parametern. Letztere lassen sich aus der ursprünglichen Grundgesamtheit von 2.500 Studentinnen aus Ü51 errechnen.

**Ü53***

Berechnen Sie in Ihrer in Ü51 gezogenen Stichprobe den Punktschätzer für die relative Häufigkeit der Studentinnen, die noch kinderlos sind. Verwenden Sie dazu jedoch nur die antwortenden Studentinnen, die Sie daran erkennen, dass bei ihnen in der Spalte „Responseverhalten" eine „1" steht. Vergleichen Sie die relative Häufigkeit an Kinderlosen unter den Antwortenden dieser Stichprobe mit der relativen Häufigkeit unter allen 2.500 Studentinnen der Grundgesamtheit aus Ü51 und mit jener unter den 250 Studentinnen aus Ü52.

## 3.4 Schätzen und Testen einer relativen Häufigkeit

### 3.4.1 Schätzen einer relativen Häufigkeit

Beim Schätzen von relativen Häufigkeiten widmen wir uns nun der Aufgabe, eine unbekannte relative Häufigkeit $\pi$ einer bestimmten Eigenschaft in der interessierenden endlichen Grundgesamtheit – das ist der gesuchte Parameter – auf Basis einer uneingeschränkten Zufallsstichprobe zu schätzen. Der Punktschätzer für $\pi$ ist ganz einfach die relative Häufigkeit $p$ der interessierenden Eigenschaft in der gezogenen uneingeschränkten Zufallsstichprobe. Für die Intervallschätzung des Parameters $\pi$ ist um den Punktschätzer $p$ ein Intervall, das so genannte **Konfidenzintervall**, so zu konstruieren, dass dieses Intervall mit der vorgegebenen Wahrscheinlichkeit $1-\alpha$ den wahren, unbekannten Wert des Parameters überdeckt.

Zur Bestimmung eines solchen Intervalls greifen wir auf verschiedene Ausführungen in Abschnitt 2.2 zurück: Anzahlen an weißen Kugeln in nach dem Urnenmodell gezogenen Stichproben, also Häufigkeiten einer bestimmten interessierenden Eigenschaft der Erhebungseinheiten, verteilen sich mit dem theoretischen Mittelwert nach (12a) und der theoretischen Varianz nach (12b) hypergeometrisch.

Der Quotient aus der Anzahl A der weißen Kugeln in der Grundgesamtheit und dem Umfang $N$ der Grundgesamtheit ist die relative Häufigkeit $\pi$ der weißen Kugeln in der Grundgesamtheit. Damit lässt sich der zur Wahrscheinlichkeitsverteilung nach (12) gehörende theoretische Mittelwert der Anzahlen $a$ (12a) durch $n \cdot \pi$ und die theoretische Varianz (12b) durch

$$n \cdot \pi \cdot (1-\pi) \cdot \frac{N-n}{N-1}$$

darstellen.

Dividiert man die möglichen Anzahlen $a$ durch den Stichprobenumfang $n$, dann erhält man die möglichen relativen Häufigkeiten $p$ der interessierenden Eigenschaft in der uneingeschränkten Zufallsstichprobe. Die Wahrscheinlichkeiten für ihr Auftreten entsprechen demnach den mit (12) zu berechnenden für die jeweils dazugehörenden Anzahlen. Der theoretische Mittelwert der relativen Häufigkeiten $p$ in der Stichprobe ergibt sich klarerweise durch Division des theoretischen Mittelwerts für Anzahlen (12a) durch $n$. Es ergibt sich als theoretischer Mittelwert:

$$\frac{n \cdot \pi}{n} = \pi.$$

Das bedeutet lediglich, dass sich – wie schon am Ende von Abschnitt 2.2.1 beschrieben – im Durchschnitt über alle möglichen Stichprobenergebnisse der Parameter ergibt. Diese fundamentale Eigenschaft eines Punktschätzers wird auch als Unverzerrtheit (oder Erwartungstreue) bezeichnet. Dies ist zwar eine Aussage über alle möglichen Stichproben, von denen die aktuell gezogene nur eine ist, aber immerhin: Man weiß zumindest, dass durchschnittlich das richtige Ergebnis herauskommen würde.

Die theoretische Varianz der möglichen relativen Häufigkeiten $p$ ergibt sich aus der theoretischen Varianz für Anzahlen nach (12b), indem man diese durch $n^2$ dividiert. Dies ist einsichtig, da – durch die Division der Anzahlen durch $n$ für die relativen Häufigkeiten – die Abstände der verschiedenen möglichen relativen Häufigkeiten im Vergleich zu den Abständen der verschiedenen Anzahlen um den $n$-ten Teil verringert werden. Und dies wiederum führt wegen der Quadrierung der Abstände zum Mittelwert in der Varianzformel zu einer Verringerung um den $n^2$-ten Teil der Varianz der Anzahlen:

$$\frac{1}{n^2} \cdot n \cdot \pi \cdot (1-\pi) \cdot \frac{N-n}{N-1} = \frac{\pi \cdot (1-\pi)}{n} \cdot \frac{N-n}{N-1}.$$

Wird ein anderes Stichprobenverfahren als die uneingeschränkte Zufallsauswahl verwendet ist eine andere Varianzformel zu verwenden. Im Falle einer geschichteten uneingeschränkten Zufallsauswahl müssen die oben angeführten Formeln in jeder Schicht angewendet und die einzelnen Varianzen aufsummiert werden (siehe diesbezüglich etwa: Lohr (2010) oder Quatember (2010)).

In großen Grundgesamtheiten – wie wir sie hier betrachten wollen – wird der rechte Teil dieses Produktes annähernd zu eins (vergleiche mit dem Ende von Abschnitt 2.2.1) und die theoretische Varianz der relativen Häufigkeiten $p$ somit annähernd zu

$$\frac{\pi \cdot (1-\pi)}{n}.$$

Ab einer gewissen Größe $N$ der Grundgesamtheit spielt diese also keine Rolle mehr für die Streuung der Stichprobenergebnisse. In kleinen Grundgesamtheiten muss der Faktor

$$\frac{N-n}{N-1}$$

jedoch bei der Varianz berücksichtigt werden.

Der Stichprobenumfang $n$ im Nenner der Varianz manifestiert formal ein Faktum, das intuitiv selbst jedem Laien einleuchtet: Die Stichprobenergebnisse für relative Häufigkeiten streuen umso weniger, werden also umso genauer, desto größer die Stichprobe ist.

Bereits am Ende von Kapitel 2 haben wir gesehen (Beispiel 26), dass sich die hypergeometrische Verteilung mit zunehmendem Stichprobenumfang der Normalverteilung annähert. Dies ist eine Aussage des Zentralen Grenzwertsatzes. Und sie tut dies für relative Häufigkeiten mit dem eben beschriebenen theoretischen Mittelwert und der eben beschriebenen theoretischen Varianz.

Nachdem wir nun also die Verteilungsform (Normalverteilung) und die beiden Parameter (Erwartungswert und theoretische Varianz) kennen, die für das Rechnen mit der Normalverteilung benötigt werden, lässt sich näherungsweise jenes symmetrische Intervall $[p_u;p_o]$ bestimmen, innerhalb dessen Schranken die relative Häufigkeit $p$ der eine interessierende Eigenschaft aufweisenden Erhebungseinheiten in der Stichprobe mit einer vorgegebenen Wahrscheinlichkeit von $1-\alpha$ liegen muss. Es soll also gelten:

$$\Pr(p_u \leq p \leq p_o) = 1-\alpha.$$

Um für *ausreichend große Stichproben* (Faustregel: $n \geq 100$) mit der Standardisierungsformel (14) aus Abschnitt 2.2.2 für diese umgekehrte Fragestellung die obere Schranke $p_o$ bei *vergleichsweise großen Grundgesamtheiten* (zum Beispiel $N = 6$ Millionen) bestimmen zu können, muss man in (14) neben dem Erwartungswert und der theoretischen Varianz von $p$ noch den zu dieser Obergrenze gehörigen Wert $u_0$ der Standardnormalverteilung bestimmen. Wenn das ganze Intervall die Stichprobenergebnisse $p$ mit einer Wahrscheinlichkeit von $1-\alpha$ umfasst, dann beträgt links von $p_o$ die Wahrscheinlichkeit $1-\alpha$ plus der Hälfte des auf die Gesamtfläche 1 fehlenden Rests (siehe Abbildung 40 und vergleiche mit Beispiel 25).

Demnach finden wir $u_0$, wenn wir in Tabelle A im Anhang bei einer Wahrscheinlichkeit von $1 - \alpha + \alpha/2 = 1 - \alpha/2$ „umgekehrt“ nachschauen. Wir bezeichnen diesen Wert mit $u_{1-\alpha/2}$:

$$u_{1-\alpha/2} = \frac{p_o - \pi}{\sqrt{\frac{\pi \cdot (1-\pi)}{n}}}.$$

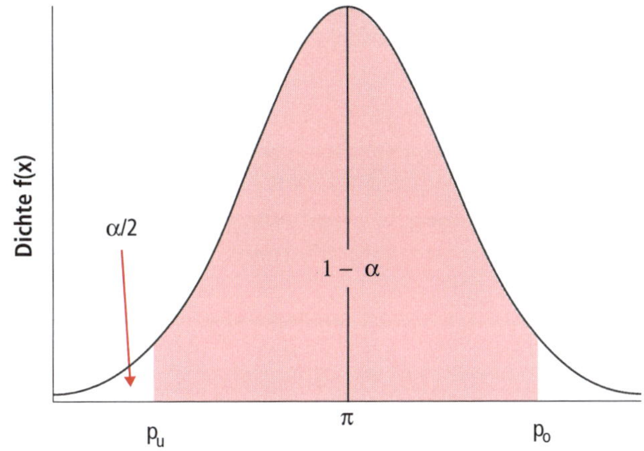


**Abbildung 40: Die (annähernde) Stichprobenverteilung relativer Häufigkeiten für große Stichprobenumfänge und große Grundgesamtheiten**

In ausreichend großen Stichproben aus vergleichsweise *kleinen Grundgesamtheiten* (zum Beispiel $N = 1.000$) ist im Nenner unter der Wurzel noch mit $(N - n)/(N - 1)$ zu multiplizieren. Zur Vorgehensweise bei *kleinen Stichproben* siehe etwa: Hartung (2005), S.203ff.

Daraus lässt sich die obere Schranke $p_o$ dieses Intervalls bestimmen:

$$p_o = \pi + u_{1-\alpha/2} \cdot \sqrt{\frac{\pi \cdot (1-\pi)}{n}}. \tag{15a}$$

Und für die gleich weit vom Mittelwert entfernte untere Schranke gilt:

$$p_u = \pi - u_{1-\alpha/2} \cdot \sqrt{\frac{\pi \cdot (1-\pi)}{n}}. \tag{15b}$$

Dies ist eine Aussage darüber, mit welcher Wahrscheinlichkeit *Stichprobenergebnisse* $p$ ausgehend vom Parameter $\pi$ bei uneingeschränkten Zufallsauswahlen in einem bestimmten Bereich $[p_u;p_o]$ liegen. Die eigentliche Fragestellung lautet natürlich: In welchem Intervall liegt der *Parameter* $\pi$ der Grundgesamtheit ausgehend von einem Stichprobenergebnis $p$ mit einer vorgegebenen Wahrscheinlichkeit? Der Antwort wollen wir uns mit der Beantwortung folgender Frage nähern: Wenn das Stichprobenergebnis $p$ mit einer Wahrscheinlichkeit von $1 - \alpha$ im näherungsweisen Intervall $[p_u;p_o]$

um $\pi$ liegt, mit welcher Wahrscheinlichkeit wird der Parameter $\pi$ dann von einem Intervall überdeckt werden, das man so bildet, dass man jetzt zum konkreten Stichprobenergebnis $p$ den Faktor

$$u_{1-\alpha/2} \cdot \sqrt{\frac{\pi \cdot (1-\pi)}{n}}$$

aus (15a) und (15b) einmal addiert und einmal subtrahiert? Da dieser Faktor die Länge der Strecke zwischen $p_o$ (oder $p_u$) und $\pi$ ist, wird ein solches um $p$ gebildetes Intervall offenbar genau dann den Wert $\pi$ überdecken (siehe dazu Abbildung 40), wenn das Stichprobenergebnis $p$ nicht weiter von $\pi$ entfernt liegt, als es die Schranken $p_u$ und $p_o$ sind, und es wird ihn genau dann nicht überdecken, wenn $p$ weiter als $p_u$ und $p_o$ von $\pi$ entfernt liegt. Die Wahrscheinlichkeit dafür, dass das Stichprobenergebnis $p$ innerhalb von $p_u$ und $p_o$ liegt, kennen wir schon. Sie ist $1-\alpha$. Das heißt, dass ein solches Intervall – bezeichnen wir seine Grenzen mit $\pi_u$ und $\pi_o$ – etwa bei $\alpha = 0{,}05$ in ca. 95 von 100 Stichproben den wahren Parameter überdecken und in nur ca. 5 von 100 Stichproben diesen nicht überdecken wird.

Nun enthält jedoch der für die Bestimmung des Intervalls $[\pi_u; \pi_o]$ auf diese Weise verwendete Faktor aus (15a) beziehungsweise (15b) den unbekannten Parameter $\pi$. Ersetzen wir diesen durch seinen Punktschätzer $p$, den wir aus der Stichprobe gewinnen, so wird die Wahrscheinlichkeit $1-\alpha$ für die Überdeckung des Parameters in ausreichend großen Stichproben dennoch annähernd erreicht werden. Dieses so entstandene Intervall ist das näherungsweise **Konfidenzintervall** (*lat. confidere = vertrauen*) **zur Sicherheit $1-\alpha$** für den Parameter $\pi$ bei uneingeschränkter Zufallsauswahl:

$$\begin{aligned} \pi_o &= p + u_{1-\alpha/2} \cdot \sqrt{\frac{p \cdot (1-p)}{n}} \\ \pi_u &= p - u_{1-\alpha/2} \cdot \sqrt{\frac{p \cdot (1-p)}{n}}. \end{aligned} \qquad (16)$$

Das ist das Intervall, dem wir bei ausreichend großen Stichproben „vertrauen“ dürfen, dass es zum Beispiel bei $\alpha = 0{,}05$ in 95 von 100 aller möglichen Stichproben den Parameter $\pi$ überdeckt. In Excel wendet man dafür die Funktion HÄUFIGKEIT (siehe auch: Abschnitt „Tabellarische Darstellung“ in Kapitel 1) auf die Stichprobendaten an, errechnet die relativen Häufigkeiten $p$ und programmiert daran anschließend (16).

Wenngleich man solche Konfidenzintervalle für beliebige Überdeckungswahrscheinlichkeiten $1-\alpha$ konstruieren kann, hat es sich in der empirischen Forschung der Sozial- und Wirtschaftswissenschaften oder der Psychologie als Konvention eingebürgert, dass $1-\alpha$ so gut wie immer dem Wert 0,95 entspricht. Das ist dann also jene Wahrscheinlichkeit, von der man spricht, wenn in diesem Zusammenhang von „an Sicherheit grenzender Wahrscheinlichkeit“ die Rede ist.

## Beispiel 27: Konfidenzintervall für die relative Häufigkeit

In einer Zufallsstichprobe aus der wahlberechtigten Bevölkerung gaben 23 Prozent der 400 Befragten an, dass sie der wirtschaftlichen Zukunft mit Zuversicht entgegensehen.

Der Punktschätzer für den unbekannten Parameter $\pi$, das ist die relative Häufigkeit dieser Eigenschaft in der Grundgesamtheit, ist also $p = 0{,}23$. Dieser wird (möglicherweise) in einem Zeitungsartikel als Aufmacher gewählt („Nicht einmal jeder Vierte sieht Zukunft rosig!"), enthält jedoch keine Genauigkeitsabschätzung. Als Grenzen des Konfidenzintervalls zur Sicherheit $1-\alpha = 0{,}95$ errechnet man mit (16) und $u_{0,975} = 1{,}96$:

$$\pi_o = 0{,}23 + 1{,}96 \cdot \sqrt{\frac{0{,}23 \cdot (1-0{,}23)}{400}} = 0{,}271$$

$$\pi_u = 0{,}23 - 1{,}96 \cdot \sqrt{\frac{0{,}23 \cdot (1-0{,}23)}{400}} = 0{,}189.$$

Das vor dem Beispiel geschilderte Konstruktionsprinzip des Konfidenzintervalls gewährleistet, dass die wahre relative Häufigkeit $\pi$ an Personen der Grundgesamtheit, die zuversichtlich in die Zukunft blicken, mit einer Wahrscheinlichkeit von 0,95 vom Intervall [0,189; 0,271] überdeckt wird. Denn in 95 von 100 aller möglichen Stichproben überdeckt ein auf diese Weise konstruiertes Intervall den Parameter.

Man sieht deutlich den Informationsgewinn, den wir durch zusätzliche Angabe des Intervallschätzers zum Punktschätzer erhalten: Dem Stichprobenergebnis von 23 Prozent sieht man seine (Un-)Genauigkeit nicht an. Erst das Konfidenzintervall macht uns darauf aufmerksam.

Wie informativ ein solches Stichprobenergebnis tatsächlich ist, hängt immer auch von den eigenen Vorkenntnissen zum interessierenden Thema ab. In der Frage der Parteipräferenz zum Beispiel werden Ergebnisse in der Art von Beispiel 26 als ungenau empfunden werden, da man durch die ständige Veröffentlichung neuer Meinungsforschungsergebnisse und den in unregelmäßigen Abständen stattfindenden Wahlen bei diesem Thema gute Vorkenntnisse besitzt. Bei der Frage nach der Zuversicht für die wirtschaftliche Zukunft, einer Einstellung, über deren Auftreten in der Bevölkerung der Einzelne kaum Vorkenntnisse besitzt, sofern er kein empirischer Sozialforscher ist, ist diese auf die Befragung von nur 400 zufällig ausgewählten Personen basierende Eingrenzung des Möglichen auf ein solch kleines Intervall ein geradezu fantastischer Informationsgewinn. Dass die oben genannte Argumentation nicht sofort zu einer Erhöhung der in Umfragen zum Parteipräferenzthema verwendeten Stichprobenumfänge führt, um dadurch genauere Stichprobenergebnisse zu erhalten, liegt einzig und allein an den damit verbundenen Erhebungskosten.

Betrachten wir nun das Aussehen eines Konfidenzintervalls bei einem wesentlich höheren Stichprobenumfang.

## Beispiel 28: Konfidenzintervall für die relative Häufigkeit

Es soll das Konfidenzintervall für den Parameter $\pi$ zur Sicherheit $1-\alpha = 0{,}95$ bestimmt werden, wenn das Stichprobenergebnis $p = 0{,}23$ war und dazu 10.000 Personen befragt wurden.

Dieses Konfidenzintervall errechnet sich nach (16) mit

$$\pi_o = 0{,}23 + 1{,}96 \cdot \sqrt{\frac{0{,}23 \cdot (1-0{,}23)}{10.000}} = 0{,}238$$

und

$$\pi_u = 0{,}23 - 1{,}96 \cdot \sqrt{\frac{0{,}23 \cdot (1-0{,}23)}{10.000}} = 0{,}222.$$

Nach Erhönung des Stichprobenumfangs auf $n = 10.000$ wird der interessierende Anteil also mit einer Wahrscheinlichkeit von 0,95 vom schmalen Intervall [0,222; 0,238] überdeckt. Die Genauigkeit des Stichprobenergebnisses ist also schon bei „nur" 10.000 Befragten aus einer im Vergleich dazu sehr großen Grundgesamtheit enorm. Ob die Grundgesamtheit dabei aus 6 oder 60 Millionen Personen bestanden hat, spielt bei diesen Größenordnungen keine Rolle mehr.

Eine in höchstem Maße praxisrelevante Fragestellung ist natürlich jene nach dem für eine Erhebung erforderlichen **Stichprobenumfang**. Stichprobenergebnisse sollen im allgemeinen Verständnis der Repräsentativität von Stichproben (siehe Abschnitt 3.1) auch ausreichend genaue Ergebnisse liefern. Umso genauer ein solches sein soll, umso mehr Erhebungseinheiten müssen in die Stichprobe aufgenommen werden. Damit kehren wir zu den Überlegungen zur Verteilung der Stichprobenergebnisse zurück. Bezeichnen wir zur Bestimmung dieses Umfangs zuerst einmal das Stück, das bei ausreichenden Stichprobenumfängen und großen Grundgesamtheiten bei uneingeschränkter Zufallsauswahl der Stichprobe in (15a) zum Parameter $\pi$ dazugezählt und in (15b) abgezogen wurde, mit $\varepsilon$:

$$\varepsilon = u_{1-\alpha/2} \cdot \sqrt{\frac{\pi \cdot (1-\pi)}{n}}.$$

Man nennt $\varepsilon$ auch die **Schwankungsbreite** der Stichprobenergebnisse. Wir können die Größe dieses Stücks als jene gerade noch akzeptierte Abweichung des Stichprobenergebnisses $p$ vom Parameter $\pi$ interpretieren, die bei $\alpha = 0{,}05$ in 95 von 100 Fällen nicht überschritten wird. Wird die Schwankungsbreite $\varepsilon$ zum Beispiel mit 0,02 festgelegt, dann heißt das, dass bei $\alpha = 0{,}05$ in 95 von 100 Fällen das Stichprobenergebnis $p$ um maximal 0,02 vom Parameter $\pi$ abweichen darf. Aus dieser Gleichung lässt sich der Stichprobenumfang $n$ für eine Erhebung bestimmen, die mit der Wahrscheinlichkeit $1-\alpha$ diese vorgegebene Genauigkeit $\varepsilon$ einhalten soll:

$$n = \frac{u^2_{1-\alpha/2}}{\varepsilon^2} \cdot \pi \cdot (1-\pi). \qquad (17)$$

Der dafür erforderliche Stichprobenumfang ist dann die auf $n$ aus (17) folgende nächstgrößere ganze Zahl.

Bei kleinen Grundgesamtheiten ist wegen

$$\varepsilon = u_{1-\alpha/2} \cdot \sqrt{\frac{\pi \cdot (1-\pi)}{n} \cdot \frac{N-n}{N-1}}$$

(siehe Anmerkung über Formel (16a)) dieser Stichprobenumfang

$$n = \frac{N \cdot u_{1-\alpha/2}^2 \cdot \pi \cdot (1-\pi)}{(N-1) \cdot \varepsilon^2 + u_{1-\alpha/2}^2 \cdot \pi \cdot (1-\pi)}.$$

Um diesen Stichprobenumfang berechnen zu können, sind also vorab festzulegen:

- die Sicherheit $1-\alpha$, mit der das Konfidenzintervall den Parameter $\pi$ überdecken soll (diese ist normalerweise 0,95).
- die erwünschte Genauigkeit $\varepsilon$ der Stichprobenergebnisse in Form der halben Breite des Intervalls $[p_u;p_o]$ (dies ist eine Größe, die sich der Anwender zu überlegen hat, denn umso genauer die Stichprobenergebnisse werden sollen, umso größer wird der Stichprobenumfang und umso teurer die Erhebung sein).
- die Größe des gesuchten Parameters $\pi$, da davon – wie man vom Beginn dieses Abschnitts weiß – die Varianz der Stichprobenergebnisse abhängt.

Nun kann man die Größe von $\pi$ natürlich nicht kennen. Für den Zweck der Bestimmung des erforderlichen Stichprobenumfangs nach (17) kann $\pi$ vor der Stichprobenziehung mit früheren Ergebnissen zum betreffenden Thema abgeschätzt werden (etwa durch Stichprobenergebnisse zur Parteipräferenz aus der letzten Umfrage). Damit wird der erforderliche Stichprobenumfang dann zwar nicht exakt, aber hinreichend genau bestimmt werden können. Sind solche Abschätzungen nicht möglich, so muss der „schlechteste Fall" angenommen werden. Dieser liegt bei $\pi = 0{,}5$, denn dies ergibt in (17) den größten Stichprobenumfang, weil die Funktion $\pi \cdot (1-\pi)$ ihr Maximum bei $\pi = 0{,}5$ besitzt (siehe Abbildung 41).

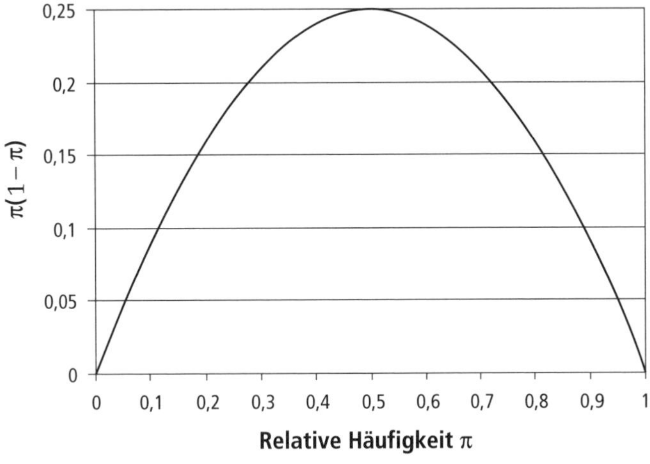


**Abbildung 41: Der Verlauf der Funktion** $\pi \cdot (1-\pi)$

## Beispiel 29: Berechnung des erforderlichen Stichprobenumfangs

In einer Meinungsumfrage soll festgestellt werden, wie hoch der derzeitige Stimmenanteil einer bestimmten Partei wäre. Wie viele Wahlberechtigte sind in einer uneingeschränkten Zufallsauswahl aus der Grundgesamtheit mindestens zu befragen, wenn das Konfidenzintervall zur Sicherheit $1-\alpha = 0{,}95$ für den tatsächlichen Stimmenanteil eine Schwankungsbreite $\varepsilon$ von 0,02 besitzen soll und

a) man nach früheren Erhebungen davon ausgehen kann, dass die Partei etwa 15 Prozent der Stimmen erreichen wird,

b) man schätzt, dass die Partei zwischen 15 und 25 Prozent der Stimmen erreichen wird,

c) man schätzt, dass die Partei zwischen 40 und 55 Prozent der Stimmen erreichen wird,

d) keinerlei Abschätzung des tatsächlichen Stimmenanteils möglich ist?

Für einen Stimmenanteil $\pi$ von etwa 15 Prozent (Punkt a) errechnet sich aus (17) ein erforderlicher Stichprobenumfang von:

$$n = \frac{1{,}96^2}{0{,}02^2} \cdot 0{,}15 \cdot (1-0{,}15) = 1.225.$$

Um die gewünschte Genauigkeit mit der vorgegebenen Sicherheit einzuhalten, sind demnach mindestens 1.225 Erhebungseinheiten zu befragen.

Kann man den Stimmenanteil zumindest vernünftig eingrenzen (wie in den Punkten b und c), so hat man aus dem möglichen Bereich von $\pi$ jenen Wert in (17) einzusetzen, der den größten Stichprobenumfang benötigt, um die erwünschte Genauigkeit mit der vorgegebenen Sicherheit einzuhalten. Welcher Wert aus dem Intervall [0,15; 0,25] ist dies aber? Aus Abbildung 41 geht hervor, dass sich in (17) der größte Stichprobenumfang ergeben wird, wenn für $\pi$ darin aus dem Bereich [0,15; 0,25] der Wert 0,25 eingesetzt wird. Somit ist hierfür der erforderliche Stichprobenumfang

$$n = \frac{1{,}96^2}{0{,}02^2} \cdot 0{,}25 \cdot (1-0{,}25) = 1.801.$$

Ist $\pi$ wie in b) einzugrenzen, dann müssen mindestens 1.801 Erhebungseinheiten befragt werden, um die erwünschte Genauigkeit mit der vorgegebenen Sicherheit in jedem Fall einzuhalten.

In c) ist jener „schlechteste Fall" aus dem Intervall [0,40; 0,55] der Wert $\pi = 0{,}5$! In (17) ergibt dies:

$$n = \frac{1{,}96^2}{0{,}02^2} \cdot 0{,}5 \cdot (1-0{,}5) = 2.401.$$

Ist keinerlei Abschätzung möglich (wie in Punkt d), so muss in (17) für $\pi$ der schlechteste Fall aus dem Bereich [0;1] eingesetzt werden. Und auch das ist 0,5:

$$n_{erf} = \frac{1{,}96^2}{0{,}02^2} \cdot 0{,}5 \cdot (1-0{,}5) = 2.401.$$

Ohne Eingrenzung des Parameters $\pi$ sind somit 2.401 Erhebungseinheiten zu befragen, um die erwünschte Genauigkeit mit der vorgegebenen Sicherheit einzuhalten.

Die Berechnung des erforderlichen Stichprobenumfanges bei Schätzung anderer Parameter als relativen Häufigkeiten und bei Verwendung anderer Stichprobenverfahren als uneingeschränkter Zufallsauswahlen ist Thematik der Stichprobentheorie (siehe etwa: Quatember (2010)).

## Übungsaufgaben

WWW.PEARSON-STUDIUM.DE CWS COMPANION WEBSITE

Die Lösungen zu den nachfolgenden Übungsbeispielen finden Sie unter www.pearson-studium.de. Für die mit * markierten Aufgaben verwenden Sie die zu diesem Buch unter dieser Web-Adresse ebenfalls bereitgestellte Excel-Lerndatei.

**Ü54**

Bei der Abstimmung über den EU-Beitritt Österreichs stimmten im Jahr 1994 66,6 Prozent der Bevölkerung dafür. In welchem Bereich wäre an diesem Tag mit einer Wahrscheinlichkeit von 0,95 ein diesbezüglicher Anteil in einer zufällig aus dieser Grundgesamtheit gezogenen uneingeschränkten Zufallsauswahl gelegen, wenn man dazu

a) 100,
b) 400,
c) 800

Personen ausgewählt hätte?

**Ü55***

Eine Woche vor der letzten Wahl wurden zufällig ausgewählte wahlberechtigte Staatsbürgerinnen und Staatsbürger gefragt, welche Partei sie wählen würden. Die kodierten Antworten finden Sie in einer zu diesem Beispiel im Internet bereitstehenden Excel-Datei.

Bestimmen Sie die relative Häufigkeit der Partei A in der Stichprobe mit Hilfe der Excel-Funktion HÄUFIGKEIT (siehe Ü4) und berechnen Sie davon ausgehend mit dem Taschenrechner das Konfidenzintervall zur Sicherheit $1 - \alpha = 0{,}95$ für die relative Häufigkeit an Wählern dieser Partei in der Gesamtbevölkerung.

**Ü56**

Ein Meinungsforschungsinstitut veröffentlichte das Umfrageergebnis einer Zufallsstichprobe von $n = 500$ Personen aus der Grundgesamtheit aller Wahlberechtigten. Es gaben 80 Prozent der Befragten an, gegen den Einkauf von neuen Flugzeugen für die Landesverteidigung zu sein. Berechnen Sie

a) das Konfidenzintervall zur Sicherheit $1 - \alpha = 0{,}95$,
b) das Konfidenzintervall zur Sicherheit $1 - \alpha = 0{,}9$,
c) das Konfidenzintervall zur Sicherheit $1 - \alpha = 0{,}99$

für diese relative Häufigkeit in der Gesamtheit aller Wahlberechtigten.

**Ü57**

Eine Zufallsstichprobe von $n = 300$ Werkstücken aus einer Produktion ergab einen Ausschussanteil $p = 0{,}14$. Berechnen Sie daraus das Konfidenzintervall zur Sicherheit $1 - \alpha = 0{,}95$ für den Ausschussanteil $\pi$ in der gesamten Produktion.

**Ü58**

In einer Meinungsumfrage soll festgestellt werden, wie hoch der derzeitige Stimmenanteil einer bestimmten Partei wäre. Wie viele Wahlberechtigte sind in einer uneingeschränkten Zufallsauswahl aus der Grundgesamtheit mindestens zu befragen, wenn das Konfidenzintervall zur Sicherheit $1 - \alpha = 0{,}95$ eine Schwankungsbreite $\varepsilon$ von 0,03 besitzen soll und man davon ausgehen kann, dass diese relative Häufigkeit

a) bei etwa 42 Prozent,

b) zwischen 5 und 15 Prozent,

c) bei mindestens 30 Prozent liegen wird?

**Ü59**

Die relative Häufigkeit des Auftretens einer bestimmten Eigenschaft in der Gesamtbevölkerung soll in einer Stichprobe geschätzt werden. Welcher Stichprobenumfang ist zu wählen, wenn keinerlei Abschätzung des tatsächlichen Anteils existiert und das Konfidenzintervall zur Sicherheit $1 - \alpha = 0{,}95$ eine von Ihnen festzulegende Schwankungsbreite aufweisen soll?

**Ü60**

In einer Mitarbeiterbefragung soll mittels einer Zufallsstichprobe erhoben werden, wie hoch die derzeitige Ablehnung von Umstrukturierungen unter den 1.200 Beschäftigten ist. Wie viele Personen sind mindestens zu befragen, wenn das Konfidenzintervall zur Sicherheit $1 - \alpha = 0{,}95$ für diesen Anteil eine Schwankungsbreite von $\varepsilon = 0{,}025$ besitzen soll und man vermutet, dass dieser bei 0,8 liegen wird?

## 3.4.2 Testen von Hypothesen über eine relative Häufigkeit

Nun wenden wir uns dem statistischen Testen, also dem Prüfen von Hypothesen über relative Häufigkeiten, zu. Des Öfteren ergibt sich aus der vorgegebenen Aufgabenstellung die Notwendigkeit, über das Zutreffen oder Nichtzutreffen von Unterstellungen über einen Parameter zu urteilen. Die allgemeine Handlungslogik beim Hypothesentesten wurde bereits in Abschnitt 3.1 beschrieben. Es geht nun darum, wie man diese Handlungslogik bei der Prüfung von Hypothesen über relative Häufigkeiten umsetzt. Betrachten wir dazu folgendes Beispiel.

### Beispiel 30: Testen von zweiseitigen Hypothesen über eine relative Häufigkeit

Es sei bekannt, dass in der EU der Anteil an zuversichtlich in die wirtschaftliche Zukunft blickenden Bürgern bei 20 Prozent liegt. Die Regierenden eines EU-Staates möchten nun auf dem Signifikanzniveau $\alpha = 0{,}05$ überprüfen, ob in ihrem Land die relative Häufigkeit dieser Eigenschaft nicht mit dem EU-weiten Wert übereinstimmt (ob also $\pi$ in diesem Land kleiner oder größer als in der gesamten EU ist). In einer zu diesem Zweck erhobenen uneingeschränkten Zufallsstichprobe sei der Prozentsatz an „Zuversichtlichen“ unter $n = 400$ Befragten des Landes 23 Prozent.

Da die zu überprüfende Unterstellung über die relative Häufigkeit $\pi$ in der Grundgesamtheit immer zur Einshypothese $H_1$ des statistischen Tests wird, lautet diese folglich: $\pi \neq 0{,}2$. Das Gegenteil ist $\pi = 0{,}2$ und wird zur Nullhypothese $H_0$, so dass man die beiden Hypothesen folgendermaßen formulieren kann:

$$H_0\colon \pi = 0{,}2 \quad \text{und} \quad H_1\colon \pi \neq 0{,}2.$$

Das Stichprobenergebnis von 23 Prozent spricht natürlich auf den ersten Blick gegen $H_0$. Aber bei diesem ersten Eindruck wollen wir es beim Testen von Hypothesen nicht belassen. Da Stichprobenergebnisse ganz natürlich schwanken (wir befragen ja nur einen Teil der Grundgesamtheit), gilt es festzustellen, ob das konkrete Stichprobenergebnis stark gegen die Nullhypothese spricht oder nur schwach, also ob es so nahe bei der Behauptung der Nullhypothese liegt, dass man den Unterschied zu dieser Behauptung auch der natürlichen Schwankung von Stichprobenergebnissen zuschreiben könnte. Ein Stichprobenergebnis im Wertebereich von $H_0$ spricht natürlich überhaupt nicht gegen die Nullhypothese. Ein solches von – sagen wir – 0,9 spricht genauso selbstverständlich sehr stark dagegen. Auch eine relative Häufigkeit $p$ von zum Beispiel 0,5 spricht bei immerhin 400 Befragten sicherlich stark gegen $H_0$; ebenso Ergebnisse von 40 oder 30 Prozent. Was ist aber bei 25, 23 oder sogar 21 Prozent? Die Indizien gegen $H_0$ werden selbstverständlich umso schwächer empfunden, umso näher das Stichprobenergebnis bei der Aussage der Nullhypothese liegt. Nun gilt es, die Schwelle zwischen den schwachen und den starken Indizien gegen die Nullhypothese festzulegen.

Aus unseren Überlegungen zur Verteilung der bei gegebenem Parameter $\pi$ möglichen Stichprobenergebnisse $p$ (Abbildung 40) wissen wir, dass sich in großen Grundgesamtheiten und bei ausreichend großen Stichprobenumfängen relative Häufigkeiten $p$ in Stichproben annähernd normalverteilen mit dem theoretischen Mittelwert $\pi$ und der theoretischen Varianz

$$\frac{\pi \cdot (1-\pi)}{n}.$$

Unter Gültigkeit der Nullhypothese von Beispiel 30 ($\pi = 0{,}2$) kann man mit (15a) und (15b) jenen symmetrischen Bereich festlegen, in dem jene Stichprobenergebnisse $p$ mit der Wahrscheinlichkeit $1-\alpha$ liegen, die dem Parameter $\pi = 0{,}2$ am nächsten sind. Vom Wert $\pi = 0{,}2$ der Nullhypothese weiter entfernte Stichprobenergebnisse kommen dann, wenn die Wahrscheinlichkeit $1-\alpha$ groß gewählt wird, selten vor, und zwar mit der kleinen Wahrscheinlichkeit $\alpha$. Und genau deshalb werden Stichprobenergebnisse $p$, die außerhalb der Schranken $p_u$ und $p_o$ nach (15a) und (15b) liegen, als starke Indizien gegen $H_0$ aufgefasst. Wir berechnen also nach (15a) und (15b) mit dem Signifikanzniveau $\alpha = 0{,}05$ und somit mit $u_{0,975} = 1{,}96$

$$p_o = 0{,}2 + 1{,}96 \cdot \sqrt{\frac{0{,}2 \cdot (1-0{,}2)}{400}} = 0{,}239$$

und

$$p_u = 0{,}2 - 1{,}96 \cdot \sqrt{\frac{0{,}2 \cdot (1-0{,}2)}{400}} = 0{,}161$$

und bezeichnen dies als den „Bereich der schwachen Indizien gegen die Nullhypothese“. Das ist nicht das Konfidenzintervall! Der Bereich der schwachen Indizien macht eine Aussage über mögliche Stichprobenergebnisse $p$, während das Konfidenzintervall eine Aussage über den Parameter $\pi$ macht.

Das Stichprobenergebnis in diesem Beispiel lautet $p = 0{,}23$ und wird, weil es im Bereich $[p_u;p_o]$ der schwachen Indizien gegen die Nullhypothese liegt, als solches gewertet. Wir behalten die Nullhypothese, von der wir ausgegangen sind, deshalb bei. Für eine fundierte Entscheidung gegen $H_0$ wäre ein größerer Abstand des Stichprobenergebnisses vom Parameterwert $\pi = 0{,}2$ aus der Nullhypothese nötig gewesen. Das Testergebnis ist nicht signifikant. Abbildung 42 veranschaulicht den Test grafisch:

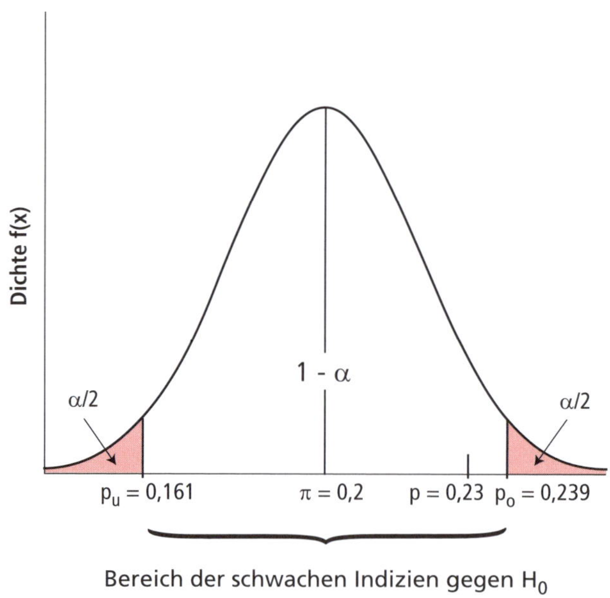


**Abbildung 42: Beibehaltung der Nullhypothese beim zweiseitigen Test**

Der Test von Beispiel 30 behandelte eine **zweiseitige Fragestellung**, weil die zu überprüfende Einshypothese Parameterwerte auf beiden Seiten der Nullhypothese umfasst hat. Bezeichnen wir den Parameterwert der Nullhypothese (in Beispiel 30 war dies der Wert 0,2) allgemein mit $\pi_0$, so lässt sich eine zweiseitige Fragestellung beim Testen von Hypothesen über relative Häufigkeiten folgendermaßen darstellen:

$$H_0\colon \pi = \pi_0 \quad \text{und} \quad H_1\colon \pi \neq \pi_0.$$

Da die Festlegung der Hypothesen immer vor der Stichprobenziehung stattzufinden hat, hat man bei zweiseitigen Fragestellungen den Bereich $[p_u;p_o]$ der schwachen Indizien durch (15a) und (15b) auch zweiseitig (nach oben und nach unten) abzugrenzen, da man nicht vorher wissen kann, wie das Stichprobenergebnis $p$ aussehen wird. Nach der Stichprobenziehung und der Berechnung von $p$ in der Stichprobe entscheiden wir uns dann für die Beibehaltung von $H_0$, wenn gilt: $p \in [p_u;p_o]$. (Auch über die

Berechnung von Konfidenzintervallen ließe sich das Testen von Hypothesen gleichwertig durchführen. Auf die Darstellung dieser Vorgehensweise wird hier der Einheitlichkeit in der Besprechung der verschiedenen statistischen Tests halber verzichtet.)

An Beispiel 30 lässt sich auch die völlig äquivalente Entscheidungsstrategie demonstrieren, die in Statistik-Programmpaketen wie zum Beispiel SPSS, SAS oder der Freeware R standardmäßig beim Testen von Hypothesen eingesetzt wird. Es handelt sich dabei um die Verwendung des so genannten p-Werts. (Verwechseln Sie den p-Wert nicht mit der relativen Häufigkeit $p$.)

Ein **p-Wert** ist eine Wahrscheinlichkeit (deshalb p-Wert: *lat. probabilitas = Wahrscheinlichkeit*) und gehört zum Punktschätzer. Er gibt – wenn das Stichprobenergebnis nicht dem Wert der Nullhypothese entspricht – die Wahrscheinlichkeit $\alpha_2$ dafür an, dass bei Gültigkeit der Nullhypothese das Stichprobenergebnis vom Parameterwert der Nullhypothese in beiden Richtungen mindestens so weit entfernt liegt, wie dies tatsächlich passiert ist. In Beispiel 30 ist der Parameterwert der Nullhypothese $\pi = 0{,}2$ und das Stichprobenergebnis ist $p = 0{,}23$. Der p-Wert $\alpha_2$ ist dann die Wahrscheinlichkeit dafür, dass das Stichprobenergebnis $p$, wenn $\pi$ tatsächlich 0,2 ist, um mindestens 0,03 von $\pi$ abweicht, also entweder $\geq 0{,}23$ oder $\leq 0{,}17$ ist. Grafisch lässt sich diese Wahrscheinlichkeit so wie in Abbildung 43 veranschaulichen.

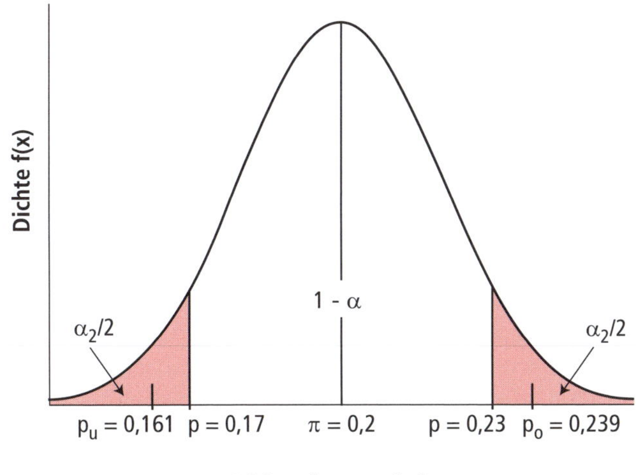


**Abbildung 43: Entscheidung durch Verwendung des p-Wertes beim zweiseitigen Testen**

Die Wahrscheinlichkeit $\alpha_2$ besteht aus zwei Teilen: Der eine Teil ist die Wahrscheinlichkeit dafür, dass $p \geq 0{,}23$ ist, der andere Teil ist die Wahrscheinlichkeit dafür, dass $p \leq 0{,}17$ ist. Der p-Wert $\alpha_2$ errechnet sich in diesem Beispiel ergo als Summe der Flächen rechts von 0,23 und links von 0,17. Da wegen der Symmetrie der Normalverteilung diese beiden Flächen gleich groß sind, entspricht der p-Wert einfach der doppelten Fläche rechts von 0,23. Diese Zweiteilung ist notwendig, wenn wir den p-Wert $\alpha_2$ mit dem sich bei einer zweiseitigen Fragestellung ebenfalls aus zwei Teilen zusammensetzenden Signifikanzniveau $\alpha$ vergleichen wollen.

Die Berechnung des p-Werts ist eine einfache Aufgabe beim Rechnen mit der Normalverteilung (Abschnitt 2.2.2) und erfolgt bei Verwendung eines Statistik-Programmpaketes durch das Programm: Wir setzen dazu in der Standardisierungsformel (14) für den Mittelwert $\mu$ den Parameter $\pi = 0{,}2$ und für die Standardabweichung $\sigma$ die Wurzel aus

$$\frac{\pi \cdot (1-\pi)}{n}$$

ein und errechnen damit:

$$u_0 = \frac{0{,}23 - 0{,}2}{\sqrt{\frac{0{,}2 \cdot (1-0{,}2)}{400}}} = 1{,}5.$$

Es gilt also bei $\pi = 0{,}2$ für den p-Wert $\alpha_2$:

$$\alpha_2 = 2 \cdot \Pr(p \geq 0{,}23) = 2 \cdot \Pr(u \geq 1{,}5) = 2 \cdot (1 - \Pr(u < 1{,}5)) = \\ = 2 \cdot (1 - 0{,}933) = 2 \cdot 0{,}067 = 0{,}134.$$

In durchschnittlich ca. 13 von 100 Fällen würde, wenn die Nullhypothese $\pi = 0{,}2$ gültig wäre, eine Stichprobe ein Ergebnis liefern, das mindestens so weit von 0,2 abweicht wie 0,23.

Mit den Intervallgrenzen für das Stichprobenergebnis $p$ nach (15a) und (15b) haben wir uns für die Beibehaltung der Nullhypothese zu entscheiden, wenn $p \in [p_u; p_o]$ war. In Abbildung 43 lässt sich nachvollziehen, dass dies genau dann der Fall ist, wenn der zweiseitige p-Wert $\alpha_2$ – wie in unserem Rechenbeispiel – größer als das Signifikanzniveau $\alpha$ ist. Somit kann man durch den in Statistik-Programmpaketen als Ergebnis statistischer Tests angegebenen zweiseitigen p-Wert ebenfalls darauf schließen, ob ein Stichprobenergebnis im Bereich der schwachen oder im Bereich der starken Indizien gegen $H_0$ liegt und ob diese Hypothese somit beizubehalten ist oder nicht. Die Nullhypothese wird nämlich beibehalten, wenn gilt: $\alpha_2 > \alpha$.

Der p-Wert $\alpha_2$ von 0,134 in Beispiel 30 gibt aber auch jenes Grenzsignifikanzniveau $\alpha$ an, bei dem man sich gerade noch für die Einshypothese entschieden hätte. Hier wird deutlich, warum das Signifikanzniveau $\alpha$ *vor* der Untersuchung festzulegen ist. Man könnte nämlich durch nachträgliche „Anpassung" des Signifikanzniveaus $\alpha$ an das Stichprobenergebnis eine Entscheidung für die eine oder andere Hypothese herbeiführen. Dieses Signifikanzniveau ist in den Sozial- und Wirtschaftswissenschaften und der Psychologie passend zur Sicherheit eines Konfidenzintervalls jedoch durch Konvention mit 0,05 festgelegt. In der Medizin wird es häufig noch niedriger gewählt, da zum Beispiel eine Fehlentscheidung zu Gunsten eines neuen Medikaments das Erreichen der bislang mit dem alten Medikament erzielten Erfolgsquoten gefährden würde.

Betrachten wir nun folgendes Beispiel einer **einseitigen Fragestellung**.

## Beispiel 31: Testen von einseitigen Hypothesen über eine relative Häufigkeit

Erhoben wird dasselbe Merkmal wie in Beispiel 30. Die Regierenden des Landes wollen auf dem Signifikanzniveau $\alpha = 0{,}05$ überprüfen, ob in ihrem Land die relative Häufigkeit an zuversichtlich in die Zukunft blickenden Bürgern höher ist als der EU-weite Wert (ob also $\pi$ in diesem Land größer als in der gesamten EU ist).

Da die Hypothese, die überprüft werden soll, immer zur Einshypothese des Tests wird, lautet diese in diesem Beispiel $\pi > 0{,}2$. Die gegenteilige Aussage wird zur Nullhypothese und wir haben damit:

$$H_0\colon \pi \leq 0{,}2 \quad \text{und} \quad H_1\colon \pi > 0{,}2.$$

Ein Stichprobenergebnis $p$ im Wertebereich von $H_0$ bietet natürlich keinerlei Indiz gegen die Nullhypothese. Stichprobenergebnisse nahe bei 0,2 sind schwache Indizien, solche, die deutlich größer als 0,2 sind, starke. Man sieht also, dass im Falle dieser einseitigen Überprüfung nur eine *Ober*grenze für die schwachen Indizien nötig ist. Im Unterschied zu $p_o$ in (15a) wird deshalb (siehe Abbildung 43) die obere Schranke $p_o$ für die relative Häufigkeit $p$ in der Stichprobe dadurch festgelegt, dass man aus Tabelle A durch umgekehrtes Nachschauen bei einer Wahrscheinlichkeit von $1-\alpha$ statt $1-\alpha/2$ den Wert $u_{1-\alpha}$ abliest und diesen in (15a) statt $u_{1-\alpha/2}$ einsetzt:

$$p_o = \pi + u_{1-\alpha} \cdot \sqrt{\frac{\pi \cdot (1-\pi)}{n}}.$$

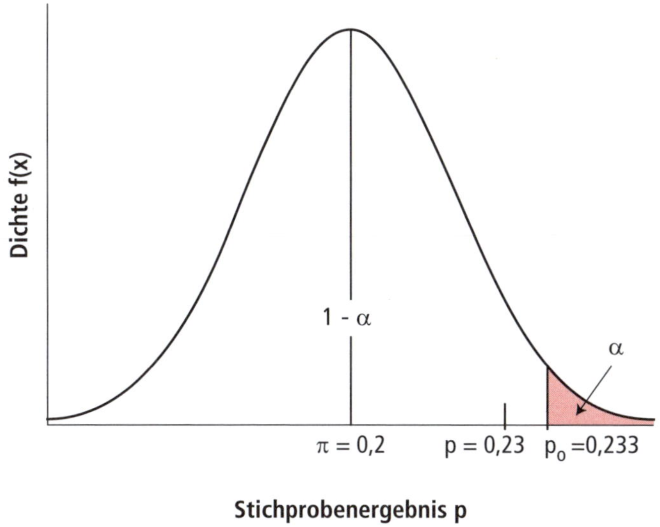


**Abbildung 44: Die Beibehaltung der Nullhypothese beim einseitigen Test**

In unserem Beispiel ergibt das:

$$p_o = 0{,}2 + 1{,}65 \cdot \sqrt{\frac{0{,}2 \cdot (1-0{,}2)}{400}} = 0{,}233.$$

Das Stichprobenergebnis $p = 0{,}23$ liegt unter dieser Oberschranke der schwachen Indizien gegen die Nullhypothese. Wir bleiben deshalb auf dem Signifikanzniveau $\alpha = 0{,}05$ bei der Nullhypothese, dass in diesem Land kein höherer Anteil an Zuversichtlichen als in der gesamten EU vorliegt.

Bei der alternativen Entscheidungsstrategie über den p-Wert ist auch bei einseitiger Fragestellung zu beachten, dass der p-Wert nur dann berechnet wird, wenn das Stichprobenergebnis selbst in den Wertebereich der Einshypothese fällt. Denn wenn das Stichprobenergebnis in den Bereich der Nullhypothese fällt, liegt natürlich keinerlei Indiz gegen diese Hypothese vor. Also gibt der einseitige p-Wert $\alpha_1$ die (maximale) Wahrscheinlichkeit dafür an, dass bei Gültigkeit der Nullhypothese das Stichprobenergebnis vom Parameterbereich der Nullhypothese mindestens so weit entfernt ist, wie dies tatsächlich passiert ist. In Beispiel 31 lautet die Nullhypothese $\pi \leq 0{,}2$ und das Stichprobenergebnis liegt mit $p = 0{,}23$ im Wertebereich der Einshypothese $\pi > 0{,}2$. Hier gibt der p-Wert $\alpha_1$ die Wahrscheinlichkeit dafür an, dass das Stichprobenergebnis mindestens 0,23 lauten würde, wenn die Nullhypothese gerade noch gültig wäre ($\pi = 0{,}2$). Da eine einseitige Fragestellung vorliegt, entspricht $\alpha_1$ jetzt genauso nur einer Fläche in Abbildung 45 wie das Signifikanzniveau $\alpha$ in Abbildung 44.

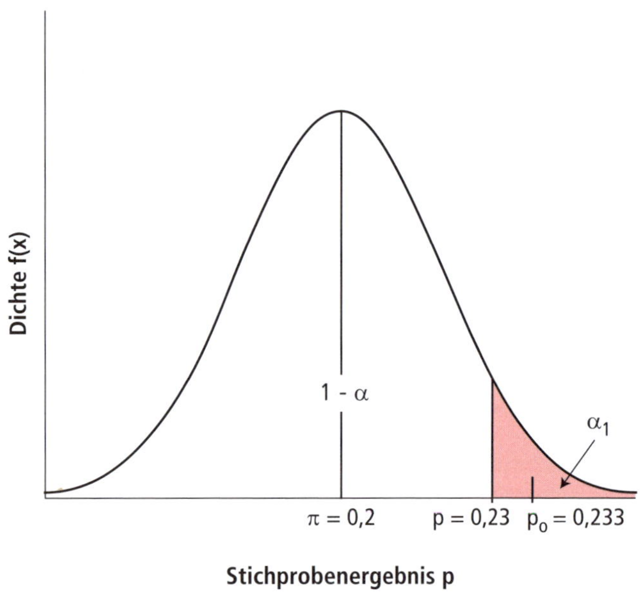


**Abbildung 45: Entscheidung durch Verwendung des p-Wertes beim einseitigen Test**

Der p-Wert zu Beispiel 31 ist:

$$\alpha_1 = \Pr(p \geq 0{,}23) = \Pr(u \geq 1{,}5) = 1 - \Pr(u < 1{,}5) = 1 - 0{,}933 = 0{,}067.$$

Für die Beziehung der p-Werte ein- und zweiseitiger Fragestellungen gilt:

$$\alpha_1 = \frac{\alpha_2}{2},$$

wie man auch durch einen Vergleich der Abbildungen 43 und 45 feststellen kann. Dies ist der Grund, warum auch die Angabe eines zweiseitigen p-Werts $\alpha_2$ bei einseitiger Fragestellung zur Entscheidung zwischen den Hypothesen verwendet werden kann. Deshalb werden in Statistik-Programmpaketen unabhängig von der Fragestellung häufig standardmäßig nur zweiseitige p-Werte angegeben, sofern zweiseitige Fragestellungen überhaupt möglich sind (vgl. Abschnitt 3.6).

Der einseitige p-Wert $\alpha_1$ in Beispiel 31 ist also 0,067 und damit größer als $\alpha = 0{,}05$, was völlig analog zur Vorgehensweise in Beispiel 31 zur Beibehaltung der Nullhypothese führt. Die Nullhypothese bei einseitiger Fragestellung wird nämlich beibehalten, wenn $\alpha_1$ größer als das Signifikanzniveau $\alpha$ ist. Dies gilt gleichermaßen für die einseitige Fragestellung in die andere Richtung.

## Beispiel 32: Testen von einseitigen Hypothesen über eine relative Häufigkeit

Soll auf einem Signifikanzniveau $\alpha = 0{,}05$ im Gegensatz zu Beispiel 31 nun überprüft werden, ob der Anteil der Zuversichtlichen im betrachteten Land geringer als in der gesamten EU ist, dann lauten die Hypothesen folglich:

$$H_0: \pi \geq 0{,}2 \quad \text{und} \quad H_1: \pi < 0{,}2.$$

Diesmal ist die untere Schranke $p_u$ der schwachen Indizien gegen $H_0$ nach (15b) mit $u_{1-\alpha}$ statt $u_{1-\alpha/2}$ zu berechnen:

$$p_u = \pi - u_{1-\alpha} \cdot \sqrt{\frac{\pi \cdot (1-\pi)}{n}}.$$

Erst dann, wenn das Stichprobenergebnis $p$ kleiner als diese untere Schranke $p_u$ ist, liegt ein starkes Indiz gegen die Nullhypothese vor.

Es gibt also zwei Arten von einseitigen Fragestellungen:

$$H_0: \pi \leq \pi_0 \quad \text{und} \quad H_1: \pi > \pi_0$$

und

$$H_0: \pi \geq \pi_0 \quad \text{und} \quad H_1: \pi < \pi_0.$$

Im ersten Fall ist zum Testen auf dem Signifikanzniveau $\alpha$ die obere Schranke $p_o$ nach (15a) mit $u_{1-\alpha}$ zu berechnen. $H_0$ wird beibehalten, wenn für das Stichprobenergebnis $p$ gilt: $p \leq p_0$. Im zweiten Fall ist eine untere Schranke $p_u$ nach (15b) mit $u_{1-\alpha}$ zu berechnen. $H_0$ wird jetzt beibehalten, wenn für $p$ gilt: $p \geq p_u$.

Umso höher der Stichprobenumfang gewählt wird, desto geringere Unterschiede der Stichprobenergebnisse von der Nullhypothese werden mit gleichen Wahrscheinlichkeiten signifikant, weil sich mit zunehmendem Stichprobenumfang die Schranken des Bereichs der schwachen Indizien der Behauptung der Nullhypothese nähern. Liegt eine Abweichung von der Nullhypothese tatsächlich vor, so führt diese Annäherung der Schranken an den Parameterwert der Nullhypothese dazu, dass mit zunehmendem Stichprobenumfang die Wahrheit mit zunehmender Wahrscheinlichkeit erkannt wird.

Wenden wir uns im nächsten Abschnitt denselben Aufgaben bei der Berechnung von Mittelwerten zu.

COMPANION WEBSITE

## Übungsaufgaben

Die Lösungen zu den nachfolgenden Übungsbeispielen finden Sie unter www.pearson-studium.de. Für die mit * markierten Aufgaben verwenden Sie die zu diesem Buch unter dieser Web-Adresse ebenfalls bereitgestellte Excel-Lerndatei.

**Ü61***

Eine politische Partei will feststellen, ob sich die relative Häufigkeit an österreichischen EU-Beitritts-Befürwortern gegenüber dem Ergebnis bei der Volksabstimmung im Jahr 1994 inzwischen verändert hat. Bei der Volksabstimmung hatten 66,6 Prozent zugestimmt.

a) Formulieren Sie für dieses Problem geeignete statistische Hypothesen.
   In einer aktuellen Umfrage unter $n = 800$ zufällig ausgewählten Wahlberechtigten erhält man die Antworten, die sich in der zu diesem Beispiel im Internet bereitstehenden Excel-Datei befinden.
b) Entscheiden Sie sich auf Basis dieses Stichprobenergebnisses auf einem Signifikanzniveau $\alpha = 0{,}05$ für eine der beiden Hypothesen.
c) Wie würde Ihre Entscheidung bei $p = 0{,}536$ lauten?
d) Wie würde Ihre Entscheidung bei $p = 0{,}636$ lauten?

**Ü62**

Ein TV-Sender möchte feststellen, ob die Einschaltquote (= relative Häufigkeit der zugeschalteten Haushalte von allen Haushalten mit TV-Anschluss) einer TV-Show unter 10 Prozent gefallen ist.

a) Formulieren Sie für dieses Problem geeignete statistische Hypothesen.
   In einer Stichprobe unter $n = 1.200$ Haushalten hatten sich 102 Haushalte zugeschaltet.
b) Entscheiden Sie sich auf Basis dieses Stichprobenergebnisses auf einem Signifikanzniveau $\alpha = 0{,}05$ für eine der beiden Hypothesen.
c) Wie würde Ihre Entscheidung bei $p = 0{,}09$ lauten?
d) Wie würde Ihre Entscheidung bei $p = 0{,}08$ lauten?

**Ü63**

In einer Zufallsstichprobe vom Umfang $n = 350$ aus der wahlberechtigten Bevölkerung stellte man Ende des Jahres 2010 fest, dass 192 der Befragten einem EU-Beitritt der Türkei skeptisch gegenüberstanden.

Konnte man aus dem Stichprobenergebnis auf dem Signifikanzniveau $\alpha = 0{,}05$ folgern, dass eine Mehrheit der Gesamtbevölkerung in dieser Frage skeptisch eingestellt war?

**Ü64**

Von Werkstücken, die ein Jahr lang gelagert wurden, sind 40 Prozent unbrauchbar. Nach einer Änderung der Lagerbedingungen wird überprüft, ob sich die relative Häufigkeit an unbrauchbaren Werkstücken verringert hat.

a) Formulieren Sie für dieses Problem geeignete statistische Hypothesen.
b) Entscheiden Sie sich auf dem Signifikanzniveau $\alpha = 0{,}05$ für eine der beiden Hypothesen, wenn unter 100 zufällig ausgewählten Stücken nunmehr 36 Prozent unbrauchbar waren.

**Ü65**

Entscheiden Sie sich bei den Hypothesen in Ü61 bis Ü64 auf dem Signifikanzniveau $\alpha = 0{,}05$, wenn Sie erfahren, dass der zweiseitige p-Wert des Tests

a) 0,225,

b) 0,064,

c) 0,021 betragen hat.

# 3.5 Schätzen und Testen eines Mittelwertes

## 3.5.1 Schätzen eines Mittelwertes

Die Fragestellungen, denen wir uns bei den Mittelwerten zuwenden, sind prinzipiell dieselben wie bei relativen Häufigkeiten. Ausgangspunkt ist wiederum, dass der interessierende Parameter der Grundgesamtheit, das ist nun aber der Mittelwert $\mu$ eines Merkmals $x$ (zum Beispiel der Mittelwert der Konsumausgaben in der Grundgesamtheit aller Haushalte), unbekannt ist. Auch hier schätzen wir den Parameter aus den Informationen, die wir in einer uneingeschränkten Zufallsstichprobe aus der betreffenden Grundgesamtheit gewonnen haben. Die für die Schätzung von $\mu$ brauchbarste Information ist der Stichprobenmittelwert $\overline{x}$. Das ist also der Punktschätzer für $\mu$.

Dem Stichprobenmittelwert $\overline{x}$ sieht man im konkreten Fall natürlich wiederum nicht an, ob er nahe oder weit entfernt vom uns eigentlich interessierenden Parameter $\mu$ liegt. Eine Genauigkeitsabschätzung gelingt erst durch die Angabe eines Intervallschätzers, also durch Berechnung eines Konfidenzintervalls zur Sicherheit $1-\alpha$ für $\mu$.

Da wir unsere Betrachtungen – wie wir das in Abschnitt 3.1 ausgeführt haben – auf ausreichend große Stichproben beschränken, finden auch hier wieder die Aussagen des Zentralen Grenzwertsatzes Anwendung. Denn auch für die Berechnung eines Stichprobenmittelwerts $\overline{x}$ muss zuerst eine Summe, nämlich die der in der Stichprobe aufgetretenen Merkmalsausprägungen aller Erhebungseinheiten, gebildet werden (siehe Abschnitt 1.3.1). Stichprobenmittelwerte $\overline{x}$ verteilen sich in großen uneingeschränkten Zufallsstichproben demnach ebenso wie relative Häufigkeiten normal und sie tun dies mit dem Erwartungswert $\mu$ der Grundgesamtheit und der theoretischen Varianz

$$\frac{\sigma^2}{n} \cdot \frac{N-n}{N-1},$$

die eine Entsprechung der Varianz

$$\frac{\pi \cdot (1-\pi)}{n} \cdot \frac{N-n}{N-1}$$

bei den relativen Häufigkeiten ist. Dabei ist $\sigma^2$ die Varianz des Merkmals $x$ in der Grundgesamtheit (siehe Abschnitt 1.3.2). In großen Grundgesamtheiten reduziert sich die theoretische Varianz auf $\sigma^2/n$. Auch daran sieht man wieder, dass die Stichprobenergebnisse umso weniger streuen, umso größer der Stichprobenumfang $n$ ist. Somit kennen wir die beiden zum Rechnen mit der Normalverteilung nötigen Parameter und sind damit in der Lage, durch Anwendung der Standardisierungsformel (14) aus

$$u_{1-\alpha/2} = \frac{\bar{x}_o - \mu}{\sqrt{\frac{\sigma^2}{n}}}$$

den symmetrischen Bereich mit den Schranken $\bar{x}_u$ und $\bar{x}_o$ zu bestimmen, der die möglichen Stichprobenmittelwerte bei einem Mittelwert $\mu$ und einer Varianz $\sigma^2$ des Merkmals mit einer vorgegebenen Wahrscheinlichkeit $1-\alpha$ in großen Grundgesamtheiten und ausreichend großen Stichproben umfasst:

$$\bar{x}_o = \mu + u_{1-\alpha/2} \cdot \sqrt{\frac{\sigma^2}{n}}$$

$$\bar{x}_u = \mu - u_{1-\alpha/2} \cdot \sqrt{\frac{\sigma^2}{n}}. \quad (18)$$

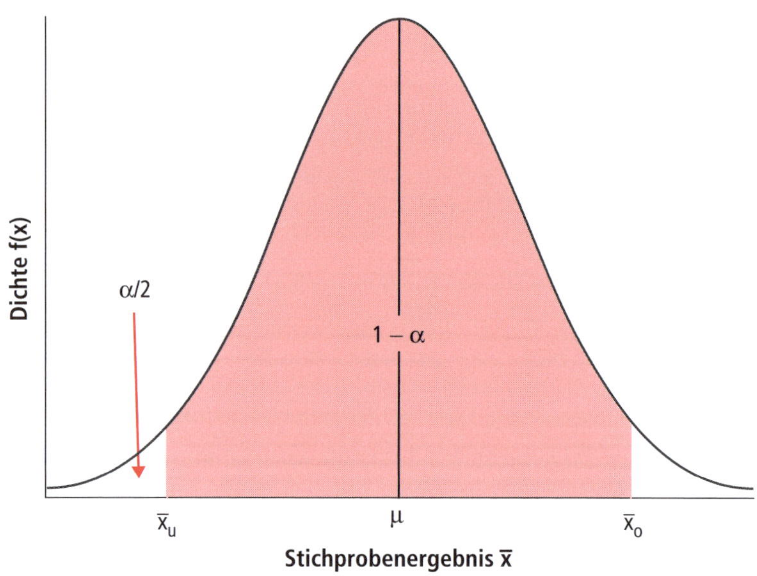


**Abbildung 46: Die annähernde Stichprobenverteilung von Mittelwerten für große Stichprobenumfänge**

Dies ist wiederum eine Aussage über das mögliche Verhalten von Stichprobenergebnissen, die wir wieder zum Testen von Hypothesen verwenden werden. Wenden wir schließlich genau die gleichen Überlegungen, die zur Bildung des Konfidenzintervalls für relative Häufigkeiten $\pi$ nach (16) geführt haben, auf Mittelwerte an, dann erhält man schließlich daraus das Konfidenzintervall zur Sicherheit $1-\alpha$ für $\mu$. Wenn man nämlich um ein Stichprobenergebnis $\bar{x}$ ein Intervall so bildet, dass man den Faktor

$$u_{1-\alpha/2} \cdot \sqrt{\frac{\sigma^2}{n}}$$

einmal von $\bar{x}$ abzieht und einmal zu $\bar{x}$ addiert, dann entsteht ein Intervall, das mit Wahrscheinlichkeit $1-\alpha$ den wahren Wert überdeckt. Es tut dies nämlich genau dann, wenn $\bar{x}$ im durch (18) eingegrenzten Bereich liegt und dies ist mit Wahrscheinlichkeit $1-\alpha$ der Fall.

Der zur Bestimmung dieses Intervalls verwendete Faktor aus (18) enthält jedoch die unbekannte Varianz $\sigma^2$ des Merkmals $x$ in der Grundgesamtheit. Dafür muss in der Stichprobe ein Schätzer berechnet werden. Der Punktschätzer hierfür ist die **Stichprobenvarianz** $s^2$. Sie ist nicht wie die Varianz in der Grundgesamtheit nach (3) die durchschnittliche quadrierte Abweichung der Merkmalsausprägungen aller Erhebungseinheiten vom Mittelwert, sondern eine etwas größere Zahl. Es wird nämlich für die Stichprobenvarianz die Summe der aufgetretenen quadrierten Abweichungen nicht durch die Anzahl der Erhebungseinheiten der Stichprobe, das ist der Stichprobenumfang $n$, dividiert, sondern durch $n-1$. Das hat den Effekt, dass damit in uneingeschränkten Zufallsstichproben aus großen Grundgesamtheiten die tatsächliche Varianz durchschnittlich richtig geschätzt wird (Unverzerrtheit der Schätzung), was andernfalls nicht gelingen würde.

Die Stichprobenvarianz $s^2$ lässt sich somit formal darstellen als:

$$s^2 = \frac{1}{n-1} \cdot \sum_{i=1}^{n} (x_i - \bar{x})^2. \tag{19}$$

In Excel verwendet man zur Berechnung der Stichprobenvarianz die Funktion VARIANZ.

Das näherungsweise Konfidenzintervall zur Sicherheit $1-\alpha$ für den Mittelwert $\mu$ hat demzufolge das Aussehen

$$\mu_o = \bar{x} + u_{1-\alpha/2} \cdot \sqrt{\frac{s^2}{n}}$$
$$\mu_u = \bar{x} - u_{1-\alpha/2} \cdot \sqrt{\frac{s^2}{n}}. \tag{20}$$

Da die mit $s^2$ statt $\sigma^2$ standardisierten Stichprobenmittelwerte in kleinen Stichproben eine so genannte **t-Verteilung** und keine Standardnormalverteilung aufweisen, wenn das Merkmal selbst normalverteilt ist, müssen dann anstelle der Werte der Standardnormalverteilung ($u_{1-\sigma/2}$) die diesbezüglichen Größen der t-Verteilung bei $n-1$ „Freiheitsgraden“ eingesetzt werden (siehe dazu beispielsweise die Tabelle in Schira (2003), S.607, oder verwenden Sie die Excel-Funktion TINV).

In Excel errechnet man die für (20) benötigten Stichprobenergebnisse mit den Funktionen MITTELWERT und VARIANZ und programmiert anschließend (20).

## Beispiel 33: Konfidenzintervall für einen Mittelwert

Eine Zufallsstichprobe vom Umfang $n = 100$ aus einer Grundgesamtheit ergab hinsichtlich eines Merkmals $x$ (zum Beispiel das Gewicht von Zuckerpaketen) einen Mittelwert von $\overline{x} = 998$ g und eine Stichprobenvarianz von $s^2 = 2{,}56$ ($g^2$).

Das Konfidenzintervall zur Sicherheit $1 - \alpha = 0{,}95$ für den wahren Mittelwert $\mu$ dieses Merkmals errechnet sich mit (20) als:

$$\mu_o = 998 + 1{,}96 \cdot \sqrt{\frac{2{,}56}{100}} = 998{,}31$$

$$\mu_u = 998 - 1{,}96 \cdot \sqrt{\frac{2{,}56}{100}} = 997{,}69.$$

Wir sind also sehr sicher (zu 95 Prozent), dass der wahre Mittelwert des Gewichts in der gesamten Produktion vom Intervall [997,69; 998,31] überdeckt wird. Im Schnitt wird nämlich in ca. 95 von 100 Stichproben ein so konstruiertes Intervall den Parameter $\mu$ überdecken.

COMPANION WEBSITE

## Übungsaufgaben

Die Lösungen zu den nachfolgenden Übungsbeispielen finden Sie unter www.pearson-studium.de. Für die mit * markierten Aufgaben verwenden Sie die zu diesem Buch unter dieser Web-Adresse ebenfalls bereitgestellte Excel-Lerndatei.

**Ü66***

Zur Erprobung der Wirksamkeit eines Schlafmittels wurde zuerst an 264 zufällig ausgewählten Testpersonen das Merkmal Schlafdauer gemessen. Die Messergebnisse finden sich in einer Excel-Datei im Internet.

Berechnen Sie das Konfidenzintervall zur Sicherheit $1 - \alpha = 0{,}95$ für die mittlere Schlafdauer in der Grundgesamtheit.

**Ü67**

Bei der Abfüllung von Mineralwasser in Literflaschen wird der Magnesiumgehalt je Liter gemessen. $n = 116$ Kontrollmessungen ergaben folgende Werte für den Gehalt an Magnesium (in mg/l): $\overline{x} = 25{,}452$, $s^2 = 0{,}850$.

Berechnen Sie das Konfidenzintervall zur Sicherheit $1 - \alpha = 0{,}95$ für den mittleren Magnesiumgehalt in der Gesamtproduktion.

**Ü68**

Eine Zufallsstichprobe vom Umfang $n = 836$ ergab hinsichtlich eines Merkmals $x$ einen Mittelwert $\overline{x} = 22{,}5$ bei einer Standardabweichung von $s = 3{,}2$. Bestimmen Sie das Konfidenzintervall zur Sicherheit $1 - \alpha = 0{,}95$ für den wahren Mittelwert von $x$.

## 3.5.2 Testen von Hypothesen über einen Mittelwert

Nun erweitern wir die Überlegungen des vorigen Abschnitts noch, um Hypothesen über den Parameter $\mu$ zu testen. Auch dabei gehen wir völlig analog zur Überprüfung von Hypothesen über relative Häufigkeiten vor. Man unterscheidet wieder zwischen zwei- und einseitigen Fragestellungen. Eine zweiseitige Fragestellung hat die allgemeine Form:

$$H_0{:}\, \mu = \mu_0 \quad \text{und} \quad H_1{:}\, \mu \neq \mu_0.$$

$\mu_0$ ist dabei ein konkreter Wert des unbekannten Parameters $\mu$. Berechnet man mit (18) die beiden Schranken für die Stichprobenmittelwerte $\bar{x}$, so wird damit der Bereich der schwachen Indizien gegen die Nullhypothese festgelegt. Liegt der errechnete Stichprobenmittelwert $\bar{x}$ innerhalb dieses Intervalls $[\bar{x}_u;\ \bar{x}_o]$, dann entscheiden wir uns für die Beibehaltung der Nullhypothese. Ist der Stichprobenmittelwert $\bar{x}$ jedoch weiter als diese Schranken vom Wert $\mu_0$ der Nullhypothese entfernt, dann interpretieren wir dies als starkes Indiz gegen die Null- und akzeptieren die Einshypothese, weil bei Gültigkeit der Nullhypothese ein Stichprobenergebnis nur mit einer geringen Wahrscheinlichkeit außerhalb dieses Bereichs liegen würde.

### Beispiel 34: Testen von zweiseitigen Hypothesen über einen Mittelwert

Das Gewicht von Zuckerpaketen sei das interessierende Merkmal. Da der Mittelwert $\mu$ = 1.000 g sein soll, soll anhand einer Stichprobe auf dem Signifikanzniveau $\alpha = 0{,}05$ überprüft werden, ob das tatsächliche Durchschnittsgewicht der laufenden Produktion von dieser Forderung abweicht.

Da es um die Prüfung einer Abweichung des Durchschnittsgewichts geht, deren Richtung nicht vorgegeben ist (also um eine Erhöhung oder eine Verringerung), lautet die Einshypothese $\mu \neq 1.000$ und ihr Gegenteil wird zur Nullhypothese des Tests:

$$H_0{:}\, \mu = 1.000 \quad \text{und} \quad H_1{:}\, \mu \neq 1.000.$$

Wir ziehen eine Stichprobe von 100 Zuckerpaketen und messen einen Mittelwert von $\bar{x} = 998$ und eine Stichprobenvarianz der Gewichte im Ausmaß von 2,56. Damit errechnen wir nach (18) die Schranken $\bar{x}_u$ und $\bar{x}_o$ für den Bereich der schwachen Indizien gegen $H_0$, indem wir darin für die uns nicht bekannte Varianz $\sigma^2$ der Grundgesamtheit die gemessene Stichprobenvarianz $s^2$ einsetzen:

$$\bar{x}_o \approx \mu + u_{1-\alpha/2} \cdot \sqrt{\frac{s^2}{n}} = 1.000 + 1{,}96 \cdot \sqrt{\frac{2{,}56}{100}} = 1.000{,}31$$

$$\bar{x}_u \approx \mu - u_{1-\alpha/2} \cdot \sqrt{\frac{s^2}{n}} = 1.000 - 1{,}96 \cdot \sqrt{\frac{2{,}56}{100}} = 999{,}69.$$

Da das Stichprobenergebnis nicht in diesem Bereich liegt, haben wir ein signifikantes Testergebnis gefunden und akzeptieren die Einshypothese. Die Maschine, welche die Zuckerpakete abfüllt, sollte neu eingestellt werden.

Verwendet man ein Statistik-Programmpaket, dann werden die Ergebnisse des Beispiels 34 in Form eines zweiseitigen p-Werts $\alpha_2$ präsentiert. Wie bei den relativen Häufigkeiten (siehe Abschnitt 3.2.2) gilt auch hier wieder: Ist der p-Wert größer als das Signifikanzniveau $\alpha$, dann entscheidet man sich wegen zu geringer gegen die Nullhypothese gefundener Indizien für deren Beibehaltung. Ist der p-Wert höchstens $\alpha$, dann ist die Einshypothese des Tests zu akzeptieren.

Da in kleineren Stichproben die mit $s^2$ statt $\sigma^2$ standardisierten Stichprobenmittelwerte, wenn das Merkmal $x$ selbst normalverteilt ist, eine t-Verteilung und keine Normalverteilung aufweisen (siehe Abschnitt 3.3.1), wird der Test von Hypothesen über Mittelwerte auch als **t-Test** bezeichnet. Für die hier betrachteten großen Stichproben gilt jedoch die dargestellte Normalverteilungsannäherung.

Im Falle von einseitigen Hypothesen der Art

$$H_0: \mu \leq \mu_0 \quad \text{und} \quad H_1: \mu > \mu_0$$

beziehungsweise der Art

$$H_0: \mu \geq \mu_0 \quad \text{und} \quad H_1: \mu < \mu_0$$

ist analog zur diesbezüglichen Vorgehensweise beim einseitigen Testen von Hypothesen über relative Häufigkeiten folgendermaßen vorzugehen: Man berechnet – da nur auf einer Seite getestet wird – lediglich die obere (beziehungsweise im zweiten Fall die untere) Schranke zur Sicherheit $1-\alpha$, wobei dazu wie bei den relativen Häufigkeiten der $u$-Wert $u_{1-\alpha}$, der also mit Wahrscheinlichkeit $1-\alpha$ unterschritten wird, aus Tabelle A im Anhang abzulesen und in (18) statt $u_{1-\alpha/2}$ einzusetzen ist. Für $\alpha = 0{,}05$ ist dies $u_{0{,}95} = 1{,}65$.

Betrachten wir dazu folgendes Beispiel.

## Beispiel 35: Testen von einseitigen Hypothesen über einen Mittelwert

Das betrachtete Merkmal sei wieder das Gewicht von Zuckerpaketen. Nun soll aber überprüft werden, ob ein zu geringes durchschnittliches Gewicht vorliegt. Die Hypothesen lauten somit:

$$H_0: \mu \geq 1.000 \quad \text{und} \quad H_1: \mu < 1.000.$$

Wir ziehen wieder eine Stichprobe von 100 Zuckerpaketen, messen diesmal aber einen Mittelwert von $\bar{x} = 999{,}62$ g und eine Stichprobenvarianz der Gewichte von 14,44.

Für das Testen dieser Fragestellung bedient man sich aus (18) der unteren Schranke $\bar{x}_u$ zur Sicherheit 0,95, wobei darin $s^2$ wieder $\sigma^2$ ersetzen muss. Diese ist:

$$\bar{x}_u \approx \mu - u_{1-\alpha} \cdot \sqrt{\frac{s^2}{n}} = 1.000 - 1{,}65 \cdot \sqrt{\frac{14{,}44}{100}} = 999{,}37.$$

Da das Stichprobenergebnis $\overline{x} = 999{,}62$ über dieser unteren Schranke der schwachen Indizien gegen die Nullhypothese liegt, sind die gefundenen Indizien zu schwach und wir behalten die Nullhypothese bei. Das Testergebnis ist als nicht signifikant zu bezeichnen.

Der einseitige Test einer Hypothese über einen Mittelwert in die andere Richtung ist völlig analog mit Hilfe der oberen Schranke $\overline{x}_o$ durchzuführen. Bei der Durchführung dieser einseitigen Tests mit Hilfe von Statistik-Programmpaketen sind die einseitigen p-Werte $\alpha_1$ wie bei den relativen Häufigkeiten (Abschnitt 3.4.2) mit dem Signifikanzniveau $\alpha$ zu vergleichen, um zu einer Entscheidung über Beibehaltung der Null- oder Akzeptierung der Einshypothese zu gelangen. $H_0$ wird beibehalten, wenn gilt: $\alpha_1 > \alpha$. Sind zweiseitige p-Werte $\alpha_2$ angegeben, dann müssen diese bei einseitigen Fragestellungen vor dem Vergleich mit dem Signifikanzniveau $\alpha$ halbiert werden.

Bei anderen Fragestellungen als solchen zu relativen Häufigkeiten und Mittelwerten werden Intervallschätzungen eher selten durchgeführt. Deshalb wenden wir uns in den folgenden Abschnitten nur noch weiteren Hypothesentests über verschiedene Kennzahlen zu.

## Übungsaufgaben

Die Lösungen zu den nachfolgenden Übungsbeispielen finden Sie unter www.pearson-studium.de. Für die mit * markierten Aufgaben verwenden Sie die zu diesem Buch unter dieser Web-Adresse ebenfalls bereitgestellte Excel-Lerndatei.

**Ü69***

Eine Zufallsstichprobe vom Umfang $n = 86$ ergab hinsichtlich eines normalverteilten Merkmals $x$ Messergebnisse, die einer im Internet bereitgestellten Excel-Datei zu finden sind.

Testen Sie zum Signifikanzniveau $\alpha = 0{,}05$ folgende Hypothesen:

a) $H_0: \mu = 4500$ gegen $H_1: \mu \neq 4500$.

b) $H_0: \mu \geq 4500$ gegen $H_1: \mu < 4500$.

**Ü70**

Die (stetige) Punktezahl bei einem Aufnahmetest sei annähernd normalverteilt mit $\mu = 75$. Nach Einführung verpflichtender vorbereitender Kurse soll überprüft werden, ob sich der Mittelwert der Punktezahlen erhöht hat.

a) Formulieren Sie für dieses Problem geeignete statistische Hypothesen.

b) Testen Sie diese Hypothesen auf einem Signifikanzniveau von $\alpha = 0{,}05$, wenn in einer Zufallsstichprobe vom Umfang $n = 120$ nach Einführung der Kurse ein Mittelwert von 78,4 Punkten erzielt wird und in dieser Stichprobe eine Standardabweichung von $s = 6$ gemessen wird.

**Ü71**

Die Psychologen Stanford, Binet und Wechsler haben festgestellt, dass der Intelligenzquotient in der Bevölkerung normalverteilt ist. In der Bevölkerung besitzt der IQ einen Mittelwert von 100. Überprüfen Sie auf einem Signifikanzniveau von $\alpha = 0{,}05$, ob dieser Mittelwert unter Studierenden höher ist. Dazu steht eine Zufallsstichprobe vom Umfang $n = 100$ zur Verfügung, in der ein durchschnittlicher IQ von 108 bei einer Standardabweichung von $s = 19$ gemessen wurde.

**Ü72**

Entscheiden Sie sich bei den Hypothesen in Ü69 bis Ü71 jeweils auf dem Signifikanzniveau $\alpha = 0{,}05$, wenn Sie erfahren, dass der zweiseitige p-Wert des Tests

a) 0,225,

b) 0,064,

c) 0,021 betragen hat.

## 3.6 Testen von Hypothesen über zwei relative Häufigkeiten

Eine andere Fragestellung bei relativen Häufigkeiten bezieht sich auf den Vergleich von relativen Häufigkeiten ein und derselben Eigenschaft in zwei Grundgesamtheiten. Nennen wir diese Grundgesamtheiten $A$ und $B$ und die betreffenden relativen Häufigkeiten $\pi_A$ und $\pi_B$ (zum Beispiel $A$: die Grundgesamtheit der wahlberechtigten Bürger eines Staates zu einem Zeitpunkt $A$ und $B$: die Grundgesamtheit der wahlberechtigten Bürger zu einem späteren Zeitpunkt $B$ oder $A$: die Grundgesamtheit der wahlberechtigten Bürger des Bundeslands $A$ und $B$: diejenige im Bundesland $B$).

Soll überprüft werden, ob diese beiden Parameter verschieden sind, ob die Grundgesamtheiten sich diesbezüglich also unterscheiden, dann lautet die Einshypothese des Tests: $\pi_A \neq \pi_B$. Damit die Hypothesen auch für diese Aufgabenstellung nur einen zu prüfenden Parameter enthalten, schreibt man die Einshypothese als Differenz $\delta$ der beiden relativen Häufigkeiten an. Dass $\pi_A$ und $\pi_B$ nicht gleich groß sind, ist dann äquivalent zu der Aussage, dass die Differenz $\delta = \pi_A - \pi_B \neq 0$ ist. Somit gilt für diesen zweiseitigen Test:

$$H_0: \delta = \pi_A - \pi_B = 0 \quad \text{und} \quad H_1: \delta = \pi_A - \pi_B \neq 0.$$

Im nächsten Schritt gilt es wieder, diejenigen Schranken, die wir diesmal $d_u$ und $d_o$ nennen, festzulegen, die jene Stichprobenergebnisse $d$ enthalten, das sind die möglichen Differenzen zwischen der relativen Häufigkeit $p_A$ der interessierenden Eigenschaft in einer Stichprobe vom Umfang $n_A$ aus der Grundgesamtheit $A$ und der relativen Häufigkeit $p_B$ dieser Eigenschaft in einer Stichprobe vom Umfang $n_B$ aus der Grundgesamtheit $B$, die als zu schwache Indizien gegen $H_0$ gewertet werden.

Für die nachfolgend dargestellte Vorgehensweise ist Voraussetzung, dass zwei **unabhängige Stichproben** aus den Grundgesamtheiten $A$ und $B$ gezogen werden müssen. Wenn sich die beiden Grundgesamtheiten nur durch den Befragungszeitpunkt unterscheiden, dann könnten nämlich genau die Erhebungseinheiten, die in der ersten Stichprobe waren, auch in der zweiten erhoben werden (zum Beispiel zu einem Zeitpunkt $A$ und zu einem späteren Zeitpunkt $B$). Man spricht dann von **abhängigen** (oder **verbundenen**) **Stichproben**. In einem solchen Fall ist eine andere Teststrategie zu wählen (vergleiche etwa Hartung (2005), S.533ff.). Verbundene Stichproben kommen vor allem in der Medizin bei der Prüfung der Wirksamkeit von Medikamenten vor. Auf diese Möglichkeit wird nicht weiter eingegangen.

Die möglichen Stichprobendifferenzen $d = p_A - p_B$, die Punktschätzer der Parameter $\delta = \pi_A - \pi_B$ darstellen, sind wieder näherungsweise normalverteilt. Ihr Erwartungswert ist der Parameter $\delta$ (das heißt: Im Durchschnitt aller möglichen Stichproben kommt das Richtige heraus) und die theoretische Varianz ergibt sich nach der Wahrscheinlichkeitstheorie als Summe der Varianzen der einzelnen relativen Häufigkeiten in großen Grundgesamtheiten:

$$\frac{\pi_A \cdot (1 - \pi_A)}{n_A} + \frac{\pi_B \cdot (1 - \pi_B)}{n_B}.$$

Dies führt bei Gültigkeit der Nullhypothese, das heißt wenn $\delta = 0$ ist, zu den zweiseitigen Schranken für mögliche Stichprobenergebnisse $d$:

$$d_o = 0 + u_{1-\alpha/2} \cdot \sqrt{\pi_A \cdot (1 - \pi_A) \cdot \left(\frac{1}{n_A} + \frac{1}{n_B}\right)}$$
$$d_u = 0 - u_{1-\alpha/2} \cdot \sqrt{\pi_A \cdot (1 - \pi_A) \cdot \left(\frac{1}{n_A} + \frac{1}{n_B}\right)}.$$

Da die konkreten relativen Häufigkeiten $\pi_A$ und $\pi_B$, die bei Gültigkeit der Nullhypothese gleich sind, in den Hypothesen nicht näher definiert werden, ist für die Berechnung dieser Schranken der unbekannte, aber in beiden Grundgesamtheiten gleich große Parameter $\pi_A$ durch die relative Häufigkeit $p$ der Eigenschaft in der Gesamtheit beider Stichproben zu ersetzen. Diese errechnet sich durch Division der Summe der Häufigkeiten $h_A$ und $h_B$ des Auftretens der Eigenschaft in beiden Stichproben durch die Summe der beiden Stichprobenumfänge:

$$p = \frac{h_A + h_B}{n_A + n_B} = \frac{n_A \cdot p_A + n_B \cdot p_B}{n_A + n_B}.$$

Damit erhalten wir als Grenzen des Bereichs der schwachen Indizien gegen die Nullhypothese:

$$\begin{aligned} d_o &= +u_{1-\alpha/2} \cdot \sqrt{p \cdot (1 - p) \cdot \left(\frac{1}{n_A} + \frac{1}{n_B}\right)} \\ d_u &= -u_{1-\alpha/2} \cdot \sqrt{p \cdot (1 - p) \cdot \left(\frac{1}{n_A} + \frac{1}{n_B}\right)}. \end{aligned} \qquad (21)$$

Betrachten wir zur Erläuterung folgendes Beispiel.

## Beispiel 36: Statistisches Testen von Hypothesen über die Differenz zweier relativer Häufigkeiten

Will man zweiseitig auf einem Signifikanzniveau von $\alpha = 0{,}05$ überprüfen, ob sich der Stimmenanteil einer Partei innerhalb eines Monats verändert hat, dann sind folgende Hypothesen zu formulieren, wenn man die Grundgesamtheit zum früheren Zeitpunkt als $A$ und jene zum späteren als $B$ bezeichnet:

$$H_0\colon \delta = \pi_A - \pi_B = 0 \quad \text{und} \quad H_1\colon \delta = \pi_A - \pi_B \neq 0.$$

Für diesen Test sind zwei unabhängige Stichproben im Monatsabstand zu ziehen: In einer Stichprobe unter 400 wahlberechtigten Staatsbürgern wurde zum früheren Zeitpunkt für die Partei ein prozentueller Stimmenanteil von 34,3 Prozent (das sind 137 der 400 Befragten) gemessen. Einen Monat später wird abermals eine Stichprobenerhebung zu diesem Thema durchgeführt und es sprechen sich diesmal unter 600 Personen 36,8 Prozent (= 221 Personen) für die betreffende Partei aus.

Auf Basis dieser Umfragedaten berechnet man für die Entscheidung zwischen den beiden Hypothesen die relative Häufigkeit $p$ dieser Partei in der Gesamtheit beider Stichproben:

$$p = \frac{137+221}{400+600} = \frac{358}{1.000} = 0{,}358.$$

Setzen wir in (21) ein:

$$d_o = +1{,}96 \cdot \sqrt{0{,}358 \cdot (1-0{,}358) \cdot \left(\frac{1}{400} + \frac{1}{600}\right)} = 0{,}061$$

$$d_u = -1{,}96 \cdot \sqrt{0{,}358 \cdot (1-0{,}358) \cdot \left(\frac{1}{400} + \frac{1}{600}\right)} = -0{,}061.$$

Bei solchen Stichprobenumfängen (400 und 600) müssen die Unterschiede der relativen Häufigkeiten einer interessierenden Eigenschaft in zwei Grundgesamtheiten demnach größer als 0,061 sein, damit man bei relativen Häufigkeiten dieser Größenordnung auch auf einen Unterschied in den Grundgesamtheiten rückschließen kann! Niedrigere Stichprobendifferenzen $d = p_A - p_B$ sind zu schwache Indizien gegen die Nullhypothese. In unserem Fall ist $d = 0{,}34 - 0{,}37 = -0{,}03$. Das Testergebnis ist nicht signifikant. Wir behalten $H_0$ bei, dass die Partei ihren Stimmenanteil nicht erhöhen konnte.

In Excel verwendet man dazu in beiden Stichproben die Funktion HÄUFIGKEIT, berechnet $p$ und programmiert dann (21).

Der Grund dafür, dass in unserem Beispiel erst Unterschiede, die größer als 6,1 Prozentpunkte sind, als signifikant bezeichnet werden können, ist, dass bei dieser Art der Fragestellung die Schwankung gleich zweier Stichproben auf die Streuung der Stichprobenergebnisse wirkt (zum Begriff „Prozentpunkte" siehe Abschnitt „Tabellarische Darstellung" in Kapitel 1). Es ist also kompletter Unsinn, wenn in Zeitungsberichten die Erhöhung (oder Verringerung) des Stimmenanteils einer Partei zwischen zwei Stichproben um wenige Prozentpunkte gleich als Entwicklung in der Grundgesamtheit interpretiert wird.

Sollte man beim Vergleich zweier relativer Häufigkeiten doch einmal ein näherungsweises Konfidenzintervall zur Sicherheit $1-\alpha$ für den Parameter $\delta$ benötigen, so muss man den Faktor

$$u_{1-\alpha/2} \cdot \sqrt{p \cdot (1-p) \cdot \left(\frac{1}{n_A} + \frac{1}{n_B}\right)}$$

lediglich einmal vom Stichprobenergebnis $d$ abziehen und einmal dazuzählen. Auf diese Weise ergeben sich die Grenzen eines solchen Intervalls.

Für einseitige Fragestellungen der Art

$$H_0: \delta = \pi_A - \pi_B \leq 0 \quad \text{und} \quad H_1: \delta = \pi_A - \pi_B > 0$$

oder der Art

$$H_0: \delta = \pi_A - \pi_B \geq 0 \quad \text{und} \quad H_1: \delta = \pi_A - \pi_B < 0$$

sind die für einen solchen Test nötigen Schranken (im ersten Fall $d_o$, im zweiten $d_u$) aus (21) dadurch zu bestimmen, dass darin $u_{1-\alpha/2}$ durch $u_{1-\alpha}$ zu ersetzen ist. Bei einer Überprüfung der Einshypothese $\delta > 0$ ist die Differenz d der beiden Stichprobenergebnisse nicht signifikant, wenn gilt: $d \leq d_o$, die Stichprobendifferenz d also näher bei 0 als $d_o$ selbst oder sogar negativ ist. Bei einer Überprüfung der Hypothese $\delta < 0$ muss diese Differenz dazu mindestens $d_u$ sein ($d \geq d_u$), also die Stichprobendifferenz $d$ näher bei 0 als $d_u$ selbst oder sogar positiv sein.

Eine solche einseitige Fragestellung würde sich in Beispiel 36 ergeben, wenn überprüft werden soll, ob sich der Stimmenanteil dieser Partei innerhalb des Monats vergrößert hat. Zu überprüfen ist dann nämlich, ob $\pi_B$ größer als $\pi_A$ ist ($A$ und $B$ wie in Beispiel 36 definiert). Für die Differenz $\delta = \pi_A - \pi_B$ bedeutet dies somit, dass sie negativ sein müsste. Somit ist dann $H_1$: $\delta < 0$. Soll überprüft werden, ob sich ihr Stimmenanteil *verkleinert* hat, so bedeutet dies bei dieser Wahl der Grundgesamtheiten $A$ und $B$, dass die Einshypothese $\delta > 0$ zu überprüfen ist, weil dann $\pi_A$ größer als $\pi_B$ ist und die Differenz $\delta = \pi_A - \pi_B$ somit ein positives Vorzeichen aufweisen muss.

Hinsichtlich der alternativen Entscheidungsstrategie mittels p-Werten gilt wiederum: Bei zweiseitigen Fragestellungen bleibt man bei der Nullhypothese, wenn der p-Wert $\alpha_2$ größer als das Signifikanzniveau $\alpha$ ist. Bei einer einseitigen Fragestellung hat der p-Wert $\alpha_1$ größer als $\alpha$ zu sein, um auf die gleiche Entscheidung zu kommen.

COMPANION WEBSITE

## Übungsaufgaben

Die Lösungen zu den nachfolgenden Übungsbeispielen finden Sie unter www.pearson-studium.de. Für die mit * markierten Aufgaben verwenden Sie die zu diesem Buch unter dieser Web-Adresse ebenfalls bereitgestellte Excel-Lerndatei.

**Ü73***

Zwei im Abstand zweier Monate gezogene unabhängige Stichproben von je 700 Wahlberechtigten erhoben für den Spitzenkandidaten einer Partei seine Sympathisanten. Sie finden die Daten in einer im Internet bereitgestellten Excel-Datei. Die Schlagzeile in einer Zeitung lautete: „Kandidat legt zu!" Überprüfen Sie diese Behauptung auf einem Signifikanzniveau von $\alpha = 0{,}05$, nachdem Sie geeignete Hypothesen für diesen Test aufgestellt haben.

**Ü74**

Verwenden Sie die Daten aus Ü73: Die Partei will nun überprüfen, ob sich die relative Häufigkeit an Sympathisanten für ihren Spitzenkandidaten innerhalb der zwei Monate auf einem Signifikanzniveau von $\alpha = 0{,}05$ verändert hat.

**Ü75**

Es soll die positive Wirkung eines konzentrationssteigernden Mittels auf die Lernleistung getestet werden. Dazu werden unabhängig voneinander eine Gruppe von 200 Versuchspersonen ohne Einnahme des Mittels und eine gleich große nach Einnahme des Mittels geprüft. Es bestehen 41,5 Prozent der ersten und 44,0 Prozent der zweiten Gruppe. Formulieren Sie geeignete Hypothesen und testen Sie diese auf einem Signifikanzniveau von $\alpha = 0{,}05$.

**Ü76**

Eine Stichprobe vom Umfang $n = 350$ lieferte vor einem Jahr eine relative Häufigkeit von 65,1 Prozent an Zustimmung zur Regierungsarbeit. Es soll nun auf einem Signifikanzniveau von $\alpha = 0{,}05$ überprüft werden, ob sich dieser Anteil im Jahresabstand verändert hat. Dazu wird eine neue Stichprobe vom Umfang $n = 420$ gezogen. In dieser ergibt sich ein diesbezüglicher Anteil von 62,1 Prozent.

Formulieren Sie die diesbezüglichen Hypothesen und führen Sie den Test auf dem Signifikanzniveau $\alpha = 0{,}05$ durch.

## 3.7 Testen von Hypothesen über zwei Mittelwerte

Vergleichen wir nun anstelle zweier relativer Häufigkeiten zwei Mittelwerte $\mu_A$ und $\mu_B$ eines Merkmals $x$ aus zwei Grundgesamtheiten $A$ und $B$ (zum Beispiel die Mittelwerte der Einkommen von Frauen und Männern desselben Berufs). Beim Testen von Unterschieden dieser Mittelwerte formuliert man bei zweiseitiger Fragestellung, also wenn ein Unterschied in egal welcher Richtung überprüft werden soll ($\mu_A \neq \mu_B$), genau dieselben Hypothesen wie bei relativen Häufigkeiten, nur diesmal natürlich mit den beiden Mittelwerten:

$$H_0\colon \delta = \mu_A - \mu_B = 0 \quad \text{und} \quad H_1\colon \delta = \mu_A - \mu_B \neq 0.$$

Die Schranken $d_u$ und $d_o$ jener Differenzen $d$ der Stichprobenergebnisse $\bar{x}_A$, das ist der Mittelwert von $x$ in einer Stichprobe vom Umfang $n_A$ aus der Grundgesamtheit $A$, und $\bar{x}_B$, das ist der Mittelwert von $x$ in einer von der ersten Stichprobe unabhängigen Stichprobe vom Umfang $n_B$ aus der Grundgesamtheit $B$, die den Bereich der schwachen Indizien gegen die Nullhypothese bilden, lauten:

$$d_o = 0 + u_{1-\alpha/2} \cdot \sqrt{\frac{\sigma_A^2}{n_A} + \frac{\sigma_B^2}{n_B}}$$

$$d_u = 0 - u_{1-\alpha/2} \cdot \sqrt{\frac{\sigma_A^2}{n_A} + \frac{\sigma_B^2}{n_B}}.$$

Wenn die Varianzen $\sigma_A^2$ und $\sigma_B^2$ des Merkmals $x$ in den beiden Grundgesamtheiten nicht vorliegen, sind sie wie beim Testen nur eines Mittelwerts durch die nach (19) berechneten Stichprobenvarianzen zu ersetzen. Dies ergibt als Bereich der schwachen Indizien gegen $H_0$:

$$d_o = +u_{1-\alpha/2} \cdot \sqrt{\frac{s_A^2}{n_A} + \frac{s_B^2}{n_B}}$$

$$d_u = -u_{1-\alpha/2} \cdot \sqrt{\frac{s_A^2}{n_A} + \frac{s_B^2}{n_B}}. \qquad (22)$$

Nur wenn die Differenz der beiden Stichprobenmittelwerte $d = \bar{x}_A - \bar{x}_B$, das ist der Punktschätzer für die Differenz $\delta = \mu_A - \mu_B$, größer als $d_o$ beziehungsweise kleiner als $d_u$ nach (22) ist, wenn sich die beiden Mittelwerte also um mehr als $d_o$ unterscheiden (denn $d_u$ ist gleich groß wie $d_o$, aber mit negativem Vorzeichen), sind wir bereit, die Einshypothese zu akzeptieren, dass sich auch in den Grundgesamtheiten die beiden Mittelwerte unterscheiden. Andernfalls behalten wir (im Zweifel) die Nullhypothese bei.

In Excel wendet man in beiden Stichproben die Funktionen MITTELWERT und VARIANZ an und errechnet damit die Grenzen des Bereichs der schwachen Indizien gegen die Nullhypothese.

Die einseitigen Fragestellungen zur Überprüfung von Hypothesen über zwei Mittelwerte auf dem Signifikanzniveau $\alpha$ lauten

$$H_0\colon \delta = \mu_A - \mu_B \leq 0 \quad \text{und} \quad H_1\colon \delta = \mu_A - \mu_B > 0$$

beziehungsweise

$$H_0\colon \delta = \mu_A - \mu_B \geq 0 \quad \text{und} \quad H_1\colon \delta = \mu_A - \mu_B < 0.$$

Dafür sind in (22) wiederum die Werte $u_{1-\alpha/2}$ der Standardnormalverteilung durch $u_{1-\alpha}$ zu ersetzen. Im ersten Fall ist $H_0$ beizubehalten, wenn die Differenz der beiden Stichprobenmittelwerte $d = \bar{x}_A - \bar{x}_B \leq d_o$ ist, im zweiten Fall, wenn gilt: $d = \bar{x}_A - \bar{x}_B \geq d_u$.

Hinsichtlich der Entscheidungsregeln bei Verwendung der p-Werte gelten für all diese Fragestellungen dieselben Regeln wie in Abschnitt 3.4.

## Beispiel 37: Statistisches Testen von Hypothesen über die Differenz zweier Mittelwerte

Will man auf dem Signifikanzniveau $\alpha = 0{,}05$ überprüfen, ob die Ergebnisse von Leistungstests an Schülerinnen und Schülern im Bundesland $B$ besser als in $A$ sind, werden Zufallsstichproben vom Umfang 500 und 550 gezogen und darin folgende Mittelwerte und Stichprobenstandardabweichungen der Punktezahlen bei diesen Leistungstests gemessen: $\overline{x}_A = 501{,}5$, $\overline{x}_B = 503{,}2$, $s_A = 25$ und $s_B = 30$.

Die Hypothesen lauten wegen $\delta = \mu_A - \mu_B$:

$$H_0\colon \delta \geq 0 \quad \text{und} \quad H_1\colon \delta < 0$$

Wir berechnen als untere Schranke der schwachen Indizien gegen die Nullhypothese auf einem Signifikanzniveau von $\alpha = 0{,}05$:

$$d_u = -1{,}65 \cdot \sqrt{\frac{625}{500} + \frac{900}{550}} = -2{,}803.$$

Die Stichprobendifferenz $d = \overline{x}_A - \overline{x}_B$ der beiden Mittelwerte ist $-1{,}7$. Dies liegt über der unteren Schranke und wir behalten somit die Nullhypothese bei. Das Testergebnis ist nicht signifikant.

Hypothesen über mehr als zwei Mittelwerte sind Gegenstand von Abschnitt 3.10. Für diese Tests sind jedoch Voraussetzungen zu erfüllen, deren Überprüfung in Abschnitt 3.7 beschrieben wird.

## Übungsaufgaben

Die Lösungen zu den nachfolgenden Übungsbeispielen finden Sie unter www.pearson-studium.de.

**Ü77**

In Ü66 wurde an 264 zufällig ausgewählten Personen das Merkmal Schlafdauer gemessen. Nun wird eine zweite, von der ersten unabhängige Stichprobe vom Umfang 200 gezogen und abermals das Merkmal Schlafdauer gemessen, nachdem diesen neuen 200 Personen jedoch Schlafmittel verabreicht wurden. Als Kennzahlen dieser neuen Stichprobe ergeben sich: $\overline{x} = 7{,}1$, $s = 1{,}5$.

Überprüfen Sie auf einem Signifikanzniveau von $\alpha = 0{,}05$, ob sich die Einnahme des Schlafmittels positiv auf die Schlafdauer auswirkt.

**Ü78**

Für die Lebensdauer von Taschenrechnerbatterien soll überprüft werden, ob sich die diesbezüglichen Mittelwerte zweier Hersteller in den Grundgesamtheiten unterscheiden. Eine Stichprobe vom Umfang 125 der einen Marke liefert einen Mittelwert $\overline{x}$ von 5.996,5 Stunden und eine Standardabweichung von $s = 65{,}3$ h. Eine Stichprobe von 122 Batterien der anderen Marke ergibt diesbezüglich die Werte: $\overline{x} = 6.125{,}6$ und $s = 57{,}0$.

Formulieren Sie geeignete Hypothesen und entscheiden Sie sich auf einem Signifikanzniveau $\alpha = 0{,}05$ für eine der beiden.

## 3.8 Testen einer Hypothese über einen statistischen Zusammenhang zweier nominaler Merkmale

Eine weitere, sehr häufig in der schließenden Statistik anzutreffende Fragestellung ist jene nach dem statistischen Zusammenhang zweier Merkmale. Diesem Charakteristikum der gemeinsamen Häufigkeitsverteilung zweier Merkmale widmen sich die Kennzahlen, deren zu Grunde liegende Ideen in Abschnitt 1.3.4 vorgestellt wurden. Auch hier erhält man mit den diesbezüglichen Ergebnissen einer Stichprobe nur Anhaltspunkte über die Größenordnung der diesbezüglichen Parameter in der Grundgesamtheit.

Für den Rückschluss von den Stichprobenergebnissen auf die Parameter zur Entscheidung zwischen zwei Hypothesen über den statistischen Zusammenhang zweier nominaler Merkmale (beziehungsweise eines nominalen Merkmals und eines nichtnominalen Merkmals; siehe die Einleitung zu Abschnitt 1.3.4) ist eine Teststrategie zu wählen, die im Folgenden beschrieben werden soll.

Benutzen wir dazu die Daten von Beispiel 13, das zur Darstellung der Idee für die – zur Messung des Zusammenhangs solcher Merkmale – geeignete Kennzahl $\chi^2$ auf Basis der Daten zu Beispiel 6 verwendet wurde: In Beispiel 6 wurde das Ergebnis einer Befragung von 500 Studierenden hinsichtlich der Merkmale Geschlecht und Studienrichtung präsentiert, diese gemeinsame Verteilung der beiden Merkmale tabellarisch dargestellt und durch die Berechnung der bedingten Verteilungen des Merkmals Studienrichtung unter den Frauen und unter den Männern analysiert. In Beispiel 13 wurden diese Daten verwendet, um durch die Berechnung des Zusammenhangmaßes Chiquadrat $\chi^2$ nach (6) und der daran anschließenden Berechnung des Cramerschen Zusammenhangmaßes $V$ nach (7) die Stärke des statistischen Zusammenhangs der beiden Merkmale unter den 500 Befragten zu bestimmen.

### Beispiel 38: Testen des Zusammenhangs zwischen zwei nominalen Merkmalen

Betrachten wir nun dieselben Häufigkeiten und setzen wir lediglich anstelle des Merkmals Studienrichtung das Merkmal Parteipräferenz mit den Ausprägungen $A$, $B$, $C$, $D$ und E (= Sonstige). Wenn die 500 Befragten durch eine uneingeschränkte Zufallsauswahl aus einer Grundgesamtheit (zum Beispiel aus der wahlberechtigten Bevölkerung) bestimmt wurden, dann kann man sich der zusätzlichen Aufgabe widmen, von diesen Stichprobenergebnissen auf die Parameter der Grundgesamtheit rückzuschließen.

**Tabelle 3.2**

| | Parteipräferenz | | | | | |
|---|---|---|---|---|---|---|
| **Geschlecht** | **A** | **B** | **C** | **D** | **E** | **Summe** |
| **weiblich** | 110 | 120 | 20 | 30 | 20 | 300 |
| **männlich** | 90 | 60 | 30 | 10 | 10 | 200 |
| **Summe** | 200 | 180 | 50 | 40 | 30 | 500 |

Die dazu verwendete Kennzahl ist das Zusammenhangmaß Chiquadrat $\chi^2$ und der Test von Hypothesen über den statistischen Zusammenhang zweier nominaler Merkmale heißt deshalb auch **Chiquadrattest**. Die Vorgehensweise beginnt mit der Berechnung des $\chi^2$-Wertes in der Stichprobe, wie dies schon in Beispiel 13 gemacht wurde. Aus der Tabelle mit den Häufigkeiten für die Kombinationen der beiden Merkmale sind einerseits die Tabelle der beobachteten relativen Häufigkeiten dieser Kombinationen und andererseits die Tabelle der zu erwartenden relativen Häufigkeiten dieser Kombinationen für den Fall, dass kein Zusammenhang vorliegt, zu bestimmen. Dabei ist jetzt darauf zu achten, dass der Stichprobenumfang der Erhebung groß genug ist, damit in jeder Kombination von Merkmalsausprägungen der beiden Merkmale die bei Fehlen eines Zusammenhangs zu erwartenden Häufigkeiten (das sind die zu erwartenden relativen Häufigkeiten multipliziert mit dem Stichprobenumfang) größer als 5 sind. Ist dies nicht der Fall, dann sollte man einzelne Merkmalsausprägungen zusammenlegen, damit diese Bedingung erfüllt wird (zum Beispiel ließe sich beim Merkmal Parteipräferenz die Merkmalsausprägung „sonstige" mit der kleinsten Partei zusammenlegen, um eine Kategorie mit größeren Häufigkeiten zu erhalten), oder den Stichprobenumfang insgesamt erhöhen. Daraus errechnet man mit (6) die Kennzahl $\chi^2$, welche die Unterschiede zwischen der tatsächlichen und der bei Fehlen eines Zusammenhangs zu erwartenden Verteilung zum Gegenstand hat. Für unseren Zweck wird diese Stichprobenkennzahl mit $\chi^2_{err}$ bezeichnet:

$$\chi^2_{err} = n \cdot \sum \frac{(p^b_{ij} - p^e_{ij})^2}{p^e_{ij}} \,. \tag{23}$$

Von dieser Kennzahl wissen wir schon aus Abschnitt „Nominale Merkmale" in Kapitel 1, dass sie den Wert 0 aufweist, wenn kein statistischer Zusammenhang in der Stichprobe existiert. Sie ist größer als 0, wenn in der Stichprobe ein solcher Zusammenhang zwischen den beiden Merkmalen besteht. Wie stark der Zusammenhang ist, ist hier nicht interessant. Diese Frage ließe sich mit Cramers $V$ abschätzen. Unsere Aufgabe ist jedoch die Überprüfung der Hypothese, dass in der Grundgesamtheit ein Zusammenhang zwischen den beiden Merkmalen besteht, auf dem Signifikanzniveau $\alpha$.

Bezeichnet man zur Unterscheidung vom Stichprobenergebnis $\chi^2_{err}$ den Parameter, der sich bei der Berechnung von (6) in der Grundgesamtheit ergeben würde, mit $\chi^2$, dann lautet die zu überprüfende Einshypothese bei dieser Fragestellung: $\chi^2 > 0$, denn genau dann liegt ein Zusammenhang (egal welcher Stärke) vor. Daraus ergibt sich, da $\chi^2$ niemals negativ sein kann, als Nullhypothese: $\chi^2 = 0$. Diese Behauptung unterstellt, dass es keinen Zusammenhang der beiden interessierenden Merkmale in der Grundgesamtheit gibt. Es gilt also:

$$H_0: \chi^2 = 0 \quad \text{und} \quad H_1: \chi^2 > 0.$$

Stichprobenergebnisse $\chi^2_{err}$, die „nahe" bei der Behauptung der Nullhypothese liegen, werden bei dieser einseitigen Fragestellung wieder als schwache Indizien gegen diese Hypothese zu werten sein. In solchen Fällen bleiben wir in Übereinstimmung mit der allgemeinen Handlungslogik des Signifikanztests (im Zweifel) bei $H_0$.

Wie aber ist hier objektiv festzustellen, ob ein bestimmtes Stichprobenergebnis $\chi^2_{err}$, das ist der Punktschätzer für $\chi^2$, ein massives Indiz gegen $H_0$ darstellt oder nicht? Man kennt die mögliche Verteilung der Stichprobenergebnisse $\chi^2_{err}$ bei Gültigkeit der Nullhypothese, also wenn in der Grundgesamtheit gilt: $\chi^2 = 0$. Diese wird als Chiquadratverteilung bezeichnet (Abbildung 47).

Man sieht, dass bei Gültigkeit der Nullhypothese das Stichprobenergebnis $\chi^2_{err}$ häufig „in der Nähe" von 0 liegen wird, bei jenem Wert also, der sich bei Befragung aller Erhebungseinheiten der Grundgesamtheit einstellen würde, und selten sehr weit davon entfernt. Dies ist der Grund dafür, dass ein solches Stichprobenergebnis, das nahe bei 0 liegt, als schwaches Indiz gegen die Nullhypothese $\chi^2 = 0$ gewertet wird. Die Vorgehensweise ist nun, jenen Wert für $\chi^2_{err}$ zu bestimmen, der zum Beispiel bei einem Signifikanzniveau $\alpha = 0{,}05$ in 95 von 100 Fällen bei Gültigkeit von $H_0$ unterschritten wird. Das bedeutet nämlich, dass eine Überschreitung dieses Wertes in einem solchen Fall so selten vorkommt, dass der Verdacht nahe liegt, dass die Null-hypothese doch nicht richtig ist. Diese Aufgabe der Bestimmung dieses Wertes, von dem man die Unterschreitungswahrscheinlichkeit kennt, ist sehr einfach zu lösen, weil diese Werte für unterschiedliche Signifikanzniveaus tabelliert sind. Eine solche Tabelle ist die Tabelle B im Anhang.

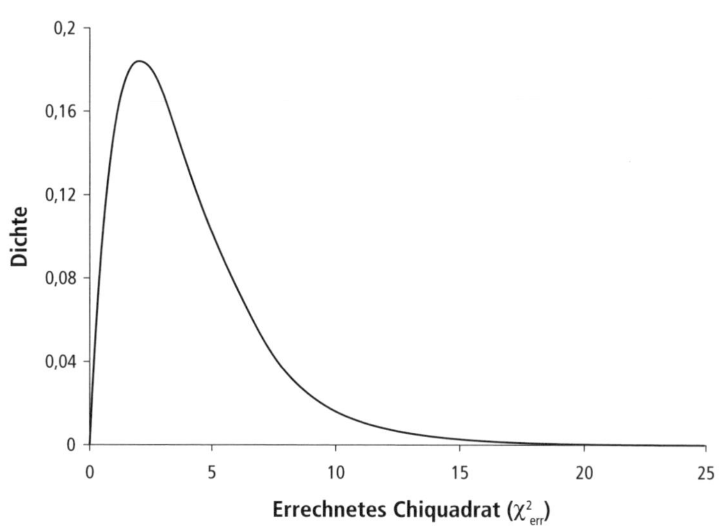


**Abbildung 47: Eine chiquadratverteilte Zufallsvariable**
Das Bild der Dichte der Zufallsvariablen $\chi^2_{err}$ bei $\chi^2 = 0$ und 4 Freiheitsgraden.

Zum Nachschauen in der Tabelle (oder zum Verwenden der Funktion CHIINV in Excel) benötigt man neben dem Signifikanzniveau $\alpha$ noch eine weitere Angabe zu einem Parameter, von dem die Verteilungsform der $\chi^2$-Verteilung abhängt. Das sind die schon in der Unterschrift der Abbildung 47 vorgekommenen so genannten **Freiheitsgrade**. Diese berechnen sich bei dieser Fragestellung sehr einfach als Produkt der jeweils um eins verminderten Anzahlen der Merkmalsausprägungen der beiden Merkmale und geben an, wie viele Zellen der zweidimensionalen Tabelle frei belegt werden können, ehe bei gegebenen Randverteilungen die restlichen Häufigkeiten auch bestimmt sind. In Beispiel 38 ist dies bei zwei Merkmalsausprägungen des Merkmals Geschlecht und fünf des Merkmals Parteipräferenz $(2-1)\cdot(5-1)=4$. Wenn zum Beispiel die ersten vier Häufigkeiten in der 1. Zeile der zweidimensionalen Tabelle zu Beispiel 6 gegeben sind, ergeben sich bei ebenfalls gegebenen Häufigkeiten der Randverteilungen der beiden Merkmale die restlichen Häufigkeiten von selbst. Man hat also nur vier „Freiheiten“:

**Tabelle 3.3**

| | Parteipräferenz | | | | | |
|---|---|---|---|---|---|---|
| **Geschlecht** | **A** | **B** | **C** | **D** | **Sonst.** | **Summe** |
| **weiblich** | 110 | 120 | 20 | 30 | | 300 |
| **männlich** | | | | | | 200 |
| **Summe** | 200 | 180 | 50 | 40 | 30 | 500 |

Kann aus den Stichprobendaten in Beispiel 37 auf dem Signifikanzniveau $\alpha = 0{,}05$ geschlossen werden, dass in der Grundgesamtheit ein von null verschiedener Zusammenhang zwischen den beiden Merkmalen besteht? Das Stichprobenergebnis $\chi^2_{err}$ beträgt (siehe Beispiel 13) 18,06. Die Obergrenze des Intervalls der zu geringen Indizien ergibt sich aus Tabelle B mit $\alpha = 0{,}05$ und 4 Freiheitsgraden und ist 9,49.

**Tabelle 3.4**

| Freiheitsgrade | $\alpha$ = 0,1 | $\alpha$ = 0,05 | $\alpha$ = 0,01 |
|---|---|---|---|
| 1 | 2,71 | 3,84 | 6,63 |
| 2 | 4,61 | 5,99 | 9,21 |
| 3 | 6,25 | 7,81 | 11,34 |
| 4 | 7,78 | 9,49 | 13,28 |
| 5 | 9,24 | 11,07 | 15,09 |
| ... | ... | ... | ... |

Da das Stichprobenergebnis $\chi^2_{err} = 18{,}06$ diese obere Schranke 9,49 des Bereichs der schwachen Indizien übersteigt, haben wir in der Stichprobe ein starkes Indiz gegen $H_0$ gefunden. Das Testergebnis ist signifikant und wir gehen deshalb auf die Einshypothese über, die lautet, dass auch in der Grundgesamtheit ein von null verschiedener statistischer Zusammenhang zwischen den beiden Merkmalen besteht.

Wäre das Stichprobenergebnis höchstens 9,49 gewesen, dann hätte man wegen zu geringer Indizien gegen die Nullhypothese diese bei allem Zweifel beibehalten.

An Abbildung 48 lässt sich auch nochmals die Entscheidungsregel der Verwendung von p-Werten demonstrieren, die in Statistik-Programmpaketen standardmäßig eingesetzt wird und der oben vorgestellten Entscheidungsstrategie völlig gleichwertig ist. Der p-Wert $\alpha_1$, der zu einem konkreten Stichprobenergebnis $\chi^2_{err}$ gehört, gibt auch hier jene Wahrscheinlichkeit an, dass bei Gültigkeit der Nullhypothese mindestens ein so weit von dem Parameterwert der Nullhypothese abweichendes Stichprobenergebnis herauskommen würde, wie dies tatsächlich passiert ist.

Gesucht ist also für $\chi^2 = 0$ die Wahrscheinlichkeit $\Pr(\chi^2_{err} \geq 18{,}06)$. Dieser p-Wert ist die (sehr kleine) Fläche unterhalb der Dichte rechts von $\chi^2_{err}$ in Abbildung 48. Diese ist kleiner als das Signifikanzniveau $\alpha = 0{,}05$, denn $\alpha$ ist die Fläche rechts von der aus der Tabelle bestimmten oberen Schranke. Somit können wir als alternative Entscheidungsregel wieder angeben, dass für die Beibehaltung von $H_0$ entschieden wird, wenn gilt: $\alpha_1 > \alpha$. Genau dann liegt $\chi^2_{err}$ nämlich links der Schranke aus der Tabelle und damit im Bereich der schwachen Indizien gegen $H_0$.

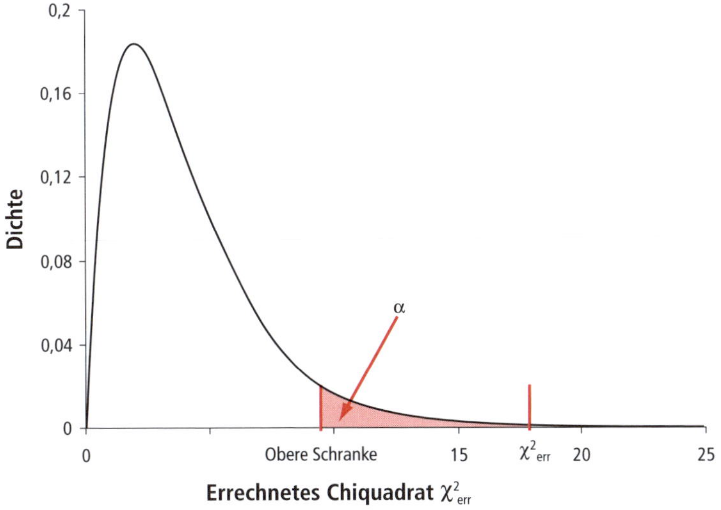


**Abbildung 48: Chiquadratverteilte Zufallsvariable**
Die Ergebnisse von Beispiel 38.

Der p-Wert in unserem Beispiel ist etwa in Excel einfach durch Eintippen von $\chi^2_{err}$ und der Freiheitsgrade in die Funktion CHIVERT zu bestimmen. Er beträgt: 0,0012. Daraus folgt also ebenso wie aus dem Vergleich von $\chi^2_{err}$ mit dem Tabellenwert, dass auf dem Signifikanzniveau $\alpha = 0{,}05$ die Einshypothese akzeptiert wird.

## Übungsaufgaben

Die Lösungen zu den nachfolgenden Übungsbeispielen finden Sie unter www.pearson-studium.de.

**Ü79**

In Ü11 wurde das Ergebnis einer Befragung unter 794 Personen zum Thema Geschlecht und Einstellung zur Euro-Währung präsentiert. In Ü28 wurde mit Hilfe einer Excel-Lerndatei der statistische Zusammenhang dieser beiden Merkmale gemessen. Verwenden Sie nun diese Ergebnisse, um zu überprüfen, ob die beiden Merkmale auch in der Grundgesamtheit aller Wahlberechtigten zusammenhängen.

a) Formulieren Sie für dieses Problem geeignete statistische Hypothesen.

b) Entscheiden Sie sich anhand der Ergebnisse von Ü28 auf einem Signifikanzniveau von $\alpha = 0{,}05$ für eine der Hypothesen.

c) Verwenden Sie die Excel-Funktion CHIVERT: Wie groß ist der zur Teststatistik $\chi^2_{err}$ gehörende p-Wert?

**Ü80**

In einer Zufallsstichprobe unter 350 Abonnenten einer Zeitung wurde erhoben, ob diese die Zeitung jeden Tag lesen und wie ihre Einstellung zu einer bestimmten Frage ist:

| | Einstellung ist ... | | |
|---|---|---|---|
| **Lese** | **positiv** | **neutral** | **negativ** |
| **täglich** | 10 | 20 | 120 |
| **nicht täglich** | 100 | 60 | 40 |

a) Formulieren Sie für die Überprüfung des Zusammenhangs von Leseverhalten und Einstellung unter den gesamten Abonnenten der Zeitung geeignete statistische Hypothesen und testen Sie diese anhand der Daten auf einem Signifikanzniveau $\alpha = 0{,}05$.

b) Wie groß ist der zur errechneten Teststatistik gehörende p-Wert (Excel)?

**Ü81**

In einer Studie wird der Einfluss von Strategietraining bei $n = 235$ zufällig ausgewählten Managern auf den Unternehmenserfolg untersucht:

| | Erfolg | |
|---|---|---|
| **Training** | **nein** | **ja** |
| **nein** | 40 | 75 |
| **ja** | 30 | 90 |

Prüfen Sie auf einem Signifikanzniveau $\alpha = 0{,}05$, ob ein statistischer Zusammenhang besteht. Wie groß ist der zur Teststatistik gehörende p-Wert (Excel)?

**Ü82**

Zur Untersuchung der Wirksamkeit von Vorsorgeimpfungen gegen Grippe wurde eine uneingeschränkte Zufallsstichprobe aus der Bevölkerung vom Umfang $n = 1.000$ gezogen. Die Überprüfung des Zusammenhangs der beiden Merkmale Impfschutz (ja/nein) und Erkrankung (ja/nein) in einem Chiquadrattest ergab einen p-Wert von 0,0943.

Schließen Sie mit dieser Informationen über den Ausgang des statistischen Tests auf dem Signifikanzniveau $\alpha = 0{,}05$, ob die Merkmale Impfschutz und Erkrankung in der Bevölkerung einen statistischen Zusammenhang aufweisen.

## 3.9 Testen von Hypothesen über eine Verteilungsform

Eine weitere Aufgabenstellung der schließenden Statistik betrifft die Überprüfung, ob die behauptete Verteilungsform eines Merkmals nicht zutrifft. Diese Fragestellung ist deswegen häufig anzutreffen, weil verschiedene statistische Verfahren voraussetzen, dass die Merkmale, die betrachtet werden, der „Normalverteilungsfamilie" angehören. So setzt zum Beispiel die Überprüfung eines von null verschiedenen statistischen Zusammenhanges zweier metrischer Merkmale, so wie sie im nächsten Abschnitt beschrieben wird, voraus, dass die beiden Merkmale normalverteilt sind. Es gilt dann also vorab zu prüfen, ob diese Voraussetzung etwa nicht zutrifft.

Die Teststrategie für diese Überprüfung entspricht dabei völlig jener aus Abschnitt 3.6. Die Teststatistik $\chi^2_{err}$ misst wiederum die Abweichungen zwischen einer tatsächlich beobachteten und einer unter einer bestimmten Voraussetzung zu erwartenden Verteilung. Dazu teilt man bei dieser Fragestellung die möglichen Merkmalsausprägungen des betrachteten metrischen Merkmals in Intervalle ein und beobachtet die relative Häufigkeit dieser Intervalle in einer Stichprobe. Eine Faustregel für die Anzahl der Intervalle ist, dass diese etwa der Wurzel aus dem Stichprobenumfang entsprechen sollte. Die zu erwartenden relativen Häufigkeiten entsprechen den Wahrscheinlichkeiten, mit denen bei Zutreffen der Verteilungsannahme ein Messwert in die verschiedenen Intervalle fällt. Sind die Abweichungen zwischen den beobachteten und den zu erwartenden relativen Häufigkeiten der Intervalle groß, dann haben wir ein starkes Indiz gegen die Behauptung der Nullhypothese gefunden.

Wir setzen $\chi^2_{err}$ nach (23) für diese Problemstellung folgendermaßen an:

$$\chi^2_{err} = n \cdot \sum \frac{(p_i^b - p_i^e)^2}{p_i^e} \tag{24}$$

(der Index $i$ steht nun für die einzelnen Intervalle). Die Kennzahl $\chi^2$ in der Grundgesamtheit muss größer als 0 sein, wenn die tatsächliche Verteilung nicht exakt der bei Vorliegen der Normalverteilung des Merkmals zu erwartenden Verteilung entspricht. Denn in einem solchen Fall unterscheiden sich die beobachteten relativen Häufigkeiten und die bei Zutreffen der Verteilungsannahme zu erwartenden voneinander. Da genau das überprüft werden soll, wird dies zur Einshypothese und ihr Gegenteil zur Nullhypothese des Tests:

$$H_0: \chi^2 = 0 \quad \text{und} \quad H_1: \chi^2 > 0.$$

Zur Berechnung von $\chi^2_{err}$ und Durchführung des Tests der Verteilungsform betrachten wir folgendes Beispiel:

## Beispiel 39: Testen einer Verteilungsform

In einem Betrieb werden Zuckerpakete abgefüllt. Es soll auf einem Signifikanzniveau $\alpha = 0{,}05$ überprüft werden, ob deren Gewicht nicht normalverteilt ist. Dazu bilden wir für das stetige Merkmal Gewicht zur Verringerung des Berechnungsaufwands – entgegen der oben erwähnten Faustregel – ausnahmsweise nur vier Intervalle und messen für 100 zufällig ausgewählte Pakete aus der gegenwärtigen Produktion das jeweilige Gewicht. Als Mittelwert ergibt sich in dieser Stichprobe ein Wert von 999,93 Gramm und als Stichprobenvarianz nach (19) ein Wert von 0,25 Gramm. Das Gewicht der 100 Pakete besitzt folgende Häufigkeitsverteilung:

| Intervall | relative Häufigkeit $p_i^b$ |
|---|---|
| unter 999,5 | 0,2 |
| [999,5; 1.000] | 0,32 |
| [1.000; 1.000,5] | 0,34 |
| über 1.000,5 | 0,14 |

Es haben also 20 der 100 Pakete der Stichprobe unter 999,5 Gramm gewogen, 32 zwischen 999,5 und 1.000 Gramm und so fort. Um festzustellen, ob diese beobachtete Verteilung ein starkes Indiz gegen die Normalverteilungshypothese ist, müssen wir nun berechnen, welche relativen Häufigkeiten $p_i^e$ für die einzelnen Intervalle bei einer Normalverteilung zu erwarten gewesen wären. Das sind die Wahrscheinlichkeiten der einzelnen Intervalle. Wir verwenden zu diesem Zweck den Mittelwert und die Standardabweichung des Merkmals Gewicht in der Stichprobe.

Als Erstes berechnen wir die Wahrscheinlichkeit dafür, dass ein Zuckerpaket ein Gewicht $x$ von über 1.000,5 Gramm aufweist. Mit

$$u_0 = \frac{1.000{,}5 - 999{,}93}{0{,}5} = 1{,}14$$

nach (13) ist dies $\Pr(x > 1.000{,}5) = \Pr(u > 1{,}14) = 1 - \Pr(u \leq 1{,}14) = 1 - 0{,}873 = 0{,}127$. Es sollten also bei Gültigkeit der Nullhypothese im Schnitt ca. 13 von 100 Zuckerpaketen in dieses Intervall fallen.

Als Nächstes berechnen wir die Wahrscheinlichkeit $\Pr(x \in [1.000;1.000{,}5])$. Dies ist $\Pr(x \leq 1.000{,}5) - \Pr(x < 1.000)$. Die erste Wahrscheinlichkeit wurde soeben mit 0,873 bestimmt. Davon muss nun mit

$$u_0 = \frac{1.000 - 999{,}93}{0{,}5} = 0{,}14$$

die Wahrscheinlichkeit $\Pr(x < 1.000) = \Pr(u < 0{,}14) = 0{,}556$ abgezogen werden. Es ist somit $\Pr(x \in [1.000;1.000{,}5]) = 0{,}873 - 0{,}556 = 0{,}317$ und so fort.

Auf diese Weise entsteht folgende Tabelle, in der die bei Normalverteilung erwarteten relativen Häufigkeiten $p_i^e$ der einzelnen Intervalle enthalten sind:

| **Intervall** | **relative Häufigkeit** $p_i^e$ |
|---|---|
| unter 999,5 | 0,195 |
| [999,5; 1.000] | 0,361 |
| [1.000; 1.000,5] | 0,317 |
| über 1.000,5 | 0,127 |

Die Tabelle der beobachteten relativen Häufigkeiten $p_i^b$ der einzelnen Intervalle weicht offensichtlich von der Tabelle der bei Normalverteilung zu erwartenden relativen Häufigkeiten $p_i^e$ ab, aber nicht sehr stark. Um beurteilen zu können, ob ein schwaches oder ein starkes Indiz gegen $H_0$ vorliegt, wird mit diesen Daten nach (24) $\chi^2_{err}$ berechnet:

$$\chi^2_{err} = 100 \cdot \left[ \frac{(0{,}2 - 0{,}195)^2}{0{,}195} + \frac{(0{,}32 - 0{,}361)^2}{0{,}361} + \ldots \right] = 0{,}78.$$

Jetzt wird wiederum jene Schranke für $\chi^2_{err}$ bestimmt, welche die schwachen von den starken Indizien gegen die Nullhypothese trennt. Zu diesem Zweck müssen wir in der Chiquadrattabelle *B* nachsehen, wofür wir außer dem Signifikanzniveau $\alpha$ wieder die Anzahl der Freiheitsgrade benötigen. Diese erhält man bei dieser Fragestellung, indem man von der Anzahl der Intervalle, in die das Merkmal eingeteilt wurde, die Zahl 3 abzieht (siehe die nach diesem Beispiel gegebene Erklärung dafür). Das ergibt hier: 4 – 3 = 1. Beim gewählten Signifikanzniveau $\alpha = 0{,}05$ ist diese obere Schranke für $\chi^2_{err}$ 3,84. Da das Stichprobenergebnis $\chi^2_{err} = 0{,}78$ unter dieser Obergrenze der schwachen Indizien liegt, ist das Testergebnis nicht signifikant. Die Nullhypothese, dass die Daten normalverteilt sind, darf beibehalten werden.

Als p-Wert $\alpha_1$ zu $\chi^2_{err} = 0{,}78$ ergibt sich ein Wert von 0,377 (in Excel wieder mit der Funktion CHIVERT). Da $\alpha_1$ größer als $\alpha$ ist, muss $\chi^2_{err}$ innerhalb des Intervalls der schwachen Indizien liegen.

So oder so, man bleibt also bei der Nullhypothese, dass die Daten normalverteilt sind.

Bei der Bestimmung der Freiheitsgrade für diesen Chiquadrattest hat man folgendermaßen vorzugehen: Von der Anzahl der Intervalle wird jedenfalls die Zahl eins abgezogen und zusätzlich noch die Anzahl der für die Berechnung der zu erwartenden relativen Häufigkeiten benötigten und aus der Stichprobe geschätzten Parameter. Im Fall des Beispiels 38 zur Überprüfung der Hypothese, ob das interessierende Merkmal nicht normalverteilt ist, sind dies 2, nämlich der Mittelwert und die Standardabweichung, so dass die Anzahl der Freiheitsgrade 4 (Intervalle) – 1 – 2 (in der Stichprobe geschätzte Parameter) ist. Dies ist der in der Praxis am häufigsten auftretende Fall. Würde aber überprüft werden, ob eine bestimmte Normalverteilung mit einem bestimmten vorgegebenen Mittelwert und einer bestimmten vorgegebenen Standardabweichung vorliegt (wodurch diese Parameter also nicht erst in der Stichprobe geschätzt werden müssten), dann ergäbe sich als Anzahl der Freiheitsgrade: Anzahl der Intervalle – 1 – 0 (in der Stichprobe geschätzte Parameter).

## Übungsaufgaben

Die Lösungen zu den nachfolgenden Übungsbeispielen finden Sie unter www.pearson-studium.de.

**Ü83**

Bei $n = 400$ zufällig ausgewählten Automobilen eines 1986 erstmals zugelassenen Typs wurde für ein elektronisches Bauteil das Merkmal Lebensdauer (in 1.000 km) erhoben:

| Lebensdauer | $p_i$ |
|---|---|
| unter 40 | 0,140 |
| 40 – 60 | 0,350 |
| 60 – 80 | 0,370 |
| über 80 | 0,140 |

Überprüfen Sie auf einem Signifikanzniveau $\alpha = 0{,}05$, ob die Lebensdauer dieser Bauteile nicht normalverteilt ist. In der Stichprobe errechnete sich ein Mittelwert von 60.000 km und eine Stichprobenstandardabweichung von 20.000 km. Wie groß ist außerdem der zum errechneten Chiquadrat gehörende p-Wert (Excel)?

**Ü84**

Verwenden Sie die Daten aus Ü83 und überprüfen Sie abermals, ob die Lebensdauer dieser Bauteile nicht normalverteilt ist. In der Stichprobe ergab sich diesmal ein Mittelwert von 80.000 km und eine Standardabweichung von 20.000 km bei gleicher Häufigkeitsverteilung auf die Intervalle. Wie groß ist der zum errechneten Chiquadrat gehörende p-Wert (Excel)?

**Ü85**

Bei einer Untersuchung der Lebensdauer (in Jahren) von 100 zufällig ausgewählten Autobatterien wurde folgende empirische Häufigkeitsverteilung festgestellt:

| Lebensdauer | Anzahl der Batterien |
|---|---|
| bis zu 2 | 14 |
| 2 – 3 | 38 |
| 3 – 4 | 28 |
| über 4 | 20 |

In der Stichprobe ergibt sich ein Mittelwert von drei Jahren mit einer Standardabweichung von 1. Überprüfen Sie auf einem Signifikanzniveau von $\alpha = 0{,}05$ die Hypothese, dass die Lebensdauer der Batterien nicht normalverteilt ist.

**Ü86**

Bei einem Test auf Nichtzutreffen der Normalverteilungsannahme wie in Ü85 werden die Messdaten der Stichprobe diesmal in acht Intervalle zerlegt. Als Testergebnis erfährt man einen $p$-Wert von 0,025.

Wie groß sind die Freiheitsgrade? Welche Entscheidung hinsichtlich der Verteilungsannahme ist zu treffen? War der errechnete $\chi^2$-Wert größer, gleich oder kleiner als die obere Schranke aus der Tabelle?

## 3.10 Testen von Hypothesen über einen statistischen Zusammenhang zweier metrischer Merkmale

Bei der Messung des statistischen Zusammenhangs zweier metrischer Merkmale bedient man sich des Korrelationskoeffizienten (siehe Abschnitt 1.3.4). Will man mit den diesbezüglichen Ergebnissen einer zufälligen Stichprobe auf den Zusammenhang dieser Merkmale in der Grundgesamtheit rückschließen, dann haben wir natürlich abermals eine Aufgabenstellung der schließenden Statistik vorliegen. Für den Fall, dass die beiden Merkmale normalverteilt sind, kann man auf die nachfolgend beschriebene Art und Weise Hypothesen über den statistischen Zusammenhang zweier metrischer Merkmale testen. Da die Normalverteilung der beiden Merkmale jedoch Voraussetzung für diese Vorgehensweise ist, hat man vorab zu überprüfen, ob gegen diese Annahme verstoßen wird. Dazu bedient man sich des Chiquadrattests zur Überprüfung einer Verteilungsform, der in Abschnitt 3.7 beschrieben wurde. Sollte mindestens eines der beiden Merkmale nicht als normalverteilt betrachtet werden dürfen, dann hat man eine andere Vorgehensweise durch Verwendung des Spearmanschen Korrelationskoeffizienten der Rangzahlen zu wählen (siehe dazu etwa Hartung (2005), S.553ff, oder Schira (2005), S.525), die beim Testen von Hypothesen über einen statistischen Zusammenhang zweier ordinaler Merkmale zum Einsatz kommt.

Wenn die Normalverteilungshypothesen beibehalten worden sind, geht man folgendermaßen vor, wenn auf einem Signifikanzniveau $\alpha = 0{,}05$ getestet werden soll, ob zwischen den beiden Merkmalen ein statistischer Zusammenhang besteht (egal in welcher Richtung): Wir formulieren als Einshypothese, dass der Korrelationskoeffizient $\rho$ in der Grundgesamtheit ungleich null ist und wie üblich das Gegenteil als Nullhypothese. Dadurch erhält man folgende Hypothesen für einen zweiseitigen Test:

$$H_0: \rho = 0 \quad \text{und} \quad H_1: \rho \neq 0.$$

Für die Aufgabe der Überprüfung, ob der Korrelationskoeffizient $\rho$ ungleich null ist, gehen wir einen kleinen Umweg und betrachten die Größe

$$u = \rho \cdot \sqrt{\frac{n-2}{1-\rho^2}}.$$

Damit können die ursprünglichen Hypothesen folgendermaßen umformuliert werden, da für den Fall, dass $\rho = 0$ ist, auch $u = 0$ ist:

$$H_0: u = 0 \quad \text{und} \quad H_1: u \neq 0.$$

Im nächsten Schritt errechnet man den Korrelationskoeffizienten $r$ nach Formel (9) mit den Daten der Stichprobe als Punktschätzer für $\rho$:

$$r = \frac{s_{xy}}{s_x \cdot s_y}.$$

In Excel verwendet man dazu die Funktion KORREL an den Stichprobendaten. Daraufhin wird die Testgröße

$$u_{err} = r \cdot \sqrt{\frac{n-2}{1-r^2}} \tag{25}$$

berechnet. Diese Testgröße ist bei Gültigkeit von $u = 0$ eigentlich t- und nicht standardnormalverteilt. In großen Stichproben ist aber auch sie annähernd standardnormalverteilt. Deshalb wird der Bereich der schwachen Indizien gegen $H_0$ bei diesem zweiseitigen Test und einem Signifikanzniveau $\alpha$ einfach durch die obere Schranke $+\,u_{1-\alpha/2}$ und die untere Schranke $-\,u_{1-\alpha/2}$ aus der Standardnormalverteilung festgelegt. $u_{err}$ wird bei gegebenem Stichprobenumfang umso größer, je größer die Korrelation r in der Stichprobe ist. Deshalb wird $u_{err}$ als starkes Indiz gegen die Nullhypothese gewertet, wenn es außerhalb des Bereichs mit den Schranken $-\,u_{1-\alpha/2}$ und $+\,u_{1-\alpha/2}$ liegt. Ist dies nicht der Fall, dann ist $u_{err}$ und damit auch die Stichprobenkorrelation r so nahe bei null, dass kein starkes Indiz gegen diese Hypothese vorliegt. Man bleibt demnach bei der Nullhypothese, wenn gilt: $u_{err} \in [-\,u_{1-\alpha/2}; u_{1-\alpha/2}]$.

Anwendern dieser statistischen Methode sollte es jedoch gelingen, dass sie für eine Hypothesenprüfung im Zusammenhang mit dem Korrelationskoeffizienten die Richtung des vermuteten Zusammenhangs in der Einshypothese berücksichtigen können. Zum Beispiel sollte ein Mediziner mit seinem Fachwissen in der Lage sein, einem vermuteten statistischen Zusammenhang zwischen zwei Blutwerten eine Richtung zu geben, also etwa zu behaupten, dass ein gleichsinniger Zusammenhang vorliegt. Die Verwendung einer zweiseitigen Fragestellung zeugt in diesem Zusammenhang oft von einer gewissen Ahnungslosigkeit auf dem Gebiet, aus dem die Fragestellung stammt.

Soll die einseitige Behauptung eines gleichsinnigen statistischen Zusammenhangs überprüft werden, dann ergeben sich die Hypothesen

$$H_0: \rho \leq 0 \quad \text{und} \quad H_1: \rho > 0.$$

Für die Prüfung dieser Einshypothese braucht (wie bei der einseitigen Fragestellung in dieser Richtung bei den relativen Häufigkeiten, den Mittelwerten und bei den Differenzen zweier relativer Häufigkeiten oder Mittelwerte) nur eine obere Schranke der schwachen Indizien bestimmt werden, und die Entscheidungsregel für die Beibehaltung der Nullhypothese auf einem Signifikanzniveau $\alpha$ lautet somit: Die Nullhypothese ist beizubehalten, wenn gilt: $u_{err} \leq u_{1-\alpha}$. Erst wenn $u_{err}$ nach (25) größer als $u_{1-\alpha}$ ist, hat man starke Indizien gegen die Nullhypothese gefunden.

Schließlich bleibt als zweite mögliche einseitige Fragestellung noch jene der Überprüfung eines gegensinnigen statistischen Zusammenhangs ($\rho < 0$). Dabei ergeben sich die Hypothesen

$$H_0: \rho \geq 0 \quad \text{und} \quad H_1: \rho < 0.$$

Nun gilt natürlich für die Beibehaltung der Nullhypothese wegen zu schwacher Indizien: $u_{err} \geq -u_{1-\alpha}$. Nur wenn $u_{err}$ eine große negative Zahl wird, ist der Korrelationskoeffizient der Stichprobe $r$ eine ausreichend große negative Zahl, so dass wir dies als starkes Indiz gegen die Nullhypothese $\rho \geq 0$ werten können.

Wir begnügen uns zur Veranschaulichung der Vorgehensweise mit einem Beispiel zur Prüfung eines gleichsinnigen Zusammenhangs.

## Beispiel 40: Testen eines gleichsinnigen Zusammenhangs

Die beiden Merkmale $x$ und $y$ (zum Beispiel zwei Blutwerte) sollen in der Grundgesamtheit aller an Gesundenuntersuchungen Teilnehmenden gleichsinnig zusammenhängen. Um diese Vermutung auf einem Signifikanzniveau $\alpha = 0{,}05$ zu überprüfen, werden die Hypothesen

$$H_0: \rho \leq 0 \quad \text{und} \quad H_1: \rho > 0$$

aufgestellt. In einer zufälligen Stichprobe aus den Untersuchten vom Umfang $n = 600$ wird zuerst durch zwei Chiquadrattests festgestellt, dass bei beiden Merkmalen die Normalverteilungshypothese beibehalten werden kann. Daher kann der Test folgendermaßen fortgesetzt werden: Unter den $n = 600$ Personen weise die nach (9) berechnete Korrelation $r$ zwischen diesen beiden metrischen Merkmalen den Wert 0,36 auf. Zum Testen der Hypothesen ist nun $u_{err}$ nach (25) zu bestimmen:

$$u_{err} = 0{,}36 \cdot \sqrt{\frac{600-2}{1-0{,}36^2}} = 9{,}44.$$

Die obere Schranke für die schwachen Indizien gegen $H_0$ liegt bei $u_{0,95} = 1{,}65$. Somit liegt mit $u_{err} = 9{,}44$ ein starkes Indiz gegen die Gültigkeit der Nullhypothese vor. Die Einshypothese ist auf dem Signifikanzniveau $\alpha = 0{,}05$ zu akzeptieren. Sie sagt aus, dass zwischen diesen beiden Merkmalen in der betreffenden Grundgesamtheit ein gleichsinniger statistischer Zusammenhang existiert.

Soll die Entscheidung zwischen den beiden Hypothesen auf Basis von p-Werten getroffen werden, ist hier wieder zu beachten, dass ein- und zweiseitige Fragestellungen möglich sind. Es gelten also die gleichen diesbezüglichen Regeln wie in vergangenen Abschnitten. Die Nullhypothese einer zweiseitigen Fragestellung wird beibehalten, wenn $\alpha_2 > \alpha$ ist, und die einer einseitigen Fragestellung, wenn $\alpha_1 > \alpha$ ist. Zwischen den beiden p-Werten besteht dabei die Beziehung $\alpha_1 = \alpha_2/2$.

## Übungsaufgaben

Die Lösungen zu den nachfolgenden Übungsbeispielen finden Sie unter www.pearson-studium.de. Für die mit * markierten Aufgaben verwenden Sie die zu diesem Buch unter dieser Web-Adresse ebenfalls bereitgestellte Excel-Lerndatei.

In den folgenden Beispielen setzen wir voraus, dass für alle Merkmale die Normalverteilungsannahme gültig ist, die diesbezüglichen Chiquadrattests also keine signifikanten Ergebnisse erbrachten.

**Ü87***

Im Internet finden Sie die Daten einer zufälligen Stichprobe aus den Statistikkurs-Absolventen der letzten zehn Jahre. Überprüfen Sie mit den Daten die Hypothese, dass die beiden erhobenen Merkmale in der Grundgesamtheit aller Absolventen und Absolventinnen gleichsinnig statistisch zusammenhängen. Verwenden Sie zur Berechnung des Korrelationskoeffizienten der Stichprobe die Excel-Funktion KORREL. Stellen Sie die beiden Hypothesen für diese Überprüfung auf und entscheiden Sie auf dem Signifikanzniveau $\alpha = 0{,}05$.

**Ü88**

In einer empirischen soziologischen Untersuchung zum Zusammenhang zweier metrischer Merkmale (zum Beispiel der Dauer der wöchentlichen Betreuung von Kindern in Lebensgemeinschaften durch Männer und des Familieneinkommens) ergibt sich in einer Stichprobe vom Umfang 300 eine Korrelation $r$ von 0,112.

Formulieren Sie für eine Überprüfung, ob ein gleichsinniger statistischer Zusammenhang zwischen den beiden Merkmalen vorliegt, geeignete Hypothesen und entscheiden Sie sich für eine der beiden auf einem Signifikanzniveau von $\alpha = 0{,}05$.

**Ü89**

Zwei metrische Merkmale liefern in einer Stichprobe vom Umfang $n = 2.200$ eine Korrelation von – 0,06. Formulieren Sie die Hypothesen zur Überprüfung eines gegensinnigen Zusammenhangs. Ist das Testergebnis zum üblichen Signifikanzniveau signifikant? Ist die Korrelation praktisch relevant (siehe dazu Abschnitt 3.13)? Muss der p-Wert des Tests größer, gleich oder kleiner als das Signifikanzniveau sein?

**Ü90**

Sie erfahren von einem Test der Korrelation in einer Stichprobe lediglich, dass der zweiseitige $p$-Wert 0,075 betragen hat. Formulieren Sie die Hypothesen und entscheiden Sie sich für eine der beiden, wenn es sich um einen Test auf

a) Zusammenhang,
b) gleichsinnigen Zusammenhang,
c) gegensinnigen Zusammenhang gehandelt hat.

## 3.11 Testen von Hypothesen über Regressionskoeffizienten (einfache Regressionsanalyse)

Während sich die Korrelationsrechnung mit dem *statistischen* Zusammenhang metrischer Merkmale beschäftigt, ist die *Kausalität* des Zusammenhangs Gegenstand der Regressionsrechnung (siehe Abschnitt „Metrische Merkmale“ in Kapitel 1). Sie setzt sich damit auseinander, wie sich die Veränderung der Merkmalsausprägungen eines oder mehrerer Merkmale, der Regressoren, ursächlich auf das davon abhängige Merkmal, den Regressanden, auswirkt. Der Untersuchung solcher kausaler Beziehungen in den Wirtschaftswissenschaften widmet sich die **Ökonometrie** (als vertiefende Literatur siehe Hackl (2005)).

Betrachten wir den einfachsten Fall der linearen Regression. Mit den vollständigen Daten aus der betreffenden Grundgesamtheit bestimmt man für die Regressionsgerade $y = \beta_1 \cdot x + \beta_2$ die Regressionskoeffizienten $\beta_1$ und $\beta_2$ (beschreibende Statistik). Liegen solche Daten nicht vor, so sind wir gezwungen, mit den diesbezüglichen Stichprobenergebnissen $b_1$ und $b_2$ Vorlieb zu nehmen (schließende Statistik). Das Schätzen und Testen der beiden Regressionskoeffizienten ist Gegenstand der **einfachen Regressionsanalyse**. Die Schätzer $b_1$ und $b_2$ für die Parameter $\beta_1$ und $\beta_2$ sind dabei genauso zu bestimmen wie im genannten Abschnitt geschildert, wobei die Daten nun aus einer uneingeschränkten Zufallsstichprobe aus der Grundgesamtheit stammen.

Möchte man Hypothesen über die Steigung $\beta_1$ oder den Achsenabschnitt $\beta_2$ der Regressionsgeraden auf einem Signifikanzniveau $\alpha$ testen, so besteht die Aufgabe darin, das jeweilige Stichprobenergebnis als schwaches oder starkes Indiz gegen die Nullhypothese zu werten und diese darauf basierend beizubehalten oder abzulehnen.

### Testen von Hypothesen über $\beta_1$

Die häufigste Aufgabenstellung ist in diesem Zusammenhang die Überprüfung der Hypothese, dass der Regressor $x$ tatsächlich einen Einfluss auf den Regressanden $y$ ausübt. Ist dies der Fall, dann ist die Kovarianz der beiden Merkmale nicht null – wie wir aus der Korrelationsrechnung wissen – und die Regressionsgerade demnach nicht horizontal ($\beta_1 \neq 0$), da die Steigung $\beta_1$ der Regressionsgeraden der Quotient aus der Kovarianz von $x$ und $y$ und der Varianz von $x$ ist. Die Hypothesen lauten für diesen Test somit:

$$H_0\colon \beta_1 = 0 \quad \text{und} \quad H_1\colon \beta_1 \neq 0.$$

Für die nachfolgend beschriebene Vorgehensweise ist – wie für die Vorgehensweise in Abschnitt 3.8 beim Testen der Korrelation zweier Merkmale – die Normalverteilung beider Merkmale vorausgesetzt. Das Nichtzutreffen dieser Voraussetzung ist beispielsweise durch den in Abschnitt 3.7 beschriebenen Chiquadrattest über eine Verteilungsform zu überprüfen. Kann die Normalverteilungsannahme für beide Merkmale beibehalten werden, so ist beim Test der oben genannten Hypothesen über die Steigung $\beta_1$ zu bestimmen, ob die Schätzung $b_1$ aus der Stichprobe innerhalb des Bereiches der schwachen Indizien gegen die Nullhypothese liegt oder nicht. Für ausreichend große Stichproben (Faustregel: $n \geq 100$) werden die Schranken $b_{1o}$ und $b_{1u}$ (Ober- und Unterschranke) dieses Bereiches folgendermaßen bestimmt:

$$\begin{aligned} b_{1o} &= u_{1-\alpha/2} \cdot s_{b_1} \\ b_{1u} &= -u_{1-\alpha/2} \cdot s_{b_1}. \end{aligned} \tag{26}$$

In kleineren Stichproben ist der Quotient aus $b_1$ und $s_{b_1}$ nicht standardnormal-, sondern t-verteilt mit $n-2$ Freiheitsgraden und dementsprechend ist dann in (26) der Wert $u_{1-\alpha/2}$ der Standardnormalverteilung durch den betreffenden Wert der t-Verteilung zu ersetzen (siehe dazu beispielsweise Abschnitt 3.3).

Die Stichprobenstandardabweichung $s_{b_1}$ des Stichprobenergebnisses $b_1$ ergibt sich aus der positiven Wurzel der Stichprobenvarianz von $b_1$:

$$s_{b_1}^2 = \frac{1-r^2}{n-2} \cdot \frac{s_y^2}{s_x^2}$$

(lässt sich durch eine Umformung von (25) mit Hilfe der Formeln für den Korrelationskoeffizienten und die Steigung der Regressionsgeraden in Abschnitt „Metrische Merkmale" in Kapitel 1 herleiten). Darin sind $s_x^2$ und $s_y^2$ die Varianzen der Merkmale $x$ und $y$ nach (19) *oder* nach (3), weil das Verhältnis der beiden Zahlen in beiden Fällen gleich bleibt. $r$ ist der Stichprobenkorrelationskoeffizient, berechnet wie in Abschnitt 3.8.

Liegt das Stichprobenergebnis für $b_1$ in dem mit (26) errechneten Bereich, so wird die Nullhypothese $H_0$: $\beta_1 = 0$ beibehalten, ansonsten auf die Einshypothese $H_1$: $\beta_1 \neq 0$ übergegangen. Die Beibehaltung der Nullhypothese bedeutet, dass auf Basis des Stichprobenergebnisses zu wenige Zweifel daran vorliegen, dass die Regressionsgerade in der Grundgesamtheit eine Steigung von null aufweisen kann. Bei einer solchen Geraden würde sich die Veränderung eines x-Wertes nicht auf den dazugehörenden y-Wert auswirken. Diese Fragestellung ist also identisch mit dem Test von

$$H_0: \rho = 0 \quad \text{und} \quad H_1: \rho \neq 0$$

in der Korrelationsanalyse.

Kann von einem verständigen Anwender dieser Methode die Richtung der von ihm vermuteten kausalen Beziehung zwischen den Merkmalen $x$ und $y$ in der Einshypothese festgelegt werden, so führt dies zu einer der beiden nachfolgenden Hypothesenformulierungen:

$$H_0: \beta_1 \leq 0 \quad \text{und} \quad H_1: \beta_1 > 0$$

oder

$$H_0: \beta_1 \geq 0 \quad \text{und} \quad H_1: \beta_1 < 0.$$

Der erste Fall testet, ob die Steigung positiv ist, das heißt, ob der kausale Zusammenhang gleichsinnig ist. Der zweite Fall testet, ob sie negativ und der Zusammenhang somit gegensinnig ist. Als Schranke der schwachen Indizien gegen die jeweilige Nullhypothese ergibt sich im erstgenannten Fall eine Oberschranke $b_{1o}$ aus (26), wobei darin bei dieser einseitigen Fragestellung der Wert $u_{1-\alpha/2}$ durch $u_{1-\alpha}$ zu ersetzen ist. Gilt $b_1 \leq b_{1o}$, dann wird $H_0$ auf dem Signifikanzniveau $\alpha$ beibehalten. Im zweiten Fall ist die untere Schranke $b_{1u}$ mit $u_{1-\alpha}$ zu bestimmen und $H_0$ dann beizubehalten, wenn $b_1 \geq b_{1u}$ ist.

## Beispiel 41: Testen von einseitigen Hypothesen über die Steigung der Regressionsgeraden

Für zwei Blutwerte $x$ und $y$ wird ein kausaler linearer Zusammenhang unterstellt. Möchte man auf einem Signifikanzniveau $\alpha = 0{,}05$ überprüfen, ob die Steigung der Regressionsgeraden in der Grundgesamtheit positiv ist, dann ist ein einseitiger Test der Hypothesen

$$H_0{:}\,\beta_1 \leq 0 \quad \text{und} \quad H_1{:}\,\beta_1 > 0$$

durchzuführen. Mit den Daten einer zufälligen Stichprobe vom Umfang $n = 330$ aus der Bevölkerung wird zuerst mit Hilfe zweier Chiquadrattests festgestellt, dass in beiden Fällen die Normalverteilungsannahme auf dem Signifikanzniveau $\alpha = 0{,}05$ beibehalten werden darf. Daher kann nun wie oben beschrieben getestet werden. Mit den Stichprobendaten ergeben sich folgende Kennzahlen: Die Kovarianz nach (8) ist 67,72, die Varianzen nach (3) sind $s_x^2 = 219{,}63$ und $s_y^2 = 1.065{,}37$.

Daraus ergibt sich nach (9) ein Korrelationskoeffizient von 0,14. Für die Regressionsgerade nach (10) ergibt sich bei der Steigung ein Wert von

$$b_1 = \frac{67{,}72}{219{,}63} = 0{,}31.$$

Für den Test unserer Hypothesen ist mit (26) die obere Schranke der schwachen Indizien gegen die einseitige Nullhypothese zu bestimmen:

$$b_{1o} = u_{1-\alpha} \cdot s_{b_1} = u_{1-\alpha} \cdot \sqrt{\frac{1-r^2}{n-2} \cdot \frac{s_y^2}{s_x^2}} = 1{,}65 \cdot \sqrt{\frac{1-0{,}14^2}{330-2} \cdot \frac{1.065{,}37}{219{,}63}} = 0{,}20.$$

Das Stichprobenergebnis $b_1$ liegt über dieser oberen Schranke. Das Testergebnis ist somit signifikant. Wir entscheiden uns auf einem Signifikanzniveau $\alpha = 0{,}05$ für die Einshypothese, dass auch in der Grundgesamtheit eine positive Steigung der Regressionsgerade vorliegt.

Eine andere Fragestellung liegt vor, wenn überprüft werden soll, ob in der betreffenden Grundgesamtheit eine Regressionsgerade $y = \beta_1 \cdot x + \beta_2$ vorliegt, deren Steigung $\beta_1$ anders ist als eine vorgegebene Steigung (zum Beispiel anders als die Steigung der Geraden aus einer Vollerhebung im Vorjahr oder einer Vollerhebung in einem anderen Bundesland). Bezeichnen wir die Steigung dieser vorgegebenen Regressionsgeraden mit $\beta_1^0$ („Beta-eins null"). Das Nichtzutreffen dieser Steigung wird mit folgenden Hypothesen getestet:

$$H_0{:}\,\beta_1 = \beta_1^0 \quad \text{und} \quad H_1{:}\,\beta_1 \neq \beta_1^0.$$

Der Bereich der schwachen Indizien gegen diese Nullhypothese ist in großen Stichproben folgendermaßen zu bestimmen:

$$b_{1o} = \beta_1^0 + u_{1-\alpha/2} \cdot s_{b_1}$$
$$b_{1u} = \beta_1^0 - u_{1-\alpha/2} \cdot s_{b_1}. \tag{27}$$

Die Nullhypothese wird auf einem Signifikanzniveau $\alpha$ beibehalten, wenn $b_1 \in [b_{1u}, b_{1o}]$ ist.

Bei einseitigen Fragestellungen zur Prüfung einer größeren beziehungsweise einer kleineren Steigung als die vorgegebene (Einshypothesen $H_1$: $\beta_1 > \beta_1^0$ beziehungsweise $H_1$: $\beta_1 < \beta_1^0$) wird in (27) die obere beziehungsweise die untere Schranke mit $u_{1-\alpha}$ statt $u_{1-\alpha/2}$ berechnet. Beim Test auf eine größere Steigung wird die Nullhypothese $H_0$: $\beta_1 \leq \beta_1^0$ beibehalten, wenn für das Stichprobenergebnis $b_1$ gilt: $b_1 \leq b_{1o}$. Beim Test auf eine kleinere Steigung als $\beta_1^0$ wird die Nullhypothese $H_0$: $\beta_1 \geq \beta_1^0$ beibehalten, wenn $b_1 \geq b_{1u}$ ist. Ansonsten wird jeweils auf die Einshypothese übergegangen.

## Beispiel 42: Testen von zweiseitigen Hypothesen über die Steigung der Regressionsgeraden

Möchte man mit den Daten aus Beispiel 41 überprüfen, ob die Regressionsgerade in der betreffenden Bevölkerung eine andere Steigung $\beta_1$ als die vor Jahren veröffentlichte Regressionsgerade mit Steigung $\beta_1^0 = 0{,}25$ aufweist, dann sind folgende Hypothesen zu testen:

$$H_0: \beta_1 = 0{,}25 \quad \text{und} \quad H_1: \beta_1 \neq 0{,}25.$$

Als Schranken des Bereichs der schwachen Indizien gegen die Nullhypothese ergeben sich nach (27):

$$b_{1o} = \beta_1^0 + u_{1-\alpha/2} \cdot s_{b_1} = 0{,}25 + 1{,}96 \cdot \sqrt{\frac{1-0{,}14^2}{330-2} \cdot \frac{1.065{,}37}{219{,}63}} = 0{,}49$$

und

$$b_{1u} = \beta_1^0 - u_{1-\alpha/2} \cdot s_{b_1} = 0{,}01.$$

Das Stichprobenergebnis für $b_1$ ist (siehe Beispiel 41) 0,31. Dies liegt im Bereich der schwachen Indizien gegen die Nullhypothese und wir behalten diese deshalb bei. Die Steigung der mit der Stichprobe berechneten Regressionsgeraden ist nicht weit genug von der in der Nullhypothese behaupteten Steigung entfernt, um es als starkes Indiz gegen die Nullhypothese zu werten. Das Testergebnis ist nicht signifikant.

## Testen von Hypothesen über $\beta_2$

Soll überprüft werden, ob in der betreffenden Grundgesamtheit eine Regressionsgerade $y = \beta_1 \cdot x + \beta_2$ vorliegt, deren Achsenabschnitt $\beta_2$ anders ist als ein vorgegebener, und bezeichnen wir den Achsenabschnitt dieser vorgegebenen Regressionsgeraden mit $\beta_2^0$ („Beta-zwei null"), dann wird das Nichtzutreffen von $\beta_2^0$ mit folgenden Hypothesen getestet:

$$H_0\colon \beta_2 = \beta_2^0 \quad \text{und} \quad H_1\colon \beta_2 \neq \beta_2^0.$$

Der Bereich der schwachen Indizien gegen die Nullhypothese hat bei dieser zweiseitigen Fragestellung in großen Stichproben folgendes Aussehen:

$$\begin{aligned} b_{2o} &= \beta_2^0 + u_{1-\alpha/2} \cdot s_{b_2} \\ b_{2u} &= \beta_2^0 - u_{1-\alpha/2} \cdot s_{b_2}. \end{aligned} \tag{28}$$

Die Standardabweichung $s_{b_2}$ des Stichprobenergebnisses $b_2$ für den Achsenabschnitt ergibt sich aus der Varianz

$$s_{b_2}^2 = \frac{1-r^2}{n-2} \cdot s_y^2 \cdot \left(1 + \frac{\overline{x}^2}{s_x^2}\right).$$

Die Varianzen $s_x^2$ und $s_y^2$ sind darin nach (3) und nicht nach (19) zu berechnen, obwohl wir Daten aus einer Stichprobe vorliegen haben. Wir müssen bei der Varianzberechnung also jeweils durch $n$ und nicht durch $n - 1$ dividieren. Würden wir die Stichprobenvarianzen (19) verwenden, dann ergäbe sich eine (nur geringfügig) veränderte Darstellung für $s_{b_2}^2$: anstelle der Zahl 1 würde in der Klammer der Quotient $(n - 1)/n$ stehen.

Liegt das Ergebnis $b_2$ für den Achsenabschnitt der Stichprobenregressionsgeraden nach (10) in diesem Bereich (28), so wird auf einem Signifikanzniveau $\alpha$ die Nullhypothese beibehalten. Das Stichprobenergebnis $b_2$ ist dann nämlich nicht außergewöhnlich weit von $\beta_2^0$ entfernt. Gilt aber $b_2 \notin [b_{2u}, b_{2o}]$, dann ist das Testergebnis signifikant und wir entscheiden uns für die Einshypothese. Für die einseitigen Fragestellungen

$$H_0\colon \beta_2 \leq \beta_2^0 \quad \text{und} \quad H_1\colon \beta_2 > \beta_2^0$$

beziehungsweise

$$H_0\colon \beta_2 \geq \beta_2^0 \quad \text{und} \quad H_1\colon \beta_2 < \beta_2^0$$

ist in (28) die nötige obere beziehungsweise untere Schranke durch $u_{1-\alpha}$ statt $u_{1-\alpha/2}$ zu errechnen.

Sowohl in (27) als auch in (28) ist bei kleinen Stichproben der Wert $u_{1-\alpha/2}$ (bei einseitigen Fragestellungen: $u_{1-\alpha}$) der Standardnormalverteilung durch den entsprechenden der t-Verteilung bei $n - 2$ Freiheitsgraden zu ersetzen. Im Hinblick auf die Entscheidung mit Hilfe der in Statistik-Programmpaketen angegebenen p-Werte ergibt sich keine Änderung in den allgemein gültigen Entscheidungsregeln (vergleiche somit beispielsweise Abschnitt 3.2.2).

**Multiple lineare Regressionsanalysen** mit mehr als einem Regressor sind wesentlich komplexer in ihrer Darstellung. Sie bedienen sich jedoch der gleichen Handlungslogik wie die dargestellte einfache Regressionsanalyse (weiterführende Literatur: Backhaus et al. (2006), Kapitel 1 und Bosch (1998), Kapitel X.3). Kann die kausale Beziehung zweier Merkmale nicht linear beschrieben werden, so sind **nichtlineare Regressionsanalysen** anwendbar (weiterführende Literatur: Bosch (1998), Kapitel X.3 und Sachs (2002), S.561ff.).

## Übungsaufgaben

Die Lösungen zu den nachfolgenden Übungsbeispielen finden Sie unter www.pearson-studium.de. Für die mit * markierten Aufgaben verwenden Sie die zu diesem Buch unter dieser Web-Adresse ebenfalls bereitgestellte Excel-Lerndatei.

Die Voraussetzungen für die Anwendung der Regressionsanalyse seien in den nachfolgenden Übungsbeispielen erfüllt.

**Ü91***

Mit den Daten der Excel-Datei aus Ü87 soll auf einem Signifikanzniveau $\alpha = 0{,}05$ überprüft werden, ob die Regressionsgerade zu diesen beiden Merkmalen in der Grundgesamtheit nicht horizontal liegt.

**Ü92***

Mit den Daten der Excel-Datei aus Ü87 soll auf einem Signifikanzniveau $\alpha = 0{,}05$ überprüft werden, ob die Regressionsgerade zu diesen beiden Merkmalen in der Grundgesamtheit um mehr als 45 Grad ansteigt.

**Ü93***

Mit den Daten der Excel-Datei aus Ü87 soll auf einem Signifikanzniveau $\alpha = 0{,}05$ überprüft werden, ob die Regressionsgerade zu diesen beiden Merkmalen in der Grundgesamtheit einen Achsenabschnitt aufweist, der kleiner als 10 ist.

**Ü94**

Überprüfen Sie mit den nachfolgenden Stichprobenergebnissen jeweils auf einem Signifikanzniveau $\alpha = 0{,}05$, ob einerseits die Steigung $\beta_1$ und andererseits der Achsenabschnitt $\beta_2$ der Regressionsgeraden $y = \beta_1 \cdot x + \beta_2$ aus der interessierenden Grundgesamtheit nicht mit jenen der vorgegebenen Regressionsgeraden $y = 2 \cdot x + 200$ übereinstimmen.

Die Stichprobenergebnisse einer Zufallsauswahl von $n = 250$ Personen lauten:

$\overline{x} = 15$, $\overline{y} = 200$ (beides nach (2) berechnet),

$s_x^2 = 16$, $s_y^2 = 2.500$ (beides nach (3) berechnet),

$s_{xy} = 31{,}2$ (nach (8) berechnet) und

nach (9): $r = 0{,}156$.

**Ü95**

Nehmen Sie an, es wurden die Tests von Ü91 bis Ü93 durchgeführt. Sie erfahren als Testergebnis von jedem dieser Tests lediglich, dass der zweiseitige p-Wert 0,075 beträgt. Für welche der beiden Hypothesen aus Ü91 bis Ü93 sollten Sie sich demnach jeweils entscheiden?

## 3.12 Testen von Hypothesen über mehr als zwei Mittelwerte (einfache Varianzanalyse)

In Abschnitt 3.5 wurden Hypothesen über die Häufigkeitsverteilungen eines metrischen Merkmals in zwei verschiedenen Grundgesamtheiten (oder „Gruppen") anhand des Vergleichs der beiden Mittelwerte getestet. Sollen die Verteilungen eines solchen Merkmals durch deren Mittelwerte in *mehr als zwei* Grundgesamtheiten miteinander verglichen werden (z.B. die Ergebnisse von Leistungstests an Schülerinnen und Schülern in verschiedenen EU-Staaten), so ist die **Varianzanalyse** die für diese Aufgabenstellung probate statistische Methode.

Eine der Voraussetzungen für die Anwendung des nachfolgend geschilderten Verfahrens ist die Normalverteilung des interessierenden Merkmals in allen Grundgesamtheiten. Das Nichtzutreffen der Normalverteilungsannahme ist also wie in den Abschnitten 3.8 und 3.9 vorab mit dem Chiquadrattest aus Abschnitt 3.7 zu prüfen. Neben der Normalverteilung des Merkmals in den zu vergleichenden Gruppen ist auch die in all diesen Grundgesamtheiten gleiche Varianz $\sigma^2$ des Merkmals eine Voraussetzung für die Anwendung des Verfahrens. Ob dies nicht zutrifft, kann zum Beispiel mit Hilfe des Bartlett-Tests überprüft werden. Auf diesen soll hier nur hingewiesen, aber nicht näher eingegangen werden (siehe etwa: Bosch (1998), S.438f; Hartung (2005), S.617). Treffen die Voraussetzungen nicht zu, dann sind andere Verfahren als die Varianzanalyse anzuwenden, um die Mittelwerte verschiedener Grundgesamtheiten miteinander vergleichen zu können. Ein Beispiel eines solchen Verfahrens ist etwa der Kruskal-Wallis-Test (siehe etwa: Bosch (1998), S.745ff., Hartung (2005), S. 613f).

Betrachten wir den einfachsten Fall einer **einfachen** (oder **einfaktoriellen**) **Varianzanalyse**, bei der genau *ein* Merkmal (wie z.B. die Staatszugehörigkeit), der so genannte **Faktor**, die verschiedenen Grundgesamtheiten erzeugt. Damit wird der Einfluss dieses Merkmals auf die Verteilung des interessierenden Merkmals untersucht. Getestet wird mit diesem Verfahren, ob sich mindestens zwei der Gruppenmittelwerte $\mu_A, \mu_B, ..., \mu_K$ aus $h$ verschiedenen Gruppen A, B, ..., K unterscheiden ($h \geq 3$). Folgende Hypothesen werden formuliert:

$$H_0: \mu_A = \mu_B = ... = \mu_K \quad \text{und} \quad H_1: \mu_i \neq \mu_j \text{ (für mindestens zwei der } h \text{ Gruppen).}$$

Die Nullhypothese bedeutet, dass sich die Gruppenmittelwerte aus Vollerhebungen nicht unterscheiden (z.B. die Mittelwerte flächendeckender Leistungstests in verschiedenen EU-Staaten alle gleich sind). Durch die Einshypothese hingegen wird überprüft, ob sie es doch tun.

Sind wir nicht in der Lage, vollständige Daten aus allen betreffenden Grundgesamtheiten zu erhalten und damit die Parameter $\mu_A, \mu_B, ..., \mu_K$ zu bestimmen, dann stellt sich die Aufgabe, aus den Ergebnissen von unabhängigen Zufallsstichproben aus allen $h$ Grundgesamtheiten diese Hypothesen zu testen. Dazu gilt es – wie in Abschnitt 3.5 für die Mittelwerte in *zwei* Grundgesamtheiten –, die Hypothesen so zu formulieren, dass sie nur einen einzigen Parameter enthalten. In Abschnitt 3.5 war dies die Differenz $\delta$ der beiden Mittelwerte. Die Differenzen, die jetzt betrachtet werden, sind nicht die der Gruppenmittelwerte untereinander, sondern jene dieser Mittelwerte zum Gesamtmittelwert $\mu$, der über alle Gruppen hinweg berechnet wird, also $\mu_A - \mu$, $\mu_B - \mu$ und so fort. Zu diesem Zweck werden wir – deshalb der Name des Verfahrens – die Varianz $\sigma^2$ des interessierenden Merkmals $x$ in der Gesamtheit aller Gruppen betrachten. Nach (3) ist diese mit den in der schließenden Statistik verwendeten Notationen gegeben durch:

$$\sigma^2 = \frac{1}{N} \cdot \sum_{i=1}^{N} (x_i - \mu)^2.$$

Die $N$ Erhebungseinheiten, über denen die Summe der quadrierten Abweichungen ihrer Merkmalsausprägungen vom Mittelwert gebildet wird, sind bei der Aufgabenstellung dieses Abschnitts allerdings auf $h$ Grundgesamtheiten aufgeteilt. Man erhält dasselbe Ergebnis, wenn man die Gesamtvarianz $\sigma^2$ in folgende beiden Komponenten zerlegt **(Varianzzerlegung)**:

$$\sigma^2 = \sigma_I^2 + \sigma_Z^2 .$$

Der erste Term auf der rechten Seite der Gleichung wird als der Beitrag der **Varianz innerhalb der Gruppen** zur Gesamtvarianz des Merkmals bezeichnet, weil er die Varianzen *innerhalb* der $h$ Grundgesamtheiten enthält:

$$\sigma_I^2 = \frac{1}{N} \cdot \left[ N_A \cdot \sigma_A^2 + N_B \cdot \sigma_B^2 + \ldots + N_K \cdot \sigma_K^2 \right]$$

mit $N = N_A + N_B + \ldots + N_K$ und den Innergruppenvarianzen

$$\sigma_A^2 = \frac{1}{N_A} \cdot \sum_{i=1}^{N_A} (x_i - \mu_A)^2,$$

$$\sigma_B^2 = \frac{1}{N_B} \cdot \sum_{j=1}^{N_B} (x_j - \mu_B)^2$$

und so weiter.

Der zweite Term wird als Beitrag der **Varianz zwischen den Gruppen** zur Gesamtvarianz bezeichnet:

$$\sigma_Z^2 = \frac{1}{N} \cdot \left[ N_A \cdot (\mu_A - \mu)^2 + N_B \cdot (\mu_B - \mu)^2 + \ldots + N_K \cdot (\mu_K - \mu)^2 \right].$$

Demzufolge lässt sich bei einer Aufteilung von $N$ Erhebungseinheiten auf $h$ verschiedene Grundgesamtheiten $A$, $B$, ..., $K$ die Gesamtvarianz zerlegen in einen Teil innerhalb der $h$ Gruppen und einen zwischen diesen.

## Beispiel 43: Varianzzerlegung

Die Gruppe $A$ besteht aus drei Erhebungseinheiten mit den Merkmalsausprägungen 1, 2 und 3 eines Merkmals, die Gruppe $B$ aus drei Erhebungseinheiten mit den Merkmalsausprägungen 3, 6 und 9.

Der Gesamtmittelwert $\mu$ ist

$$\mu = \frac{1}{6} \cdot (1+2+\ldots+9) = 4$$

und die Gesamtvarianz nach (3)

$$\sigma^2 = \frac{1}{6}\left[(1-4)^2 + (2-4)^2 + \ldots + (9-4)^2\right] = 7,\dot{3}.$$

Dieser Wert muss sich auch durch die Varianzzerlegung ergeben. Wegen $\mu_A = 2$ und $\mu_B = 6$ ist

$$\sigma_A^2 = \frac{1}{3}\left[(1-2)^2 + (2-2)^2 + (3-2)^2\right] = 0,\dot{6},$$

$$\sigma_B^2 = \frac{1}{3}\left[(3-6)^2 + (6-6)^2 + (9-6)^2\right] = 6$$

und damit

$$\sigma_I^2 = \frac{1}{6} \cdot \left[3 \cdot 0,\dot{6} + 3 \cdot 6\right] = 3,\dot{3}$$

und

$$\sigma_Z^2 = \frac{1}{6} \cdot \left[3 \cdot (2-4)^2 + 3 \cdot (6-4)^2\right] = 4.$$

Die Summe aus $\sigma_I^2$ und $\sigma_Z^2$ ergibt $\sigma^2$.

Da in $\sigma_Z^2$ die Differenzen der Gruppenmittelwerte vom Gesamtmittelwert vorkommen, lässt sich damit die Überprüfung, ob sich die Mittelwerte von mindestens zwei verschiedenen Grundgesamtheiten unterscheiden, folgendermaßen umformulieren: Es wird geprüft, ob die Varianz zwischen den Gruppen größer als null ist, denn genau dann sind diese Mittelwerte nicht alle gleich. Ist dies der Fall, dann ist der Quotient $\Phi$ aus dem zweiten und dem ersten Summanden der Varianzzerlegung

$$\Phi = \frac{\sigma_Z^2}{\sigma_I^2},$$

also der Quotient aus den Beiträgen der Varianz innerhalb und zwischen den Gruppen zur Gesamtvarianz, größer als null. Deshalb lassen sich die ursprünglichen Hypothesen über Mittelwerte mit $\Phi$ auch folgendermaßen darstellen:

$$H_0\colon \Phi = 0 \quad \text{und} \quad H_1\colon \Phi > 0.$$

Liegen anstelle von Vollerhebungen der $N_A$, $N_B$, ... , $N_K$ Erhebungseinheiten in jeder der $h$ Grundgesamtheiten uneingeschränkte Zufallsstichproben mit (nicht notwendigerweise gleichen) Umfängen $n_A$, $n_B$, ... , $n_K$ vor, in denen das interessierende Merkmal $x$ gemessen wurde (z.B. die Ergebnisse der Leistungstests von zufällig ausgewählten Schülerinnen und Schülern in verschiedenen EU-Staaten), dann werden die Hypothesen durch folgende in den Stichproben zu errechnende Größe getestet ($n$ ist darin die Summe aller Stichprobenumfänge):

$$F_{err} = \frac{\frac{1}{h-1} \cdot \left[ n_A \cdot (\bar{x}_A - \bar{x})^2 + n_B \cdot (\bar{x}_B - \bar{x})^2 + \ldots + n_K \cdot (\bar{x}_K - \bar{x})^2 \right]}{\frac{1}{n-h} \cdot \left[ (n_A - 1) \cdot s_A^2 + (n_B - 1) \cdot s_B^2 + \ldots + (n_K - 1) \cdot s_K^2 \right]} \qquad (29)$$

Dabei sind $s_A^2$, $s_B^2$, ..., $s_K^2$ die Stichprobenvarianzen nach (19) innerhalb der verschiedenen Grundgesamtheiten:

$$s_A^2 = \frac{1}{n_A - 1} \cdot \sum_{i=1}^{n_A} (x_i - \bar{x}_A)^2,$$

$$s_B^2 = \frac{1}{n_B - 1} \cdot \sum_{j=1}^{n_B} (x_j - \bar{x}_B)^2$$

und so weiter.

Ist die Nullhypothese gültig, dass alle Mittelwerte in den verschiedenen Grundgesamtheiten gleich sind und somit $\Phi$ gleich null ist, dann sollten sich auch in Stichproben aus diesen Grundgesamtheiten die Stichprobenmittelwerte nur gering unterscheiden und $F_{err}$ nach (29) deshalb „in der Nähe“ von null liegen.

Die Größe $F_{err}$ besitzt bei Gültigkeit der Nullhypothese eine so genannte **F-Verteilung**. Aus dieser Verteilung suchen wir nun wieder nach jenem Wert, der mit der (großen) Wahrscheinlichkeit $1 - \alpha$ unter- und mit der (geringen) Wahrscheinlichkeit $\alpha$ überschritten wird. Dieser Wert wird als die obere Schranke der schwachen Indizien gegen die Nullhypothese interpretiert. Er lässt sich aus Tabellen der F-Verteilung ablesen (beispielsweise in: Schira (2005), S.612ff) oder in Excel mit der Funktion FINV bestimmen. Dazu ist es nötig, dass man neben dem Signifikanzniveau $\alpha$ auch die beiden „Freiheitsgrade“ $h - 1$ des Ausdrucks im Zähler und $n - h$ des Ausdrucks im Nenner von $F_{err}$ kennt. Beispielsweise besitzt diese Schranke bei 10 Grundgesamtheiten (z.B. 10 verschiedenen EU-Staaten) und einem Gesamtstichprobenumfang $n$ von 5.000 Schülerinnen und Schülern und einem Signifikanzniveau $\alpha = 0{,}05$ einen Wert von 1,882 ($\alpha = 0{,}05$, Freiheitsgrade 9 und 4.990). Die Nullhypothese wird beibehalten, wenn das Stichprobenergebnis $F_{err}$ diese obere Schranke nicht übersteigt.

Um die Durchführung der einfachen Varianzanalyse zu demonstrieren, betrachten wir folgendes Beispiel:

## Beispiel 44: Einfache Varianzanalyse

Es soll überprüft werden, ob sich die Mathematikkenntnisse in den Grundgesamtheiten aller 15-jährigen Schülerinnen und Schüler ein- und desselben Schultyps in drei Bundesländern A, B und C auf einem Signifikanzniveau $\alpha = 0{,}05$ unterscheiden. Dazu werden aus den betreffenden Grundgesamtheiten der Bundesländer A und B jeweils sechs und im Bundesland C drei Schülerinnen und Schüler zufällig ausgewählt. Die Mathematikkenntnisse dieser Jugendlichen werden mit Hilfe eines Leistungstests gemessen. Dabei ergab sich folgendes Bild:

**Tabelle 3.5**

| Bundesland | Testergebnisse | | | | | |
|---|---|---|---|---|---|---|
| A | 502 | 508 | 498 | 505 | 508 | 509 |
| B | 492 | 498 | 490 | 512 | 488 | 490 |
| C | 499 | 507 | 488 | | | |

Setzen wir nun voraus, dass sowohl die Normalverteilungsannahme als auch die Annahme der Gleichheit der Varianzen in den Grundgesamtheiten beibehalten werden und wir die Varianzanalyse daher verwenden dürfen. Zuerst schätzen wir mit den Stichprobendaten den Beitrag der Varianz $\sigma_Z^2$ zwischen den Gruppen an der Gesamtvarianz $\sigma^2$.

Dazu bestimmen wir zunächst die Bundesländermittelwerte und den Gesamtmittelwert in den Stichproben:

$$\bar{x}_A = \frac{1}{6} \cdot (502 + 508 + \ldots + 509) = 505$$

$$\bar{x}_B = \frac{1}{6} \cdot (492 + 498 + \ldots + 490) = 495$$

$$\bar{x}_C = \frac{1}{3} \cdot (499 + 507 + 488) = 498$$

$$\bar{x} = \frac{1}{15} \cdot (502 + 508 + \ldots + 488) = 499{,}6$$

Daraus ergibt sich für den Zähler von $F_{err}$ nach (29):

$$\frac{1}{2}\left[6 \cdot (505 - 499{,}6)^2 + 6 \cdot (495 - 499{,}6)^2 + 3 \cdot (498 - 499{,}6)^2\right] = 154{,}8.$$

Nun fehlt für $F_{err}$ noch der Wert des Nenners. Um diesen berechnen zu können, sind zuerst die Varianzschätzer in den einzelnen Grundgesamtheiten zu bestimmen:

$$s_A^2 = \frac{1}{5} \cdot \left[(502 - 505)^2 + (508 - 505)^2 + \ldots + (509 - 505)^2\right] = 18{,}4$$

$$s_B^2 = \frac{1}{5} \cdot \left[(492 - 495)^2 + (498 - 495)^2 + \ldots + (490 - 495)^2\right] = 81{,}2$$

$$s_C^2 = \frac{1}{2} \cdot \left[ (499-498)^2 + (507-498)^2 + (488-498)^2 \right] = 91.$$

Daraus ergibt sich für den Nenner von $F_{err}$

$$\frac{1}{12} \cdot (5 \cdot 18{,}4 + 5 \cdot 81{,}2 + 2 \cdot 91) = 56{,}\dot{6}$$

und für $F_{err}$ schließlich

$$F_{err} = \frac{154{,}8}{56{,}\dot{6}} = 2{,}732\,.$$

Die obere Schranke der schwachen Indizien gegen die Nullhypothese besitzt laut Excel (Funktion FINV mit $\alpha$ = 0,05, Freiheitsgrade 2 und 12) den Wert 3,886.

Da 2,732 < 3,886, entscheiden wir uns im Zweifel für die Beibehaltung der Nullhypothese, da wir zu schwache Indizien gegen sie gefunden haben. Das Testergebnis ist somit nicht signifikant. Die Mittelwertsunterschiede in den kleinen Stichproben aus den drei Bundesländern waren so gering, wie dies in 95 von 100 Fällen bei Gültigkeit der Nullhypothese, dass es in den betreffenden Grundgesamtheiten keine Mittelwertsunterschiede gibt, zu erwarten ist.

Grafisch lässt sich das Testergebnis folgendermaßen veranschaulichen:

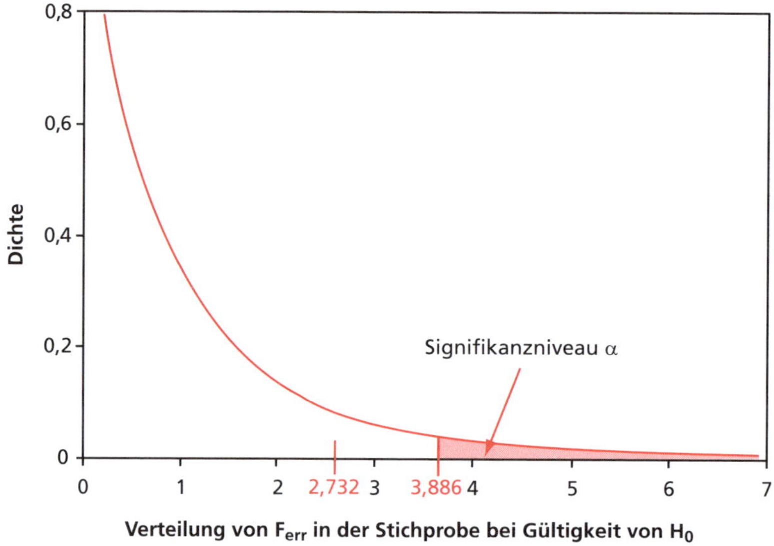


**Abbildung 49: F-verteilte Zufallsvariable**
Ergebnisse von Beispiel 44 (Testgröße $F_{err}$).

Aus Abbildung 49 ist ersichtlich, dass $F_{err}$ = 2,732 im Bereich der schwachen Indizien gegen $H_0$ liegt. Erst $F_{err}$ > 3,886 würde zu einer Entscheidung für $H_1$ führen.

Betrachten wir nun die äquivalente Entscheidungsstrategie über den p-Wert:

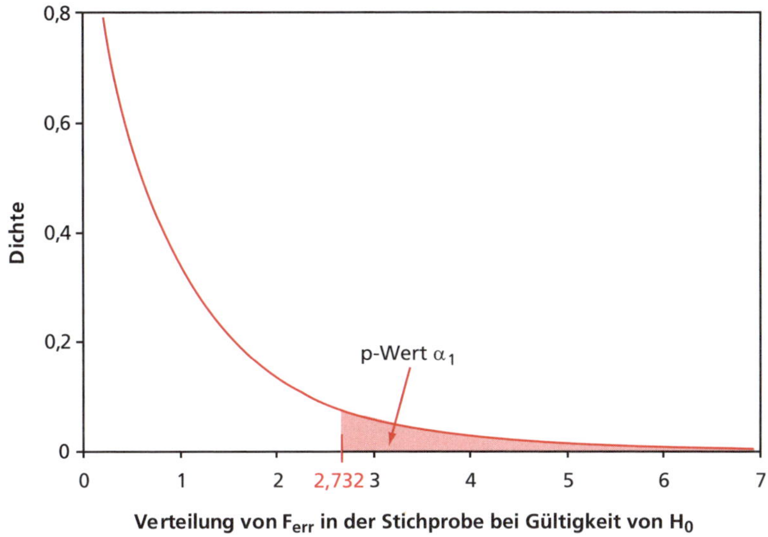


**Abbildung 50: F-verteilte Zufallsvariable**
Ergebnisse von Beispiel 44 (p-Wert).

In Abbildung 50 ist der p-Wert $\alpha_1$ eingezeichnet. Es ist dies die Fläche unter der Kurve bis zur x-Achse vom beobachteten Wert für $F_{err}$ nach rechts. $\alpha_1$ ist offensichtlich größer als das Signifikanzniveau $\alpha$, das die Fläche rechts der oberen Schranke der schwachen Indizien gegen $H_0$ ist (siehe Abbildung 49). In Excel lässt sich der p-Wert mit Hilfe der Funktion FVERT bestimmen: $\alpha_1$ = 0,105. Da er nicht kleiner als $\alpha$ ist, wird natürlich auch bei Betrachtung des p-Werts die Nullhypothese beibehalten.

Größere Stichprobenumfänge in den einzelnen Grundgesamtheiten würden bei ähnlichen Unterschieden in den Stichprobenmittelwerten der Leistungstests in den Bundesländern sehr bald zu einem signifikanten Ergebnis führen, da sich die Erhöhung im Stichprobenumfang vor allem im Zähler von $F_{err}$ niederschlägt. Im Nenner wird nicht nur mit den dann höheren Gruppenstichprobenumfängen $n_A$, $n_B$, ..., $n_K$ innerhalb der Summe multipliziert, sondern diese am Schluss auch durch den höheren Gesamtstichprobenumfang $n$ dividiert.

**Mehrfaktorielle Varianzanalysen** mit mehr als einem Merkmal (= Faktor), aus dem sich die Gruppen ergeben (z.B. bei der Untersuchung des Einflusses der Merkmale Geschlecht, Alter und Alkoholneigung auf das Merkmal Blutdruck), bedienen sich wieder derselben Handlungslogik, sind aber komplexer sowohl in ihrer mathematischen Umsetzung als auch in der Darstellung und werden daher auf unserem Grundlageniveau nicht näher betrachtet (weiterführende Literatur: Bosch (1998), Kapitel IX; Hartung (2005), Kapitel XI; spezielle Literatur: Hartung, Elpelt (2007), Kapitel VIII; Backhaus et al. (2006), Kapitel 2).

## Übungsaufgaben

Die Lösungen zu den nachfolgenden Übungsbeispielen finden Sie unter www.pearson-studium.de. Für die mit * markierten Aufgaben verwenden Sie die zu diesem Buch unter dieser Web-Adresse ebenfalls bereitgestellte Excel-Lerndatei.

**Ü96**

„*Emotionale Intelligenz* ist ein Sammelbegriff für Persönlichkeitseigenschaften und Fähigkeiten, welche den Umgang mit eigenen und fremden Gefühlen betreffen" *(http:// de.wikipedia.org/ wiki/Emotionale_Intelligenz)*. Zur Überprüfung der Behauptung, dass sich drei Bevölkerungsgruppen A, B und C hinsichtlich der emotionalen Intelligenz nicht gleichen, wurden aus diesen Grundgesamtheiten jeweils uneingeschränkte Zufallsstichproben vom Umfang 3 gezogen. An den gezogenen Erhebungseinheiten wurde dazu der in jeder der drei Grundgesamtheiten bei gleicher Varianz normalverteilte „Emotional-Intelligenzquotient" berechnet. Es ergaben sich folgende Daten:

| | | | |
|---|---|---|---|
| A: | 103 | 104 | 99 |
| B: | 103 | 99 | 101 |
| C: | 102 | 104 | 103 |

Formulieren Sie die geeigneten statistischen Hypothesen und überprüfen Sie die Behauptung auf einem Signifikanzniveau von $\alpha = 0{,}05$.

**Ü97**

Es soll überprüft werden, ob ein metrisches Merkmal in drei Grundgesamtheiten A-C unterschiedlich verteilt ist. In jeder der Grundgesamtheiten ist das Merkmal normalverteilt bei identischen Varianzen. In drei kleinen Stichproben aus den Grundgesamtheiten wurde das Merkmal erhoben:

| | | | | | |
|---|---|---|---|---|---|
| A: | 106 | 107 | 111 | 108 | 108 |
| B: | 100 | 96 | 98 | | |
| C: | 102 | 104 | 103 | | |

Formulieren Sie die geeigneten statistischen Hypothesen und überprüfen Sie die Behauptung auf einem Signifikanzniveau von $\alpha = 0{,}05$.

**Ü98**

Die Wirkung dreier Medikamente auf den Blutdruck soll getestet werden. Es soll überprüft werden, ob die Wirkung der Medikamente verschieden ist. Man kann davon ausgehen, dass die Voraussetzungen für die Durchführung einer Varianzanalyse gegeben sind. An Stichproben aus der Gesamtbevölkerung wurden die Medikamente A bis C verabreicht und der Blutdruck gemessen:

| | | | | | |
|---|---|---|---|---|---|
| A: | 125 | 124 | 123 | | |
| B: | 120 | 114 | 122 | 123 | 121 |
| C: | 130 | 124 | 118 | | |

Formulieren Sie die geeigneten statistischen Hypothesen und überprüfen Sie die Wirkung auf dem in der Medizin üblichen Signifikanzniveau von $\alpha = 0{,}01$.

**Ü99***

Im Internet finden Sie eine Excel-Datei, auf der sich die Daten von Messungen des Merkmals Ernteertrag (in kg) einer bestimmten Obstsorte (z.B. Weintrauben) pro Pflanze befinden. Überprüft werden soll, ob sich die Ernteerträge in vier Grundgesamtheiten (A bis D), die sich durch die Bodenbeschaffenheit unterscheiden, nicht gleichen. Dazu wurden jeweils Stichproben von Pflanzen gezogen und der Ernteertrag pro ausgewählter Pflanze gemessen. Man kann davon ausgehen, dass sich das Merkmal in jeder der Grundgesamtheiten bei gleicher Varianz normalverteilt.

Formulieren Sie die für dieses Problem geeigneten statistischen Hypothesen und führen Sie den Test mit einem geeigneten statistischen Verfahren auf dem üblichen Signifikanzniveau durch.

**Ü100**

Der F-Test einer Varianzanalyse erbrachte einen einseitigen p-Wert $\alpha_1$ von

a) 0,013
b) 0,062
c) 0,051
d) 0,049.

Formulieren Sie die statistischen Hypothesen und entscheiden Sie sich jeweils auf Basis des p-Wertes auf dem Signifikanzniveau $\alpha = 0{,}05$ für eine der beiden.

## 3.13 Probleme in der Anwendung statistischer Tests

Auch für jede weitere Kennzahl, die in Kapitel 1 vorgestellt wurde, und ebenfalls für andere Fragestellungen existieren Teststrategien zur Überprüfung von diesbezüglichen Hypothesen auf Basis von Stichprobenergebnissen. Ist ein Median in der Grundgesamtheit größer als ein bestimmter Wert? Weicht die Varianz in einer Grundgesamtheit von einem bestimmten Wert ab? Besteht zwischen zwei ordinalen Merkmalen ein gleichsinniger statistischer Zusammenhang? Die Vorgehensweisen bei der Überprüfung der verschiedenen Forschungshypothesen bedienen sich alle ein und derselben Handlungslogik zur Überprüfung von Forschungshypothesen (siehe Abschnitt 3.3). Der korrekten Anwendung in der Praxis stehen jedoch noch einige Probleme entgegen, derer man sich zu ihrer Lösung nur bewusst sein muss.

**1** Die für die jeweilige Fragestellung geeignete Teststrategie zu finden ist klarerweise Voraussetzung für korrekte Schlussfolgerungen von den Ergebnissen statistischer Tests auf die Grundgesamtheiten. Im Zweifel dürfen sich die Anwender nicht scheuen, die Experten der Statistik zu Rate zu ziehen.

**2** Ein häufig von den Anwendern als Schwäche der Handlungslogik statistischer Tests interpretiertes Faktum ist der Umstand, dass mit zunehmenden Stichprobenumfängen immer geringer von der Nullhypothese abweichende und somit möglicherweise für die Praxis irrelevante Stichprobenergebnisse signifikant werden. So liefert in Beispiel 40 aus Abschnitt 3.8 auch eine Stichprobenkorrelation $r$ von 0,07 ein signifikantes Testergebnis, da dann $u_{err} = 1{,}72$ und damit größer als 1,65 ist. Aber ist eine Korrelation von 0,07 praktisch relevant (siehe dazu auch

Ü89)? Das heißt ist es wirklich ein Informationsgewinn, wenn man daraus schließt, dass es auch in der Grundgesamtheit einen gleichsinnigen Zusammenhang zwischen den beiden betrachteten Merkmalen gibt, wenn dieser offenbar so gering ist, also ein schwacher Zusammenhang besteht? Einer Schätzung des einen Blutwerts auf Basis des anderen mit Hilfe einer Regressionsgeraden (siehe Abschnitt „Metrische Merkmale" in Kapitel 1) würde man zum Beispiel auf Basis eines solch geringen Zusammenhangs nicht vertrauen.

Tatsächlich handelt es sich hierbei jedoch keineswegs um eine Schwäche der Methoden des statistischen Testens. Es sind vielmehr die von den Anwendern dieser Methoden festgelegten Hypothesen, die oftmals unbrauchbar sind, weil sie einfach nicht das überprüfen, was eigentlich überprüft werden soll. Wenn man oben überprüfen möchte, ob ein praktisch bedeutsamer, gleichsinniger Zusammenhang zwischen zwei Merkmalen besteht und nicht irgendein sich von null unterscheidender gleichsinniger Zusammenhang, dann ist die Einshypothese natürlich auch so aufzustellen, dass sie nur jene Parameterwerte enthält, die in der Einschätzung des Anwenders praktisch bedeutsam sind, und nicht so, dass sie alle Parameterwerte umfasst, die größer als null sind. Nur dann wird die Diskrepanz zwischen **Signifikanz** und **Relevanz** von Testergebnissen aufgehoben. Schätzt man etwa nur Korrelationen größer als 0,4 als praktisch relevant ein und möchte man überprüfen, ob ein praktisch bedeutsamer gleichsinniger Zusammenhang zwischen den beiden Merkmalen besteht, dann müssen die Hypothesen in Beispiel 39 eben folgendermaßen formuliert werden:

$$H_0: \rho \leq 0{,}4 \quad \text{und} \quad H_1: \rho > 0{,}4.$$

Das erfordert dann zwar eine andere Teststrategie als die in Abschnitt 3.8 dargestellte (siehe etwa: Bosch (1998), S.487f.), was auch bei Verwendung eines Statistik-Programmpakets berücksichtigt werden muss, aber auch deren Anwendung folgt der gleichen einheitlichen Handlungslogik.

Mit zunehmenden Stichprobenumfängen entscheidet man sich beim statistischen Testen von Hypothesen mit zunehmender Wahrscheinlichkeit für die richtige der beiden aufgestellten Hypothesen. Es ist somit von essentieller Bedeutung für die Qualität der gezogenen Schlussfolgerungen, dass die aufgestellten Hypothesen auch das prüfen, was man prüfen möchte (weiterführende Literatur: Quatember (2004), Quatember (2005)).

3 Der massive Einsatz statistischer Programmpakete bringt durch die dadurch verursachte Veränderung in der wohldurchdachten Handlungslogik des statistischen Testens eine weitere nicht unbeträchtliche Problematik mit sich. In diesen Paketen wird diese Handlungslogik durch das Auswerfen von p-Werten per Knopfdruck ersetzt. Dies hat zur Folge, dass der Anwender die ihm zur Verfügung stehenden Daten nach allen Regeln der statistischen Softwarekunst „ausquetschen" kann. Das bedeutet, dass er mit minimalem Aufwand eine riesige Anzahl von Tests automatisiert durchführen lassen kann, ohne dass hinter jedem im Einzelnen eine vernünftig begründete Forschungshypothese steht (vergleiche dazu

etwa Quatember (1997)). Diese Handlungsweise des **Alles-mit-Allem-Testens** war vor Einführung von Statistik-Programmpaketen in diesem Ausmaß vom Aufwand her völlig unmöglich. Es wird damit allerdings eine Vorgehensweise gewählt, die im krassen Widerspruch zur klassischen Handlungslogik statistischer Tests mit dem Testen vorab formulierter Hypothesen steht.

Das dieser Vorgehensweise des **forschungshypothesenfreien Testens** eigene Abwarten der Anwender darauf, welche aus der Unmenge berechneter Testergebnisse signifikant werden, ist jedoch der Qualität der damit gewonnenen Erkenntnisse sehr abträglich. Denn „der Witz ist, *dass wir stets etwas Besonderes finden, wenn wir nicht nach etwas Bestimmtem suchen*. Irgendwelche Muster entstehen letztlich immer. ... Interessant sind sie nur, wenn eine Theorie sie vorhergesagt hat. Deshalb gehört es zum Standard wissenschaftlicher Studien, dass *erst* das Untersuchungsziel und die Hypothese angegeben werden müssen und *dann* die Daten erhoben werden. Wer aber nach *irgendwelchen Mustern* in Datensammlungen sucht und *anschließend* seine Theorien bildet, schießt sozusagen auf die weiße Scheibe und malt danach die Kreise um das Einschussloch“ (von Randow (1994), S.94; Hervorhebungen wie dort).

Betrachten wir zur Veranschaulichung der Problematik folgendes „Münzwurfexperiment“: Es befinden sich 400 Studierende in einem Hörsaal. Diese sollen unabhängig voneinander die Ausgänge von fünf aufeinander folgenden Münzwürfen vorhersagen. Das Ziel der „Untersuchung“ ist, Personen zu finden, die hellseherisch veranlagt sind. Die Wahrscheinlichkeit dafür, dass einem bestimmten Studierenden, der keine wahrsagerischen Qualitäten aufweist, die korrekte Vorhersage der Ergebnisse aller fünf Münzwürfe gelingt, beträgt

$$\left(\frac{1}{2}\right)^5 = 0{,}03125.$$

Dies ist ein so seltenes Ereignis, dass man nach der Logik des Signifikanztestens bei dessen Eintreffen von einem (auf dem Signifikanzniveau $\alpha = 0{,}05$) signifikanten Testergebnis gegen die Nullhypothese, dass geraten wird, sprechen kann. Diese Hypothese wäre demnach zu verwerfen und die Einshypothese, dass nicht geraten wird, zu akzeptieren. Dies gilt für den Fall, dass eine hinsichtlich ihrer einschlägigen Fähigkeiten verdächtige Person einen Anlass für den Test, eine Forschungshypothese, lieferte.

Prüft man jedoch anstelle *einer* solchen Person gleich alle 400 sich im Hörsaal anwesenden Studierenden, dann werden, sofern alle unabhängig voneinander urteilen, durchschnittlich $400 \cdot 0{,}03125 = 12{,}5$ Studierende alle Ausgänge richtig vorhersagen, auch wenn alle nur raten. Dies fordert die statistische Theorie! Wird dies jedoch nicht bedacht und die Logik, die für *einen*, noch dazu *begründeten* statistischen Test gilt, auch für jeden dieser Masse von 400 Tests angewendet, dann geht der unbedarfte Anwender mit den Testergebnissen an die (staunende) Öffentlichkeit, welche die näheren Umstände des Experiments nicht erfährt, ohne eine Theorie für die Fähigkeiten der Versuchspersonen anbieten zu können. Es macht jedoch einen großen Unterschied für die qualitative Einschätzung der Untersuchungsergebnisse, ob wenige, aber begründete oder eine Unzahl unbegründeter Tests durchgeführt worden sind. Oder ist der werte

Leser, die werte Leserin dieser Zeilen schon einmal auf die Idee gekommen, den Lottogewinner vom letzten Wochenende für parapsychologisch veranlagt zu halten?

Dass die verschiedenen statistischen Tests, denen die Daten einer Erhebung beim forschungshypothesenfreien Testen unterzogen werden, im Gegensatz zu den Urteilen der Studierenden beim oben beschriebenen „Münzwurfexperiment" nicht unabhängig voneinander sind, ändert an der Gesamtproblematik gar nichts. Daran gilt es zu denken, wenn man in Zeitungen davon liest, dass (meist: amerikanische) Wissenschaftler auf Basis von Stichprobenuntersuchungen etwas festgestellt haben, wofür sie jedoch keine Erklärung anbieten können. Wer ein Ergebnis nicht erklären kann, hat nichts gefunden! Der Verdacht liegt nahe, dass aus Unvermögen im eigenen Fach und Unkenntnis der Grundlagen der Handlungslogik des statistischen Testens in erhobenen Stichprobendaten Alles-mit-Allem getestet wurde. Wenn in jedem einzelnen Fall die Nullhypothese stimmen würde, dann würde man aber bei einem Signifikanzniveau von $\alpha = 0{,}05$ im Schnitt in 5 von 100 solchen Tests ein signifikantes Ergebnis erhalten.

Die Kenntnis ausschließlich eines bestimmten Teils und nicht der gesamten Versuchsanordnung verändert die Beurteilung der Qualität der Ergebnisse jener Tests, die ein „Signum" liefern, offenbar dramatisch. Die Vorgehensweise der unbegründeten Durchführung großer Anzahlen statistischer Tests verstößt gravierend gegen die klassische Handlungslogik der Testtheorie, derer man sich bei Verwendung dieser Verfahren der schließenden Statistik aber zu unterwerfen hat, wenn man sich in der Interpretation der Testergebnisse auf ihre theoretischen Eigenschaften berufen möchte. Eine – wenn überhaupt – nachträglich auf Basis signifikanter Testergebnisse formulierte Theorie zur Erklärung dieser Ergebnisse hatte nie die Chance, innerhalb des Testkonzepts widerlegt zu werden! Ein beträchtlicher Teil des so erzeugten „Wissens" ist schlicht und einfach falsch. Ein Blick in einschlägige empirische Zeitschriften genügt, um an der Anzahl der pro Aufsatz berichteten Ergebnisse statistischer Tests abzulesen, dass diese Vorgehensweise mit ihren katastrophalen Auswirkungen gegenwärtig die empirische Forschung dominiert.

Die Anpassung der für den einzelnen Signifikanztest konzipierten Theorie an diese von vielen Anwendern gewählte Strategie mittels Einführung eines gemeinsamen $\alpha$-Fehlers für die Gesamtheit aller Alles-mit-Allem-Tests wird als $\alpha$-Adjustierung bezeichnet (vergleiche etwa Sachs (1999), S.183f) und ist genauso unbefriedigend wie das unbegründete Alles-mit-Allem-Testen. Die Adjustierung bewirkt keine Änderung in der Handlungslogik dieser Vorgehensweise! Nur signifikante Ergebnisse kommen dadurch seltener vor. Die Theorien zur Erklärung dieser Ergebnisse werden – wenn überhaupt (siehe oben) – erst nach dem Testen „erfunden" und können daher nicht geprüft worden sein. Auf diese Art und Weise behält der Volksmund ganz und gar Recht, wenn es heißt, dass man „mit Statistik alles beweisen kann".

Signifikante Ergebnisse von Alles-mit-Allem-Tests können nur dann einen nützlichen Beitrag auf dem Weg zu neuen Erkenntnissen leisten, wenn sie, sofern sie durch eine sinnvolle erklärende Theorie unterlegt werden können, in einer neuen Untersuchung – als Forschungshypothesen formuliert – (erstmalig) überprüft werden. In einem solchen Fall unterstützt diese Vorgehensweise sozusagen das Nachdenken des Anwenders zur Auffindung interessanter Fragestellungen. Diesen wenigen Fragestellungen kann dann mit der herkömmlichen Handlungslogik statistischer Tests nachgegangen werden. Und eine geringere Anzahl von auch noch begründeten Tests produziert schließlich eine geringere Anzahl von Fehlentscheidungen.

# Anhang



ÜBERBLICK

A

# Tabelle A (Standardnormalverteilung)

| $u_0$ | $Pr(u \leq u_0)$ | $u_0$ | $Pr(u \leq u_0)$ | $u_0$ | $Pr(u \leq u_0)$ | $u_0$ | $Pr(u \leq u_0)$ | $u_0$ | $Pr(u \leq u_0)$ | $u_0$ | $Pr(u \leq u_0)$ |
|---|---|---|---|---|---|---|---|---|---|---|---|
| 0,01 | 0,5040 | 0,51 | 0,6950 | 1,01 | 0,8438 | 1,51 | 0,9345 | 2,01 | 0,9778 | 2,51 | 0,9940 |
| 0,02 | 0,5080 | 0,52 | 0,6985 | 1,02 | 0,8461 | 1,52 | 0,9357 | 2,02 | 0,9783 | 2,52 | 0,9941 |
| 0,03 | 0,5120 | 0,53 | 0,7019 | 1,03 | 0,8485 | 1,53 | 0,9370 | 2,03 | 0,9788 | 2,53 | 0,9943 |
| 0,04 | 0,5160 | 0,54 | 0,7054 | 1,04 | 0,8508 | 1,54 | 0,9382 | 2,04 | 0,9793 | 2,54 | 0,9945 |
| 0,05 | 0,5199 | 0,55 | 0,7088 | 1,05 | 0,8531 | 1,55 | 0,9394 | 2,05 | 0,9798 | 2,55 | 0,9946 |
| 0,06 | 0,5239 | 0,56 | 0,7123 | 1,06 | 0,8554 | 1,56 | 0,9406 | 2,06 | 0,9803 | 2,56 | 0,9948 |
| 0,07 | 0,5279 | 0,57 | 0,7157 | 1,07 | 0,8577 | 1,57 | 0,9418 | 2,07 | 0,9808 | 2,57 | 0,9949 |
| 0,08 | 0,5319 | 0,58 | 0,7190 | 1,08 | 0,8599 | 1,58 | 0,9429 | 2,08 | 0,9812 | 2,58 | 0,9951 |
| 0,09 | 0,5359 | 0,59 | 0,7224 | 1,09 | 0,8621 | 1,59 | 0,9441 | 2,09 | 0,9817 | 2,59 | 0,9952 |
| 0,1 | 0,5398 | 0,6 | 0,7257 | 1,1 | 0,8643 | 1,6 | 0,9452 | 2,1 | 0,9821 | 2,6 | 0,9953 |
| 0,11 | 0,5438 | 0,61 | 0,7291 | 1,11 | 0,8665 | 1,61 | 0,9463 | 2,11 | 0,9826 | 2,61 | 0,9955 |
| 0,12 | 0,5478 | 0,62 | 0,7324 | 1,12 | 0,8686 | 1,62 | 0,9474 | 2,12 | 0,9830 | 2,62 | 0,9956 |
| 0,13 | 0,5517 | 0,63 | 0,7357 | 1,13 | 0,8708 | 1,63 | 0,9484 | 2,13 | 0,9834 | 2,63 | 0,9957 |
| 0,14 | 0,5557 | 0,64 | 0,7389 | 1,14 | 0,8729 | 1,64 | 0,9495 | 2,14 | 0,9838 | 2,64 | 0,9959 |
| 0,15 | 0,5596 | 0,65 | 0,7422 | 1,15 | 0,8749 | 1,65 | 0,9505 | 2,15 | 0,9842 | 2,65 | 0,9960 |
| 0,16 | 0,5636 | 0,66 | 0,7454 | 1,16 | 0,8770 | 1,66 | 0,9515 | 2,16 | 0,9846 | 2,66 | 0,9961 |
| 0,17 | 0,5675 | 0,67 | 0,7486 | 1,17 | 0,8790 | 1,67 | 0,9525 | 2,17 | 0,9850 | 2,67 | 0,9962 |
| 0,18 | 0,5714 | 0,68 | 0,7517 | 1,18 | 0,8810 | 1,68 | 0,9535 | 2,18 | 0,9854 | 2,68 | 0,9963 |
| 0,19 | 0,5753 | 0,69 | 0,7549 | 1,19 | 0,8830 | 1,69 | 0,9545 | 2,19 | 0,9857 | 2,69 | 0,9964 |
| 0,2 | 0,5793 | 0,7 | 0,7580 | 1,2 | 0,8849 | 1,7 | 0,9554 | 2,2 | 0,9861 | 2,7 | 0,9965 |
| 0,21 | 0,5832 | 0,71 | 0,7611 | 1,21 | 0,8869 | 1,71 | 0,9564 | 2,21 | 0,9864 | 2,71 | 0,9966 |
| 0,22 | 0,5871 | 0,72 | 0,7642 | 1,22 | 0,8888 | 1,72 | 0,9573 | 2,22 | 0,9868 | 2,72 | 0,9967 |
| 0,23 | 0,5910 | 0,73 | 0,7673 | 1,23 | 0,8907 | 1,73 | 0,9582 | 2,23 | 0,9871 | 2,73 | 0,9968 |
| 0,24 | 0,5948 | 0,74 | 0,7704 | 1,24 | 0,8925 | 1,74 | 0,9591 | 2,24 | 0,9875 | 2,74 | 0,9969 |
| 0,25 | 0,5987 | 0,75 | 0,7734 | 1,25 | 0,8944 | 1,75 | 0,9599 | 2,25 | 0,9878 | 2,75 | 0,9970 |
| 0,26 | 0,6026 | 0,76 | 0,7764 | 1,26 | 0,8962 | 1,76 | 0,9608 | 2,26 | 0,9881 | 2,76 | 0,9971 |
| 0,27 | 0,6064 | 0,77 | 0,7794 | 1,27 | 0,8980 | 1,77 | 0,9616 | 2,27 | 0,9884 | 2,77 | 0,9972 |
| 0,28 | 0,6103 | 0,78 | 0,7823 | 1,28 | 0,8997 | 1,78 | 0,9625 | 2,28 | 0,9887 | 2,78 | 0,9973 |
| 0,29 | 0,6141 | 0,79 | 0,7852 | 1,29 | 0,9015 | 1,79 | 0,9633 | 2,29 | 0,9890 | 2,79 | 0,9974 |
| 0,3 | 0,6179 | 0,8 | 0,7881 | 1,3 | 0,9032 | 1,8 | 0,9641 | 2,3 | 0,9893 | 2,8 | 0,9974 |
| 0,31 | 0,6217 | 0,81 | 0,7910 | 1,31 | 0,9049 | 1,81 | 0,9649 | 2,31 | 0,9896 | 2,81 | 0,9975 |
| 0,32 | 0,6255 | 0,82 | 0,7939 | 1,32 | 0,9066 | 1,82 | 0,9656 | 2,32 | 0,9898 | 2,82 | 0,9976 |
| 0,33 | 0,6293 | 0,83 | 0,7967 | 1,33 | 0,9082 | 1,83 | 0,9664 | 2,33 | 0,9901 | 2,83 | 0,9977 |
| 0,34 | 0,6331 | 0,84 | 0,7995 | 1,34 | 0,9099 | 1,84 | 0,9671 | 2,34 | 0,9904 | 2,84 | 0,9977 |
| 0,35 | 0,6368 | 0,85 | 0,8023 | 1,35 | 0,9115 | 1,85 | 0,9678 | 2,35 | 0,9906 | 2,85 | 0,9978 |
| 0,36 | 0,6406 | 0,86 | 0,8051 | 1,36 | 0,9131 | 1,86 | 0,9686 | 2,36 | 0,9909 | 2,86 | 0,9979 |
| 0,37 | 0,6443 | 0,87 | 0,8078 | 1,37 | 0,9147 | 1,87 | 0,9693 | 2,37 | 0,9911 | 2,87 | 0,9979 |
| 0,38 | 0,6480 | 0,88 | 0,8106 | 1,38 | 0,9162 | 1,88 | 0,9699 | 2,38 | 0,9913 | 2,88 | 0,9980 |
| 0,39 | 0,6517 | 0,89 | 0,8133 | 1,39 | 0,9177 | 1,89 | 0,9706 | 2,39 | 0,9916 | 2,89 | 0,9981 |
| 0,4 | 0,6554 | 0,9 | 0,8159 | 1,4 | 0,9192 | 1,9 | 0,9713 | 2,4 | 0,9918 | 2,9 | 0,9981 |
| 0,41 | 0,6591 | 0,91 | 0,8186 | 1,41 | 0,9207 | 1,91 | 0,9719 | 2,41 | 0,9920 | 2,91 | 0,9982 |
| 0,42 | 0,6628 | 0,92 | 0,8212 | 1,42 | 0,9222 | 1,92 | 0,9726 | 2,42 | 0,9922 | 2,92 | 0,9982 |
| 0,43 | 0,6664 | 0,93 | 0,8238 | 1,43 | 0,9236 | 1,93 | 0,9732 | 2,43 | 0,9925 | 2,93 | 0,9983 |
| 0,44 | 0,6700 | 0,94 | 0,8264 | 1,44 | 0,9251 | 1,94 | 0,9738 | 2,44 | 0,9927 | 2,94 | 0,9984 |
| 0,45 | 0,6736 | 0,95 | 0,8289 | 1,45 | 0,9265 | 1,95 | 0,9744 | 2,45 | 0,9929 | 2,95 | 0,9984 |
| 0,46 | 0,6772 | 0,96 | 0,8315 | 1,46 | 0,9279 | 1,96 | 0,9750 | 2,46 | 0,9931 | 2,96 | 0,9985 |
| 0,47 | 0,6808 | 0,97 | 0,8340 | 1,47 | 0,9292 | 1,97 | 0,9756 | 2,47 | 0,9932 | 2,97 | 0,9985 |
| 0,48 | 0,6844 | 0,98 | 0,8365 | 1,48 | 0,9306 | 1,98 | 0,9761 | 2,48 | 0,9934 | 2,98 | 0,9986 |
| 0,49 | 0,6879 | 0,99 | 0,8389 | 1,49 | 0,9319 | 1,99 | 0,9767 | 2,49 | 0,9936 | 2,99 | 0,9986 |
| 0,5 | 0,6915 | 1 | 0,8413 | 1,5 | 0,9332 | 2 | 0,9772 | 2,5 | 0,9938 | 3 | 0,9987 |

# Tabelle B (Chiquadratverteilung)

| Freiheitsgrade | α=0,1 | α=0,05 | α=0,01 | Freiheitsgrade | α=0,1 | α=0,05 | α=0,01 |
|---|---|---|---|---|---|---|---|
| 1 | 2,71 | 3,84 | 6,63 | 35 | 46,06 | 49,80 | 57,34 |
| 2 | 4,61 | 5,99 | 9,21 | 40 | 51,81 | 55,76 | 63,69 |
| 3 | 6,25 | 7,81 | 11,34 | 45 | 57,51 | 61,66 | 69,96 |
| 4 | 7,78 | 9,49 | 13,28 | 50 | 63,17 | 67,50 | 76,15 |
| 5 | 9,24 | 11,07 | 15,09 | 55 | 68,80 | 73,31 | 82,29 |
| 6 | 10,64 | 12,59 | 16,81 | 60 | 74,40 | 79,08 | 88,38 |
| 7 | 12,02 | 14,07 | 18,48 | 65 | 79,97 | 84,82 | 94,42 |
| 8 | 13,36 | 15,51 | 20,09 | 70 | 85,53 | 90,53 | 100,43 |
| 9 | 14,68 | 16,92 | 21,67 | 75 | 91,06 | 96,22 | 106,39 |
| 10 | 15,99 | 18,31 | 23,21 | 80 | 96,58 | 101,88 | 112,33 |
| 11 | 17,28 | 19,68 | 24,73 | 85 | 102,08 | 107,52 | 118,24 |
| 12 | 18,55 | 21,03 | 26,22 | 90 | 107,57 | 113,15 | 124,12 |
| 13 | 19,81 | 22,36 | 27,69 | 95 | 113,04 | 118,75 | 129,97 |
| 14 | 21,06 | 23,68 | 29,14 | 100 | 118,50 | 124,34 | 135,81 |
| 15 | 22,31 | 25,00 | 30,58 | 105 | 123,95 | 129,92 | 141,62 |
| 16 | 23,54 | 26,30 | 32,00 | 110 | 129,39 | 135,48 | 147,41 |
| 17 | 24,77 | 27,59 | 33,41 | 115 | 134,81 | 141,03 | 153,19 |
| 18 | 25,99 | 28,87 | 34,81 | 120 | 140,23 | 146,57 | 158,95 |
| 19 | 27,20 | 30,14 | 36,19 | 125 | 145,64 | 152,09 | 164,69 |
| 20 | 28,41 | 31,41 | 37,57 | 130 | 151,05 | 157,61 | 170,42 |
| 21 | 29,62 | 32,67 | 38,93 | 135 | 156,44 | 163,12 | 176,14 |
| 22 | 30,81 | 33,92 | 40,29 | 140 | 161,83 | 168,61 | 181,84 |
| 23 | 32,01 | 35,17 | 41,64 | 145 | 167,21 | 174,10 | 187,53 |
| 24 | 33,20 | 36,42 | 42,98 | 150 | 172,58 | 179,58 | 193,21 |
| 25 | 34,38 | 37,65 | 44,31 | 155 | 177,95 | 185,05 | 198,87 |
| 26 | 35,56 | 38,89 | 45,64 | 160 | 183,31 | 190,52 | 204,53 |
| 27 | 36,74 | 40,11 | 46,96 | 165 | 188,67 | 195,97 | 210,18 |
| 28 | 37,92 | 41,34 | 48,28 | 170 | 194,02 | 201,42 | 215,81 |
| 29 | 39,09 | 42,56 | 49,59 | 175 | 199,36 | 206,87 | 221,44 |
| 30 | 40,26 | 43,77 | 50,89 | 180 | 204,70 | 212,30 | 227,06 |
| 31 | 41,42 | 44,99 | 52,19 | 185 | 210,04 | 217,73 | 232,67 |
| 32 | 42,58 | 46,19 | 53,49 | 190 | 215,37 | 223,16 | 238,27 |
| 33 | 43,75 | 47,40 | 54,78 | 195 | 220,70 | 228,58 | 243,86 |
| 34 | 44,90 | 48,60 | 56,06 | 200 | 226,02 | 233,99 | 249,45 |

# Literaturverzeichnis


Backhaus, K., Erichson, B., Plinke, W., Weiber, R. (2006). *Multivariate Analysemethoden*. 11. Auflage. Springer, Berlin.

Bosch, K. (1998). *Statistik-Taschenbuch*. 3. Auflage. Oldenbourg, München.

Gigerenzer, G. (2004). *Das Einmaleins der Skepsis*. Berlin Verlag, Berlin.

Hackl, P. (2005). *Einführung in die Ökonometrie*. Pearson Studium, München.

Hafner, R. (1989). *Wahrscheinlichkeitsrechnung und Statistik*. Springer, Wien.

Hartung, J. (2005). *Statistik*. 14. Auflage. Oldenbourg, München.

Hartung, J., Elpelt, B. (2007). *Multivariate Statistik*. 7. Auflage. Oldenbourg, München.

Krämer, W. (2001). *Denkste! Trugschlüsse aus der Welt der Zahlen und des Zufalls*, Piper, München.

Lohr, S. L. (2010). *Sampling: Design and Analysis*. 2. Auflage. Brocks/Cole, Boston.

Quatember, A. (1996a). „Das Problem mit dem Begriff Repräsentativität." *Allgemeines Statistisches Archiv*. 80. Band. 2/1996. S.236–241.

Quatember, A. (1996b). *Das Quotenverfahren*. Universitätsverlag Rudolf Trauner, Linz.

Quatember, A. (1997). „Die Veränderung der sozial-, wirtschaftwissenschaftlichen und medizinischen Forschung durch die Verwendung statistischer Programmpakete: Bestandsaufnahme und Verbesserungsvorschläge." In: Bandilla, W., Faulbaum, F. (Hrsg.) (1997). *SoftStat '97. Advances in Statistical Software 6*. Lucius & Lucius, Stuttgart. S. 309–316.

Quatember, A. (2001). *Die Quotenverfahren – Stichprobentheorie und -praxis*. Shaker, Aachen.

Quatember, A. (2004). „Der statistische Signifikanztest in der Krise – Bestandsaufnahme einer Vertrauenskrise und Vorschläge zu ihrer Überwindung". *IFAS Research Paper Series*. 2004 – 08.
*http://www.ifas.jku.at/e2550/e2756/e2758/files2764/ifasrp08_2004.pdf*

Quatember, A. (2005). „Das Signifikanz-Relevanz-Problem beim statistischen Testen von Hypothesen". *ZUMA-Nachrichten*, 57, S.128–150.

Quatember, A. (2010). *Datenqualität in Stichprobenerhebungen: Stichprobenverfahren*.
*http://www.ifas.jku.at/e2571/e2702/index_ger.html*

Randow, G. von (1994). *Das Ziegenproblem*. Rowohlt, Reinbek bei Hamburg.

Sachs, L. (2002). *Angewandte Statistik*. 10. Auflage. Springer, Berlin.

Särndal, C.-E., Swensson, B., Wretman, J. (2003). *Model Assisted Survey Sampling.* Springer, New York.

Särndal, C.-E., Lundström, S. (2006). *Estimation in Surveys with Nonresponse.* John Wiley & Sons, Chichester

Schira, J. (2003). *Statistische Methoden der VWL und BWL.* Pearson Studium, München.

Schnell, R. (1997). *Nonresponse in Bevölkerungsumfragen. Ausmaß, Entwicklung und Ursachen.* Leske und Budrich, Opladen.

Statistik Austria (Hrsg.) (2001). *Statistisches Jahrbuch der Republik Österreich.* Verlag Österreich GmbH, Wien.

Von der Lippe, P. (2002). *Deskriptive Statistik.* 6. Auflage. Oldenbourg, München.

Zöfel, P. (2003). *Statistik für Wirtschaftswissenschaftler.* Pearson Studium, München.

# Register

## M



## N



## O



## P



## Q



## R



## S

## T



## U



## V



## W



## Z